樹木大百科

DK

樹木大百科

樹的祕密生命和樹木眼中的人類故事

英國 DK 出版社　編著

王晨　張超　付建新　譯

商務印書館

責任編輯： 陳朝暉
裝幀設計： 趙穎珊
排　　版： 周　榮
印　　務： 龍寶祺

Original Title: *The Tree Book: The Stories, Science and History of Trees*

A Penguin Random House Company

本書中文繁體版由 DK 授權出版。
本書中文譯文由北京科學技術出版社授權使用。

樹木大百科——樹的祕密生命和樹木眼中的人類故事

編　　著： 英國 DK 出版社
譯　　者： 王晨　張超　付建新
出　　版： 商務印書館（香港）有限公司
香港筲箕灣耀興道 3 號東滙廣場 8 樓
http://www.commercialpress.com.hk
發　　行： 香港聯合書刊物流有限公司
香港新界荃灣德士古道 220–248 號荃灣工業中心 16 樓
版　　次： 2024 年 12 月第 1 版第 1 次印刷

ISBN 978 962 07 0640 0
Published in Hong Kong, SAR. Printed in China.

For the curious
www.dk.com

本書作者

邁克爾・斯科特（Michael Scott），大英帝國官佐勳章獲得者，本書首席作者，擁有植物學學位，是一位博物學作家、節目主持人以及環保主義者。目前，他基本處於退休的狀態，正以博物學發言人的身份乘坐游輪環遊世界。他的著作包括《蘇格蘭野花》（*Scottish Wild Flowers*）和《山花》（*Mountain Flowers*）。

羅斯・貝頓博士（Dr Ross Bayton），美國華盛頓州赫森伍德花園的副園長。他在英國皇家植物園邱園接受過植物分類學方面的訓練，撰寫過幾本關於植物學和園藝的書，包括《園丁植物學》（*The Gardener's Botanical*）等。他還是《DK 植物大百科》（*The Science of Plants: Inside Their Secret World*）的撰稿人之一。

安德魯・米科拉伊斯基（Andrew Mikolajski），撰寫過 40 本園藝圖書，包括《世界蘋果百科全書》（*World Encyclopedia of Apples*）和若干關於園藝修剪和永續農業的書，他是《DK 植物大百科》的撰稿人之一。米科拉伊斯基還參與撰寫了英國皇家園藝學會（Royal Horticulture Society，RHS）的幾本工具書，為皇家園藝學會網站供稿，並且是皇家園藝學會評判員。

基思・拉什福斯（Keith Rushforth），特許樹木培植家，他在蘇格蘭的亞伯丁大學攻讀林學時培養了自己對「任何溫帶、木本且（至少）高度及膝的東西」的熱情。離開學校後，他的足跡遍及多地的雨林，主要集中在南亞、東南亞和東亞。他撰寫了十幾本書，還參與撰寫了另外一些圖書。

專家顧問

克里斯・克倫內特（Chris Clennett），曾任邱園花園經理，擁有 40 多年經驗的專業園藝師，曾在牛津植物園接受培訓。克里斯在邱園獲得了園藝碩士、理學碩士及博士學位。他有關豬牙花屬（*Erythronium*）的博士學位論文在 2014 年作為邱園研究專著出版，後來他又為邱園撰寫了《高威爾德花卉》（*Flowers of the High Weald*）。

菲奧娜・斯塔福德（Fiona Stafford），牛津大學薩默維爾學院的英語語言和文學教授。她還是英國科學院院士和愛丁堡皇家學會會員。她的作品體現了她本人對自然、樹木、花卉及其文化歷史的興趣。她著有《那些活了很久很久的樹》（*The Long, Long Life of Trees*）和《花的短暫生命》（*The Brief Life of Flowers*）。

本書譯者

王晨，1989 年生，河南人。北京林業大學園藝專業博士（肄業），現居成都。自由譯者，從事自然科普、旅遊、戶外和園藝相關英文圖書譯介工作，已出版譯著（圖書和雜誌）數十部。

張超，1987 年生，湖南衡陽人。北京林業大學博士，現為浙江農林大學風景園林與建築學院副教授，主要從事園林植物教學與科研等工作，參與翻譯植物相關外文圖書 4 部。

付建新，1986 年生，河北滄州人。北京林業大學園林植物與觀賞園藝專業博士，現為浙江農林大學風景園林與建築學院副教授，碩士研究生導師，主要從事園林植物教學與科研等工作。

目 錄

第1章

認識樹木

第2章

不開花的樹

第3章

開花的樹

古老的林地

位於英國達特穆爾國家公園（Dartmoor National Park）的威斯曼樹林（Wistman's Wood）是一片古老森林的遺跡，主要構成樹種是無梗花櫟（*Quercus petraea*）和夏櫟（*Quercus robur*），此外還有北歐花楸和冬青等。花崗岩巨石散佈於林中，岩石上面覆滿了各種需要很多年才能長成的苔蘚和地衣。

第 1 章

認識樹木

樹木是通過種子繁殖的大型木本植物，而且和人類的歷史有着密切聯繫。本章將對樹木的演化方式、生長環境、生活方式等做簡要介紹。

甚麼是樹木

在植物學上，植物分為木本植物（擁有木質莖的植物）和草本植物（擁有非木質莖的植物）兩類。樹木是木本植物，它通常較高，一般擁有在冬季不會枯萎的單一柱狀主莖（樹幹）。

人類很清楚一棵樹應該長甚麼樣子，但是我們有必要採用上述不甚精確的定義，因為樹木的適應性極強。黑雲杉（Picea mariana）和歐洲赤松（Pinussylvestris）等針葉樹在良好的生長條件下可以長到 30–45 米高；然而，當它們生長在澇漬的泥炭沼澤、寒冷的北極泰加林（北方針葉林）或迎風北坡的林線以上時，卻可能在生長 50 年之後株高不足 2 米。一棵樹的最小高度是多少，不同的權威機構採用不同的標準，但這個高度通常被設定為 5 或 6 米。

「樹中侏儒」

像矮柳（Salix herbacea）這樣的植物進一步擴展了我們對樹木的定義。它是一種地面以上高度很少超過 6 厘米的木本植物，但它會在山區岩石或北極苔原上匍匐伸展，形成大片墊狀植被，佈滿手指粗的樹狀蚓枝。

矮柳

➤ 一棵樹的各個部位

即使是小孩子也認識並能畫出一棵樹的各個部位。然而，人們很容易忽視一棵樹是多麼複雜和精妙，它是活的生命體，每個部位都在發揮作用。

樹冠包括從樹幹延伸出的分枝，以及這些分枝支撐的樹葉、花和果實

樹葉

闊葉樹

裂片

葉脈

葉柄

針葉樹

針葉

樹葉

樹葉是樹的「太陽能電池板」和「化工廠」。水分通過葉片流失，形成一套真空泵系統，令樹木以這種方式通過根系吸入水分。

花

花朵

花瓣

針葉樹

毬果產生花粉和種子

花

樹木像所有高等植物一樣，通過種子繁殖。花粉藉助風或動物傳播，從而實現受精和種子發育。

果實

果實

針葉樹將其毬果中的種子釋放到風中。闊葉樹通常依賴動物來傳播包裹在可食的肉質果實中的種子。

起保護作用的果皮

含有一個或更多種子的肉質果實

種子

毬果

種鱗

分枝

分枝和小枝是樹木的「腳手架」。樹葉和花由小枝上的芽發育而來，然後被陽光照射、被風吹拂並吸引授粉動物。

分枝起到伸展樹冠的作用，從而使暴露在陽光下的樹葉表面積最大化

樹皮

樹皮是樹幹和分枝已死去的外層結構，保護有生命的木質部分盡量免遭惡劣氣候、動物和火災的傷害。樹皮會隨着樹木年齡的增長而老化和開裂。

樹幹通常只會在上部（樹冠）分枝，但一些樹種擁有多根樹幹

王酒椰（*Raphia regalis*）擁有全世界最大的樹葉——長 25 米、寬 3 米。

樹幹

樹幹是樹的力量源泉，它使樹冠生長到一定的高度，從而在競爭中佔據優勢。它包含一套管道系統，用於輸送水和光合作用的產物。

樹根通常擁有和樹木的地上部分同樣多的生物量（生活物質）

樹根

樹根使樹穩固地立於地上，並在土壤中伸展以吸收水分和養分，同時還和生活在樹根內部或周圍的真菌形成共生關係。

樹木的分類

全球範圍內的樹木超過 60,000 種，而分類系統使單株樹木的鑒定成為可能。在科學進步的推動下，目前使用的分類系統隨着時間的推移而不斷發展，DNA 技術的應用更是提高了分類的準確性。

▲ **植物學插圖**
在攝影技術出現之前，植物學家依賴插圖記錄新發現的植物。這些插圖通常高度細節化且等比例繪製，堪稱美麗的藝術品。

植物學分類

千百年來，人們命名了許多樹木和生活在它們周圍的其他生物，並對其進行分類。目前使用的分類系統起源於 18 世紀，當時來自世界各地的樹木標本正不斷湧入歐洲。面對與日俱增的多樣性，哲學家和科學家開始對標本進行整理和命名，將那些看上去相似的物種歸為一類。瑞典科學家卡爾・林奈（Carl Linnaeus，1707–1778）是最著名的早期分類學家，他發明的命名系統——林奈雙名法沿用至今，不過他提出的分類系統如今已基本廢棄。後續的科學發現讓人們能夠更好地理解樹木之間的親緣關係，而數量激增的植物化石及演化論的提出則展示了植物如何隨着時間的推移而變化和發展。如今，分類學家還利用 DNA 這一「生命遺傳密碼」來指導分類。

► **主要樹木類群**
現存的所有樹木都是種子植物。化石記錄表明，過去曾經存在樹木大小的石松和蕨類植物。有些蕨類植物（樹蕨）雖然存活到了今天，但它們並不是真正的樹。本書使用的分類方法如下。

結種子的樹

種子植物
與產生孢子的蕨類和苔蘚不同，所有現代樹木都用種子繁殖。

不開花的樹

裸子植物
這些樹的種子在雌毬果中發育，而雄毬果負責產生花粉。

開花的樹

被子植物
被子植物的種子包裹在果實中發育。大部分樹木屬於這個類群。

蘇鐵類植物
熱帶喬木和灌木，雌雄異株。

銀杏類植物
該類群僅存一種，它是落葉樹，樹葉呈扇形。

針葉樹
針葉樹擁有狹窄的蠟質樹葉，常綠或落葉。

木蘭亞綱植物
被子植物譜系最古老的分支，包括木蘭類及其近親。

單子葉植物
大部分單子葉植物沒有木質莖，因此它們並不是樹，但棕櫚類植物例外。

真雙子葉植物
大部分現代樹木是真雙子葉植物。它們極為多樣且分佈廣泛。

單子葉植物和真雙子葉植物

大部分現代樹木是開花植物，又稱被子植物。最古老的開花樹木是木蘭亞綱植物，其中包括木蘭、鱷梨和肉豆蔻。其餘開花樹木分為單子葉植物和真雙子葉植物。單子葉樹木不產生真正的木質部，因此通常被認為不是真正的樹。它們包括棕櫚、絲蘭和蘆薈。它們的花通常是三基數的，葉片擁有平行葉脈，種子只有一枚子葉。真雙子葉樹木形成帶年輪的真正木質部，如櫟樹和槭樹。它們的花是五基數或四基數的，葉脈呈分枝狀，而且每粒種子都含有兩枚子葉。

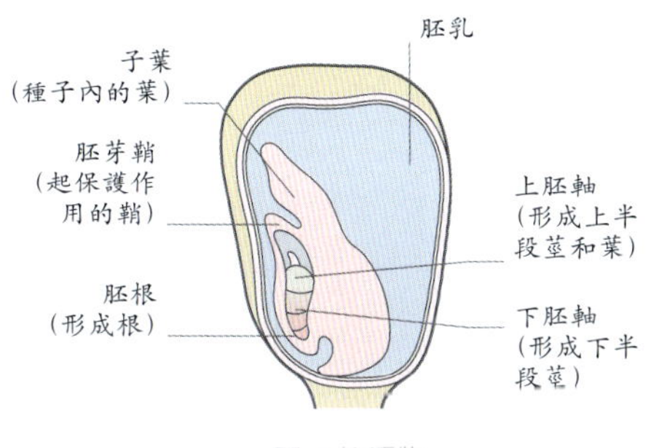

單子葉植物

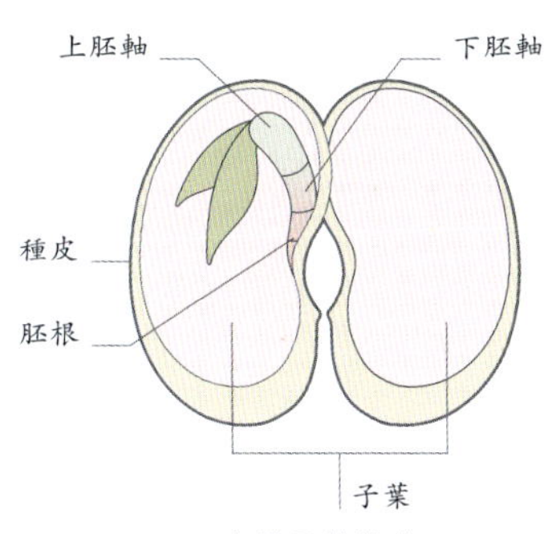

真雙子葉植物

▲ 單子葉植物和真雙子葉植物的種子

單子葉植物和真雙子葉植物因種子間的差異而得名，前者的種子含有一枚胚葉（即子葉），而後者的種子有兩枚胚葉。在真雙子葉植物中，子葉含有供幼苗生長的養料；而在單子葉植物中，養料則儲存在營養豐富的胚乳中。

觀賞樹木因可展示有用的特徵而被選育，如擁有碩大花朵的二喬玉蘭（*Magnolia × soulangeana*）

這個雜交種的花呈現兩種顏色，白色來自一個親本，粉色來自另一個親本

雜交種和品種

自出現早期農業以來，人類就通過選育的方式改良作物，即選擇作物中擁有最優良性狀的植株，然後讓它們雜交。雜交物種是不同物種之間進行雜交產生的後代，而且雜交在自然界中也會發生。銀灰楊（*Populus × canescens*）是銀白楊（Populus alba）和歐洲山楊（*Populus tremula*）自然雜交的物種。不過，檸檬（*Citrus × limon*）等樹木是人工園藝雜交的產物，不存在於野外環境。品種（即栽培種類）是樹木和其他植物的精選形態。品種的例子包括「金冠」（'Golden Delicious'）等蘋果品種。

▲ 人為製造的雜交物種

雜交樹木通常表現出雙方親本的特徵，而且通常更有活力。這意味着它們更多產，生長速度更快，而且不容易患病。

樹木分類系統

和對待植物界的所有成員一樣，植物學家根據樹木之間擁有的共同特徵的程度將它們劃分到一套等級體系中。從門到品種（最低層級），「金冠」蘋果的分類如下所示。

門（DIVISION）或演化分支（CLADE）：根據關鍵特徵劃分樹木，如開花（被子植物）和不開花（裸子植物）。

綱（CLASS）或演化分支：根據重大差異區分樹木，如擁有兩枚子葉（真雙子葉植物）和擁有一枚子葉（單子葉植物）。

目（ORDER）：綱的重要下級分類單位，包含一個或多個科。對於「金冠」蘋果來説，它屬於薔薇目（Rosales）。

科（FAMILY）：由數個屬組成的類群，共同擁有一系列根本性的自然性狀。「金冠」蘋果屬於薔薇科（Rosaceae）。

屬（GENUS）：由一群物種構成，共同具有一系列獨特特徵，如蘋果屬（*Malus*）。

種（SPECIES）：由一群個體構成，它們之間可以自然雜交並產生具有相似特徵的後代，如被馴化的蘋果（*Malus domestica*）。

品種（CULTIVAR）：某個物種經過人工培育產生的獨特變種，如「金冠」就是蘋果的一個品種。

▼ 樹木的演化歷程

樹幹中的年輪揭示了樹木所經歷的時間流逝，年代最久遠的年輪位於樹幹中央。下圖與之類似，展示了許多常見的樹木類群的演化歷程。因為化石的證據通常較零散，所以很多時間都是估計的。

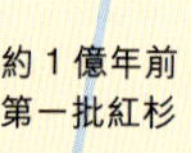

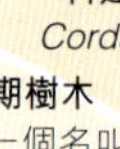
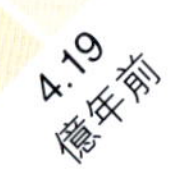

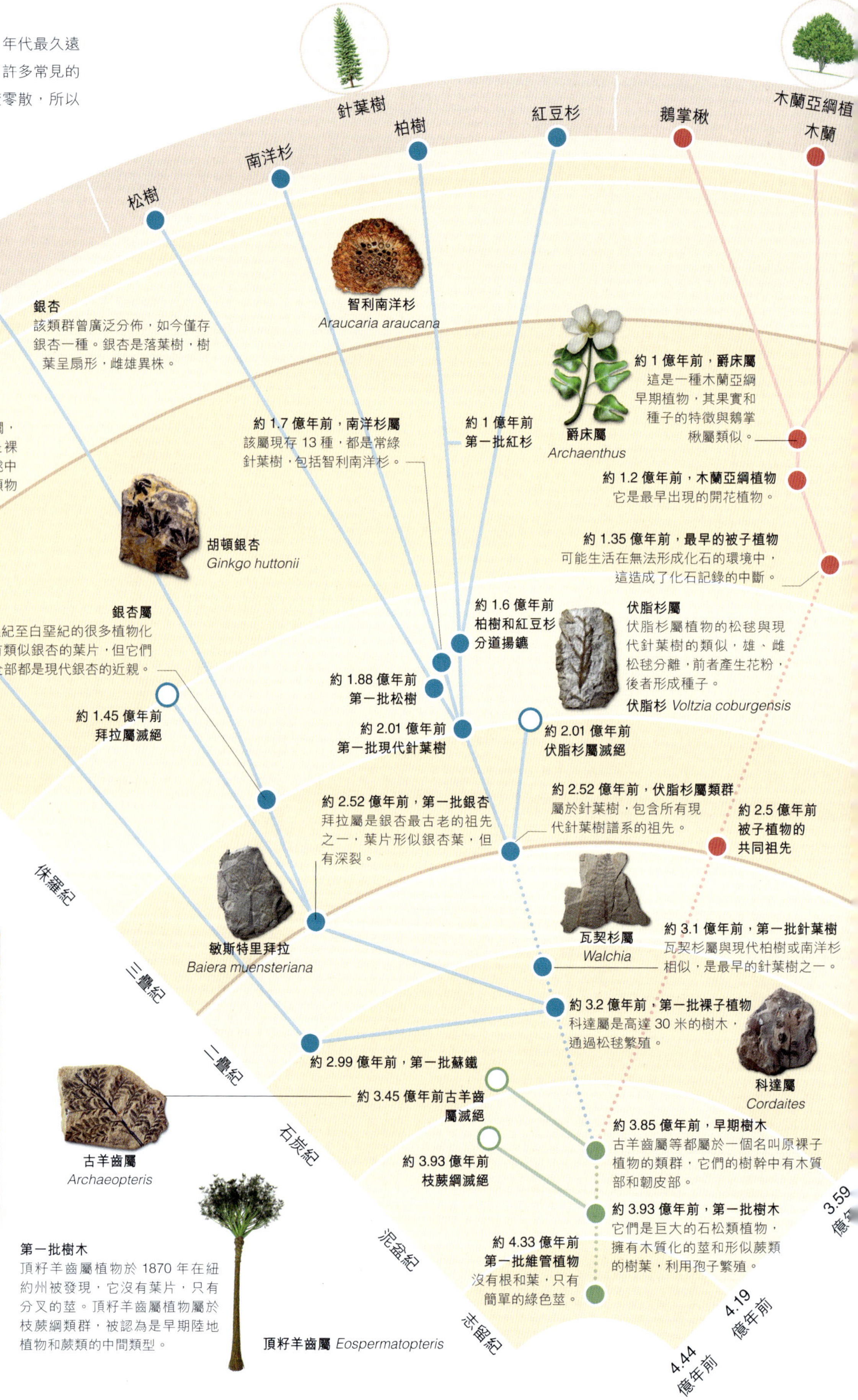

▲ 石化森林

古老樹木的樹幹有時會通過石化過程存留下來，在這個過程中，木頭裏的有機成分被石英或二氧化硅取而代之。

符號注釋

第一批陸地植物　滅絕

裸子（不開花）植物　被子（開花）植物

肉豆蔻

單子葉植物

棕櫚

槭樹

懸鈴木

真雙子葉植物

櫟樹

樺樹

水椰

早期棕櫚類植物的化石，屬於水椰屬，它們的分佈範圍曾經遍及全球。

水椰屬 *Nypa*

6,000 萬–4,500 萬年前
第一批懸鈴木

約 7,000 萬年前
第一批棕櫚

約 5,600 萬年前
第一批櫟樹

約 4,900 萬年前
第一批樺樹

擬五加屬

擬五加屬植物的葉片由獨特的 3 裂片組成。在這個晚白堊世類群中誕生了槭樹。

約 1.2 億年前，**單子葉植物和真雙子葉植物**因花、葉或種子的差異分道揚鑣

擬五加
Araliopsoides cretacea

櫟樹樹幹

櫟樹
雖然櫟樹如今廣泛分佈於北半球和東南亞地區，但它們其實較晚才演化出來。

現在

258 萬年前

2,300 萬年前

6,600 萬年前

1.45 億年前

2.01 億年前

2.52 億年前

2.99 億年前

約 2.519 億年前，大滅絕

作為地球歷史上規模最大的一次滅絕，二疊紀至三疊紀的滅絕事件消滅了 70% 的陸地生命和 96% 的海洋物種。它很可能是全球溫度上升導致的。

樹木的演化

樹木已經經歷了多次演化。它們並不是由近緣植物組成的單一植物類群。相反，在以百萬年計的時間長河中，擁有樹狀形態和高度的眾多物種曾出現（和消失）在許多親緣關係疏遠的植物類群中。

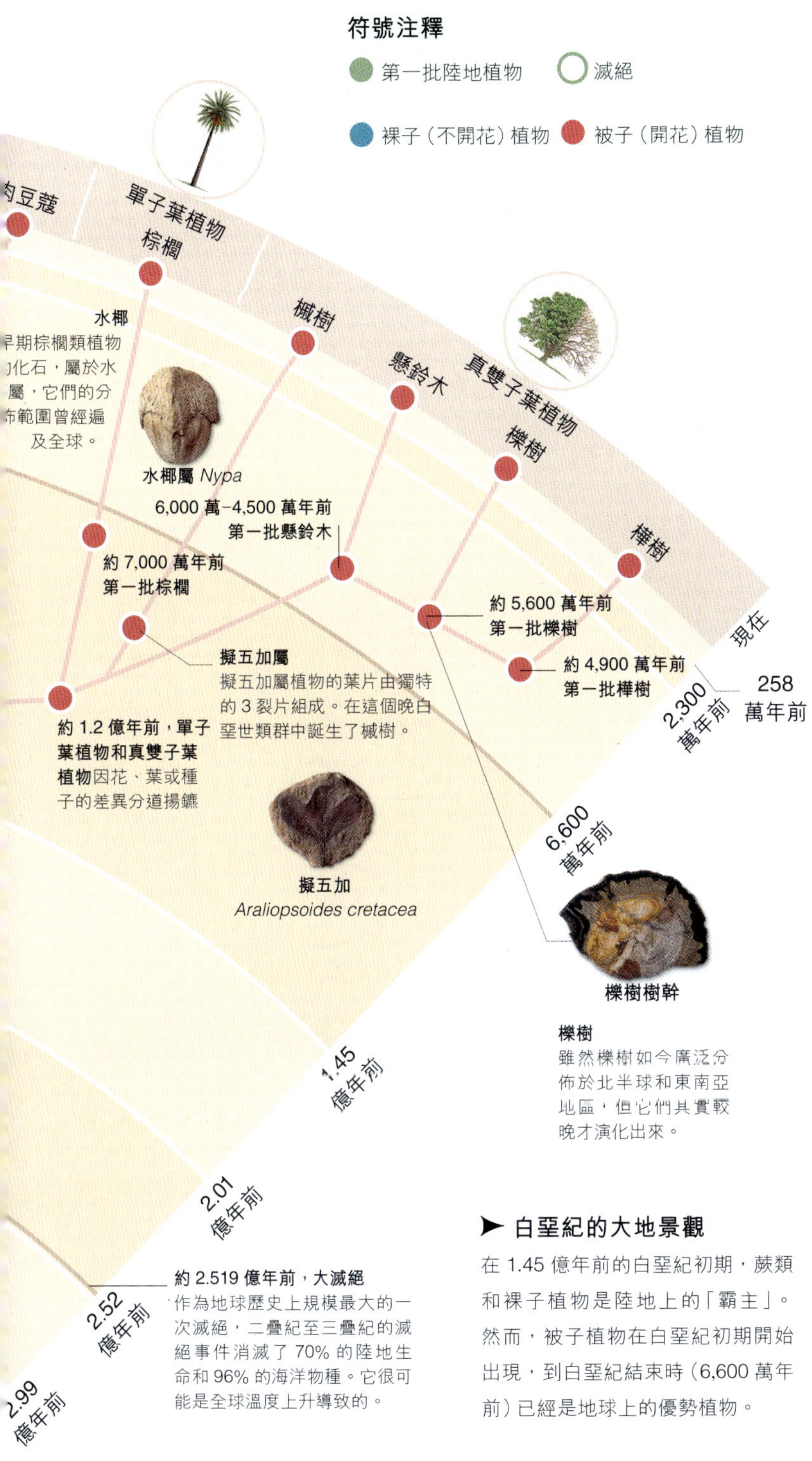

樹木類群

從樹蕨到櫟樹，眾多不同的植物類群都出現過樹形物種。樹木形狀為它們帶來了優勢。巨大的高度能夠阻止很多動物進食植物的葉片，可以讓種子散播到遠處，而且很重要的是，能夠讓植物獲得更多的光照。長到這種高度意味着植物需要克服很多障礙。樹木需要有足夠堅硬的結構以支撐自身重量，同時還需要足夠的韌性以抵抗大風。要想對抗重力，將土壤中的水分輸送到樹冠，那麼維管系統必不可少。這些不是一夜之間實現的，而是經過了無數新物種的演化，植物結構得到不斷完善和改良，才使樹形生命產生。左圖以化石證據和 DNA 年代測定研究為基礎，追溯了樹木的發展歷程。圖中並未囊括所有的現代樹木類群。

2005 年，人們在泰國發現了一根長達 72 米的石化樹幹——全世界最大的單個化石。

➤ 白堊紀的大地景觀

在 1.45 億年前的白堊紀初期，蕨類和裸子植物是陸地上的「霸主」。然而，被子植物在白堊紀初期開始出現，到白堊紀結束時（6,600 萬年前）已經是地球上的優勢植物。

樹木如何生長

樹木以葉片產生的糖類和樹根吸收的水分維持生命活動，糖類和水分通過一套由輸導組織構成的系統在樹木體內運輸。

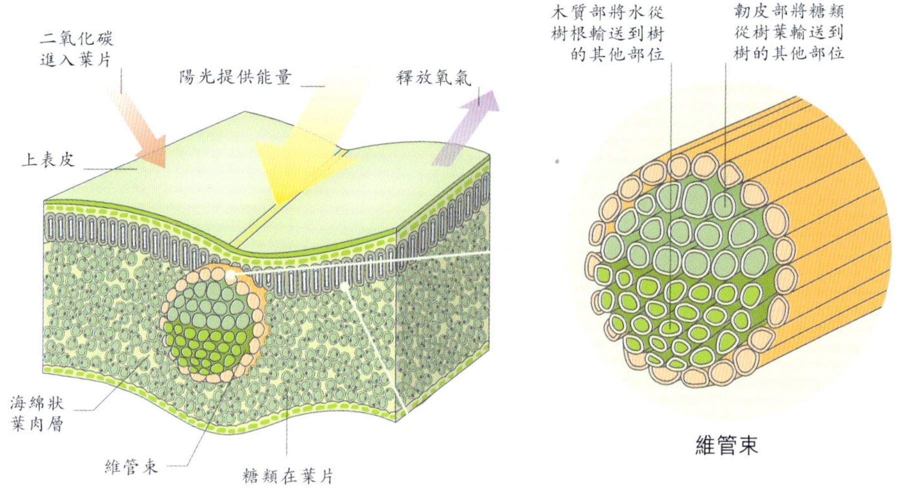

生命所需的能量

地球上的所有生命都依賴植物（包括樹木），它們僅僅用水和二氧化碳就能製造出糖類。該過程的副產物是氧氣，它對植物和動物的生存而言是必不可少的。這種至關重要的化學反應名為光合作用，只有在有陽光時才會發生，因為這個過程需要陽光提供能量。糖類是植物以及以植物為食的動物維持生命活動的養料。樹木通過細胞呼吸過程消耗糖類，提供自身生長所需的能量。

➤ 光合作用

葉片的葉肉細胞含有名為葉綠體的微小細胞器，它們是光合作用的動力源。維管束將水分運輸到葉片參與光合作用，並將光合作用製造的糖類運輸到樹的其他部位。

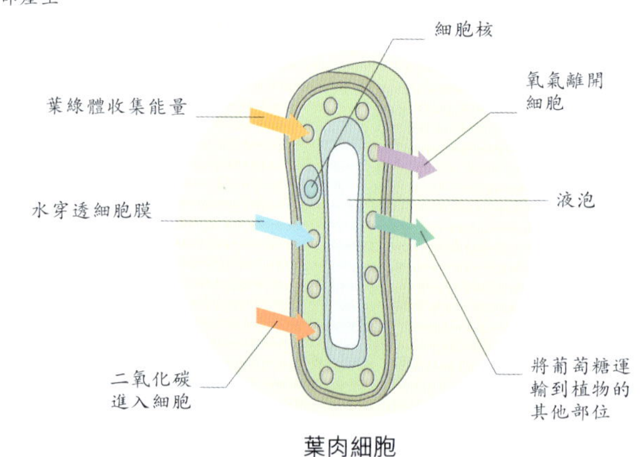

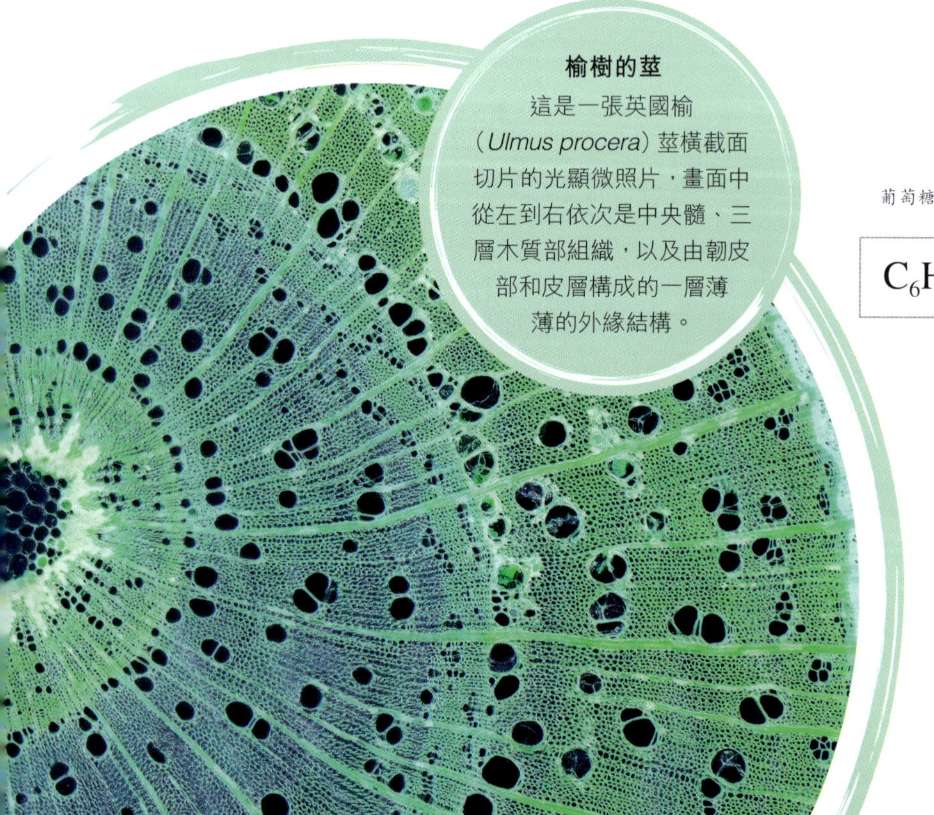

榆樹的莖

這是一張英國榆（*Ulmus procera*）莖橫截面切片的光顯微照片，畫面中從左到右依次是中央髓、三層木質部組織，以及由韌皮部和皮層構成的一層薄薄的外緣結構。

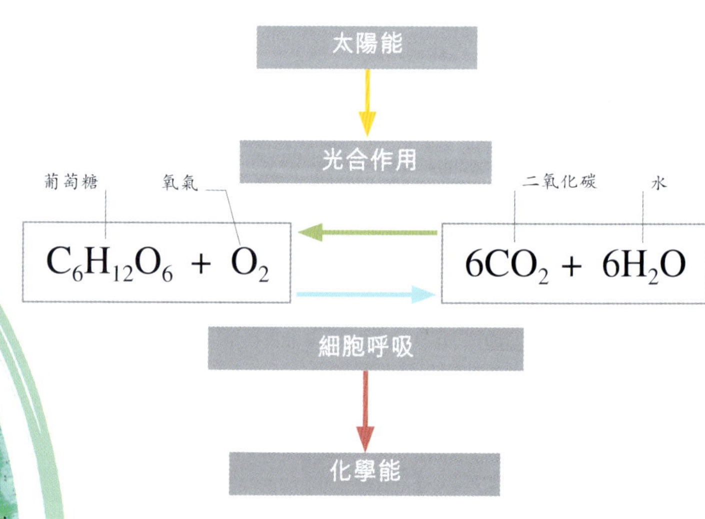

▲ 光合作用和細胞呼吸

對於生命而言，這兩種至關重要的過程缺一不可。在光合作用中，植物利用水和二氧化碳製造糖類和氧氣；而在細胞呼吸中，糖類和氧氣被消耗，釋放出水和二氧化碳並產生能量。這兩個過程都涉及多種相互關聯的化學反應。

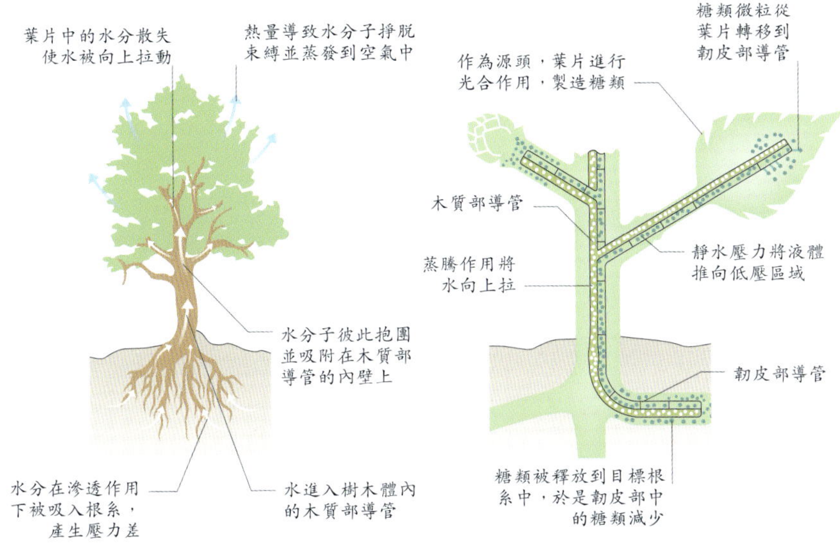

▲ 蒸騰作用

在蒸騰作用過程中，水分從葉片氣孔中蒸發，驅動水分從根系向上流動。蒸騰速率在炎熱或多風的天氣下增加。

▲ 轉運糖類

根無法自己產生糖類，只能依賴葉片產生的糖。通過滲透作用，韌皮部將糖類從高濃度區域（源頭）釋放到低濃度區域（目的地）。

循環系統

人體的循環系統利用靜脈和動脈將血液運輸到身體各處。樹也有循環系統，它的功能是將水分從根系運輸到樹木的各個部位，並將在葉片中產生的糖類運輸到根系和其他器官。樹木的循環系統由木質部和韌皮部的特化組織構成，這些組織共同出現在維管束中。樹幹的木質部將水分從根系向上運輸，而韌皮部負責運輸來自葉片的糖類和其他化合物。維管束含有眾多木質細胞和韌皮細胞，它們首尾相連，形成加長的管道。維管束還含有形成層細胞，這些細胞會產生新的木質部和韌皮部，使樹幹變長。

樹木無法長到 120 米以上，因為這是水在樹木體內能夠被拉升到的最大高度。

垃圾處理

每個植物細胞的中心都有一個名為液泡的大型結構。充滿水的液泡向外膨脹，使細胞保持剛性。在乾旱條件下，隨着水分從液泡中流失，細胞開始收縮，於是植物開始萎蔫。液泡儲存糖類和蛋白質，有的還儲存鮮艷的色素，如花瓣細胞的液泡。代謝過程產生的廢物被轉移到液泡中，以免它們破壞細胞的細胞質，像尼古丁這類的抵禦食草動物的毒素也儲存在那裏。一些樹木將廢物儲存在葉片中。到了冬季，這些樹葉脫落，將廢物一起帶走。

► 為甚麼葉片通常是綠色的

光合作用依賴陽光，而葉綠體內的葉綠素提供了植物捕獲和利用這種能量的手段。葉綠素可吸收光能，尤其是藍光和紅光，但反射綠光波段，這便是葉片呈綠色的原因。

► 色素改變

隨着光照水平在秋天開始下降，葉片停止產生葉綠素，這導致它們變色。更低的溫度還會導致花青素這類紫色和紅色色素的產生。

隨着葉綠素產量的減少，原有的黃色色素（類胡蘿蔔色素）開始顯現，於是**秋天的樹葉**改變了顏色

樹木如何繁殖

對於樹木物種的存續而言，繁衍下一代至關重要。和能夠主動尋找配偶的動物不同，樹木根植在土地之中，因此它們必須採用其他方式繁殖後代。

授粉

花粉含有遺傳信息，這些信息來自其親本樹木的雄性生殖器官。一旦轉移到其他樹上，花粉會與含有雌性遺傳信息的胚珠接觸，二者共同形成種子。在針葉樹中，花粉和胚珠在各自的松毬中發育，然後花粉被風轉移。針葉樹的英文是「conifer」，其字面含義就是「結松毬的」。在開花植物中，花粉和胚珠可以形成於同一朵花內（兩性花）、同一棵樹上的不同花內（雌雄同株），或者不同樹上的不同花內（雌雄異株）。開花樹木主要依賴動物或風使其花粉從一朵花轉移到另一朵花，這個過程稱為授粉。

➤ 雄果球和雌果球

針葉樹通過果球繁殖，雄果球產生花粉，雌果球產生胚珠。雄果球和雌果球可能生長在同一棵樹上，如松樹；也可能生長在不同的樹上，如紅豆杉。

異花授粉

花粉一旦從一朵花轉移到另一朵花，就會發生受精。花粉粒附着在黏性柱頭上後萌發，產生一根花粉管。花粉管向下生長，鑽進花柱再抵達子房，來自花粉的遺傳信息被轉移到那裏。一旦受精，胚珠就會發育成種子，而包裹胚珠的子房會發育成果實。果實確保新形成的種子可被傳播。

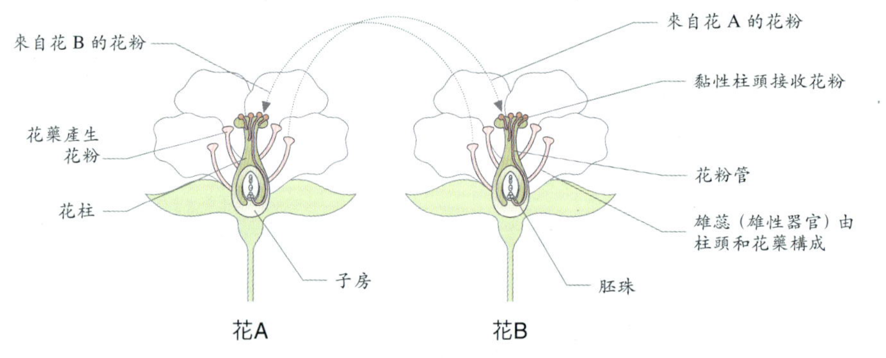

風媒授粉

花粉粒很小，很容易藉助風力傳播。利用風媒授粉的植物包括所有針葉樹和許多開花植物，如櫟樹、榿木和樺樹。風媒授粉樹木不需要吸引動物，因此不產生顏色鮮艷或者有香味的花，也不用為動物提供「報酬」如花蜜。不過，和昆蟲授粉不一樣的是，風無法保證花粉被傳遞到適當的花或果球上，因此這些樹必須產生大量花粉，以確保一部分花粉抵達目標。風媒授粉樹木的花粉是引發人類產生過敏反應的常見過敏原之一。

釋放花粉

就像這些榿木的葇荑花序一樣，風媒授粉樹木通常在春天樹葉萌發之前散播花粉，這樣就不會有樹葉阻礙花周圍的氣流流動。

一棵成年的輻射松（*Pinus radiata*）每年春天可以產生將近 1 公斤花粉。

▲ 昆蟲

昆蟲是最常見的授粉動物，而且很多不同類型的昆蟲都扮演這一角色。蜂類、蝴蝶和蛾類最常見，但甲蟲也可以為某些花授粉，如圖中的木蘭花。

▲ 鳥類

鳥類授粉在熱帶地區最常見，而且有數個科的鳥參與其中，包括蜂鳥、太陽鳥和吸蜜鳥。鳥類授粉植物往往擁有管狀花朵，這些花沒有氣味，大多呈紅色。

▲ 哺乳動物

許多熱帶蝙蝠發揮授粉者的作用。這些花往往是白色的，而且散發強烈香氣，以便在夜間被蝙蝠輕鬆找到。其他哺乳動物授粉者包括負鼠和狐猴。

動物授粉

風媒授粉不精准，所以效率低。花粉包含遺傳信息，生產成本很高，尤其是在大多數花粉無法抵達目標時。動物授粉更精准，因此植物可以節省資源，只需生產數量較少的花粉。為了吸引動物，植物必須為它們提供「報酬」，大多數「報酬」是含有糖類的花蜜或者富含蛋白質的花粉。植物還需要吸引動物的注意力，顏色鮮艷的花瓣和香味可起到這個作用。植物還可以通過精心設計來吸引特定的動物。只有一類動物為某個樹木物種授粉的現象稱為特化（specialization），這是一種很冒險的策略。如果這種動物滅絕，該樹木物種也會步其後塵。不過，這種策略能夠保證花粉被轉移到正確的樹上，不會被浪費掉。有些樹反其道而行之，它們歡迎各種各樣的動物充當它們的授粉者。

種子傳播

樹木正下方的土壤密佈根系，而地面以上則遮光嚴重，這樣的環境條件不適宜樹木種子萌發。這個區域的幼苗將不得不與親本爭奪至關重要的資源，如光照、水和土壤養分。為了避免這種情況，樹木將種子散播到遠處，在減少競爭的同時讓它們去佔領新的土地。因為樹木基本上是靜止不動的生物，所以它們的繁殖依賴風、火和水等自然力量，以及動物，依靠它們將種子傳播到遠方。

▲ 風
針葉樹，如花旗松（*Pseudotsuga menziesii*）擁有帶翅的種子，這讓它們能夠藉助風力飄走。樺樹的種子小而薄。

▲ 重力
較重的種子，如歐洲七葉樹的果實直接落在地上。松鼠和其他嚙齒類動物將它們囤積起來，其中一些被遺忘的種子則將會萌發。

在漫長的海上旅途中，**發育中的胚胎**利用儲存在碩大種子中的養料維繫生命活動

被外殼包裹的椰樹種子能夠在海面上漂浮數月之久，從一座島嶼傳播到另一座島嶼

▲ 爆炸
響盒子（*Hura crepitans*）的成熟果實會「砰」的一聲炸開，種子會以 240 公里 / 時的初速度飛散到四面八方。

▲ 火災
某些針葉樹果球及其他植物的果實只有在遭到焚燒時才會打開，如班克木屬（*Banksia*）植物的果實。果實打開後種子就可以在競爭樹木已被火清除的區域生長。

◀ 水
對於生長在河邊或海邊的植物，水為它們的種子提供了一種傳播方式。鹹水會殺死種子，但椰樹的種子構造特殊，可以適應海洋環境。

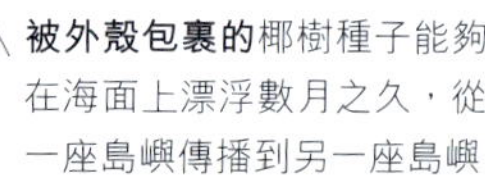

▲ 動物
很多植物用肉質果實引誘動物。多花海杧果（*Cerbera floribunda*）的種子只有在穿過鶴鴕的消化道之後才會萌發。

保存

千年種子庫（Millennium Seed Bank）內存有大約 11,000 個喬木和灌木物種的種子。這些重要的資源使那些受到人類活動威脅的脆弱樹木得以保存，並且有助於為氣候變化做好準備。未來，目前為人類提供重要木材和其他產品的林業樹種可能難以為繼，人們或許能夠在這裏找到替代品。

千年種子庫，英國邱園

自然繁殖和人工繁殖

形成種子是有性繁殖的一種形式，由此得到的後代擁有來自親本的不同特徵。然而，這並不是樹木繁殖後代的唯一方式。有些樹木可通過從根系萌發根蘗（見第 130–133 頁）、莖在土壤中生根（壓條）或無融合生殖形成種子（見第 164–165 頁）等方式創造遺傳基因和自身完全相同的後代。人類利用這些無性繁殖過程繁殖遺傳基因相同的樹木，以滿足園藝行業的需要。

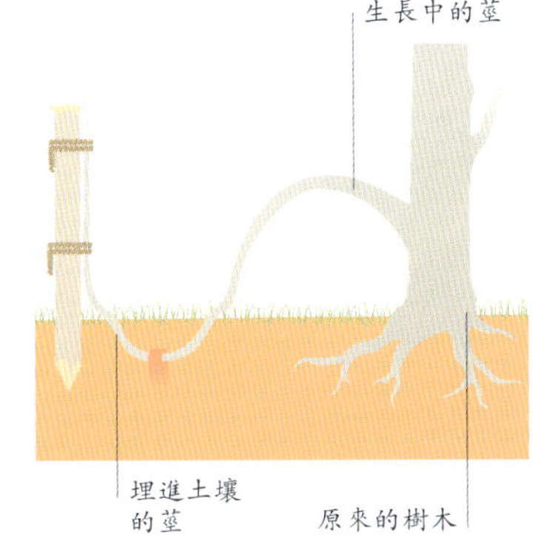

▲ 壓條

將低矮枝條固定在土壤中，會刺激它的下表面長出根系。一旦生根，就可以將枝條與原來的樹木切斷，使其獨自生長。

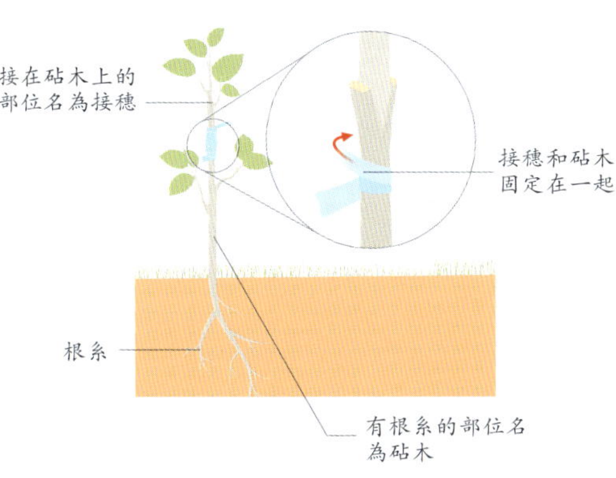

▲ 嫁接

嫁接技術將不同植物的兩個部位結合在一起，如將果樹的一根枝條和更強壯樹種的樹幹結合在一起，得到同時擁有兩種特性的樹木。

海椰子（*Lodoicea maldivica*）擁有全世界植物中最重且最大的種子——重達 25 公斤、長達 50 厘米。

▼ 根蘗

通過從原始樹幹的根系上長出枝條，這株火炬樹（*Rhus typhina*）長出了和自身在遺傳上完全相同的新樹。

樹木生態系統

每棵樹都是一個微型生態系統，即便是攀附在山間峭壁或在沙漠中掙扎求生的孤樹。當樹木聚在一起，形成樹林或森林群落時，它們將共同維繫地球上最多樣化的生態系統。

花

花

依賴櫟樹的蜂類主要以櫟樹葇荑花序產生的花粉為食。蜜蜂也吃櫟樹花粉。睡鼠和松鼠會吃掉富含蛋白質的整個葇荑花序。

成蟲生活在樹冠中，以蚜蟲分泌的蜜露以及樹液為食

紫閃蛺蝶

滿載而歸的蜜蜂

蜜蜂

櫟樹的葇荑花序

樹木支持的生命

樹木產生大量有機物質，其他物種則可以從中受益：樹葉、花、果實，甚至是堅硬的木材，都成了各種動物的消耗品。細菌和真菌寄生在樹木有生命的部中，並使已經死亡的部位腐爛。樹幹和樹枝為地衣、苔蘚等附生生物（生長在其他植物身上的生物）提供了落腳之處。真菌、寄生植物（如槲寄生）和蛀木昆蟲從樹木中汲取營養。鳥類和哺乳動物以果實、果球和種子為食，它們的食物還包括以樹木為食的昆蟲。

樹枝

樹枝

超過 700 個地衣物種生長在櫟樹的樹幹和樹枝上。鳥類和松鼠在樹枝上築巢，或者在上面棲息。

櫟扁枝衣

專門生長在櫟樹上的物種

由松鼠建造，用於繁殖和庇護

松鼠窩

鳥類在樹枝上棲息和築巢

斑尾林鴿

➤ 西方狍

西方狍是歐洲地區最適應樹林生活的鹿，在北美洲則是白尾鹿。西方狍可以將頭抬高到 1.2 米，吃落葉樹的芽、枝條和樹葉。

➤ 櫟樹的生物多樣性

因為在英國的很多大學附近都有夏櫟，所以夏櫟（見第 184–189 頁）樹林是全世界受到最多研究的樹林之一。長期的研究資料記錄了許多依賴或利用櫟樹維持生存的物種。

地面

地面

真菌、蠕蟲及無脊椎動物（如潮蟲）等以枯枝落葉為食。松鴉將橡子埋進地裏，它們後來沒有找到的橡子就會長成新的櫟樹。

以落葉為食，有助於營養循環

普通潮蟲

苔蘚和真菌

埋藏橡子，為冬季儲存食物

松鴉

一棵成年櫟樹養活了大約 2,300 個物種，其中的 326 個物種完全依賴它生活。

▲ **冬季休眠狀態下的夏櫟**

在冬天葉片掉光後，落葉樹仍然養活着其他生物。昆蟲的卵和幼蟲在樹根裏或樹皮下存活，而啄木鳥會剝開樹皮吃掉它們，此外還有附生植物生長在樹枝上。松鼠可能在這裏築巢過冬，鳥類也會在這裏找到棲息之所。

森林生命

作為森林的一部分，樹木為其他動、植物營造了更隱蔽的小氣候。它們凋謝的葉片逐漸腐爛，創造出有利於其他物種生長的肥沃林地土壤。在亞洲、歐洲和北美洲北部的寒帶森林，少數幾個針葉樹物種佔據優勢地位，並擁有更多樣化的下層林木，以及從啄木鳥到猞猁等物種數量相對不多的動物類群。溫帶地區的落葉林擁有更豐富的植物群，它們也養活了更多樣化的動物群。在高降水量、高溫的赤道附近，熱帶雨林是全世界物種最豐富的生態系統。1 公頃雨林可以容納 480 個樹木物種（是落葉林的 20 倍）和 4.2 萬個昆蟲物種。

森林的運作方式

樹木形成樹林或森林群落，它們會創造自己的小氣候並形成自己的土壤。這些群落是動態發展的，隨着時間的推移發生變化，有時候這些變化在外部因素（如火災）的推動下進行。樹木依賴隱藏的夥伴提供生存所需的養分。

如何形成森林

大多數樹木擁有廣泛傳播種子的機制，無論是藉助風力還是動物。在溫度適宜時，種子就會萌發。如果土地上有太多石頭、土壤太濕或太乾，或者土壤的化學性質不適宜，幼苗很快就會死亡，或者很快被路過的動物吃掉。有時候，新的生境會因為山體滑坡、火災、濕地乾涸、人類活動或者食草動物消失而產生。然後，眾多幼苗可以開始共同生長。這會為每株幼苗提供庇護，而且落葉開始改變土壤，令其變得肥沃。假以時日，數量眾多的幼苗紛紛湧現，超出食草動物的食量，森林的範圍就會開始擴展。

◄ 水青岡幼苗
在這片水青岡樹林中，腐爛分解的枯枝落葉為土壤增添了腐殖質，為水青岡種子的萌發、生長創造了更好的條件。這株水青岡幼苗的兩片子葉幫助它進行光合作用。

▼ 林地演替
葉片堅硬或多刺的灌木為壽命較短的先鋒喬木樹種的生長提供了一些保護。後者開始創造更豐富的林地環境，讓生長緩慢、壽命更長的樹種在其中穩定生長。

在典型的溫帶樹林中，每公頃的土地上每年會有 3,000 公斤落葉。

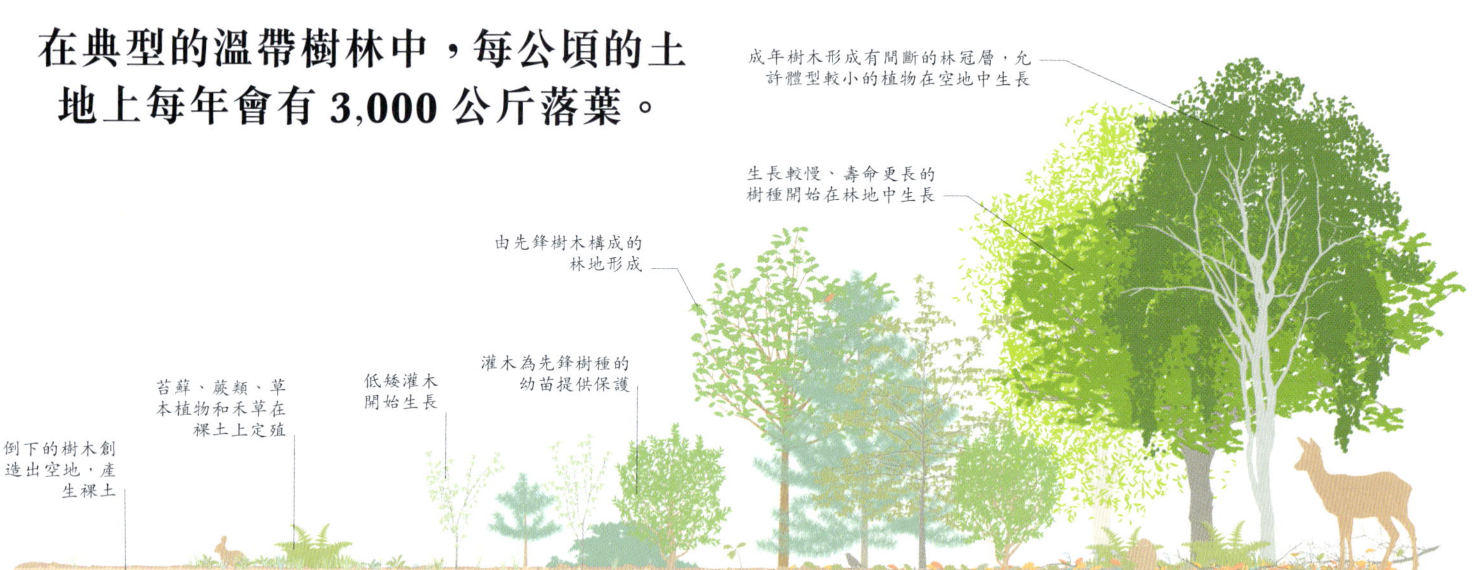

火災的作用

自然火災在森林的再生中發揮着關鍵作用，尤其是在地中海周圍以及氣候類似的地方，如澳洲和美國加利福尼亞州。火災減少了參與競爭的植被，並為新樹創造出一片肥沃的苗床。一些樹木，如巨杉（見第 70–71 頁）和歐洲栓皮櫟（見第 192–193 頁）擁有防火的樹皮，這讓它們能夠在火災中倖存並迅速再次發芽。巨杉還依靠火災釋放種子。為了保護林地附近的建築，人類試圖避免森林火災，但這樣做會讓枯木和灌木叢漸漸積累，從而令火災的規模變得更大且更具破壞性。

◀ 復甦

火災會淘汰部分植被並留下裸露的土壤和灰燼，形成一片肥沃的苗床。灰燼中的有毒化學物質會很快被雨水沖走。儲備大量養料的樹木種子通常是最先再生的。

誕生與死亡

所有樹木的葉片都會有規律地脫落。常綠樹的樹葉也會在數年時間裏逐漸脫落，所以它們在任何時候都不會是光禿禿的。掉落的樹葉很快被細菌和真菌分解，這個過程為土壤增添了腐殖質，並釋放出樹木生長所需的養分。假以時日，這個過程將在落葉闊葉林中創造出肥沃的「棕壤土」(brown growth)。在雨林中，大部分養分被生長中的樹木迅速吸收，留下貧瘠的土壤。為了維持樹木強勁的長勢，一切資源都必須循環使用。在森林群落中，多達 1/4 的物種是腐生生物，它們以枯枝落葉為食，分解這些物質並將養分送回土壤，然後這些養分繼續維持樹木生長。

▼ 木頭盛宴

樹木會形成林地，但是在一片典型的樹林裏，真菌在所有生物中佔據至少 10% 的重量。很多真菌依賴腐爛的樹樁或落枝生存，如圖中這些軟靴耳（*Crepidotus mollis*）。

◀ 網絡顯現

土壤中的菌絲網絡只有在真菌產生子實體（蘑菇和傘菌）的時候才會顯現。一株典型林地真菌的菌絲可以覆蓋 15 公頃的林地。

樹木如何交流

雖然每一種樹都有自己的物種名，但實際上每棵樹都是由多個物種形成的群落。所有樹的根系都存在真菌，其菌絲包裹在樹根周圍或進入樹根內部，形成一種名為菌根的合作關係。菌根網絡從土壤中吸收養分，作為回報，樹木允許它們吸收自己通過光合作用產生的部分糖類。例如，有 16 個真菌物種存活於櫟樹的根系，如果沒有這些真菌，櫟樹就會死亡。

1997 年，加拿大科學家蘇珊娜・西馬德（Suzanne Simard）發現森林裏的樹木利用這些相互連接的菌根網絡分享和交換養料，她將這種網絡命名為「樹維網」（wood wide web）。後來的研究表明，整座森林的樹木會展開化學交流。這讓樹木能夠識別並優先養育自己的後代，並將自身在過去獲得的有益化學物質傳遞給幼樹，幫助擁有共同遺傳基因的樹木在競爭中佔據優勢。

◀ 真菌菌絲體

真菌的運作部位就是左圖基質中的菌絲網絡，名為菌絲體，發揮着溶解和吸收養料的作用。重 1 公斤的林地土壤就能容納總長至少 200 千米的相互連接的菌絲。

樹木通過光合作用產生的糖類有大約 30% 被真菌消耗了。

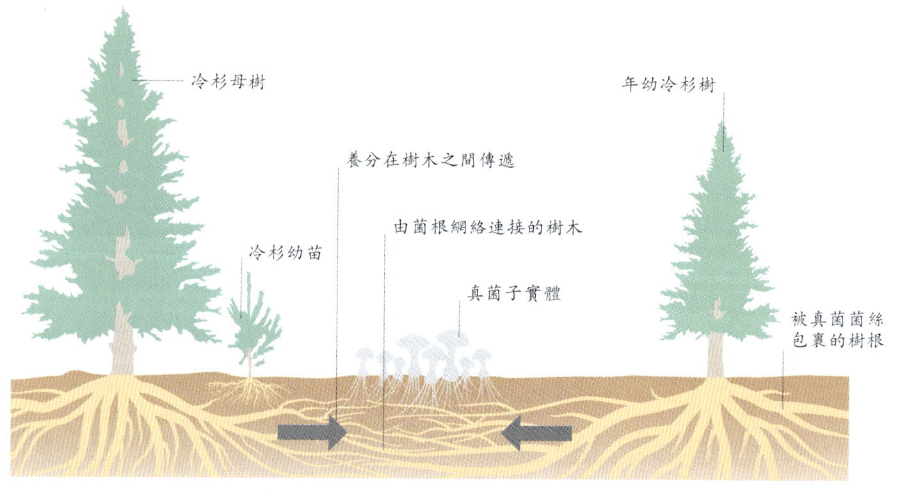

▶ 樹維網

與真菌菌絲相結合，樹木根系的菌根網絡在森林地被中蔓延。樹木可以通過這種網絡發送化學信號，也許還包括電信號。通過這種方式，一棵樹可以識別出自己的後代，並輸送養分來維持它們的生長。

樹木如何自衛

林地是競爭激烈的地方，因為樹木間會爭奪空間和陽光，並盡力使自己免遭食草動物侵害。多刺的葉片、帶刺的枝條，以及堅硬的枝葉，這些都有助於避免被食草動物吃掉。很多樹木物種的體內還含有有毒的化學物質，起到抑制病原體和驅趕蛀木昆蟲的作用。物種的未來取決於繁殖，所以樹木的能量多用於形成種子和果實，並確保種子被廣泛傳播，甚至向動物提供有甜味的「賄賂」，以鼓勵它們吃掉果實以傳播種子。現在我們知道，樹木會通過菌根網絡輸送水分、糖類和養分，幫助附近同一物種的樹木生長，有時這些資源甚至會被傳送至更廣泛的環境中，幫助其他物種生長。樹木還可以通過空氣發送和檢測化學信號，以警示食草動物。相思樹通過釋放氣體警示攝食的長頸鹿（見下圖）。對於乾旱、病害等威脅，樹木還會發送化學信號。即使屬於不同物種，相鄰的樹也會做出減少水分散失的反應，或者啓動內部防禦機制。

◀ 控制害蟲

當松樹被松鑲鋸角葉蜂的幼蟲攻擊時，它們會釋放一種化學信號，將一種寄生蜂吸引過來。這些寄生蜂將卵產在松鑲鋸角葉蜂幼蟲體內，卵孵化後，這些幼蟲就會被從內到外吃掉，於是樹得救了。

寄生蜂

▼ 化學戰

當長頸鹿開始吃相思樹的葉片時，這種樹做出的反應是釋放乙烯氣體，這是一種化學警示，讓處於下風向的相思樹葉片釋放大量單寧。長頸鹿如今則已經學會了順風進食。

針葉林

作為地球上曾經最繁盛的植物類群，針葉樹的物種數量如今已經減少到600餘種，但它們仍然形成了一片環繞北半球的森林。針葉樹也存在於溫帶和熱帶地區，但它們在北方更常見。

北方寒帶林

北方寒帶林是針葉林，又稱泰加林（taiga），它們在亞洲、歐洲和北美洲北部形成了一條連綿不絕的帶狀區域，其中包括松樹、落葉松、雲杉和冷杉。在比較溫暖的區域，這些針葉樹和開花樹木生長在一起，如柳樹、楊樹、榿木和樺樹。這些針葉樹非常適應寒冷的氣候和貧瘠的薄土。在最北端，北方寒帶林有些稀疏，地衣覆蓋着樹幹和森林地被。南方分佈的森林更茂密，有蕨類和開花植物生長在這些樹下面。但與溫帶或熱帶森林相比，其他地區樹木的物種多樣性較低，不過不同大陸上的情況有所區別。在北美洲，雲杉和冷杉是優勢物種，而歐洲最重要的樹種是歐洲赤松（*Pinus sylvestris*），落葉松則遍佈整個西伯利亞。

北方寒帶林的野生動物

在遙遠的北方，生長季短暫，但常綠針葉樹會保留樹葉，可以全年進行光合作用。北方寒帶林生長得比較茂密，非針葉樹很少，地被植物稀疏。

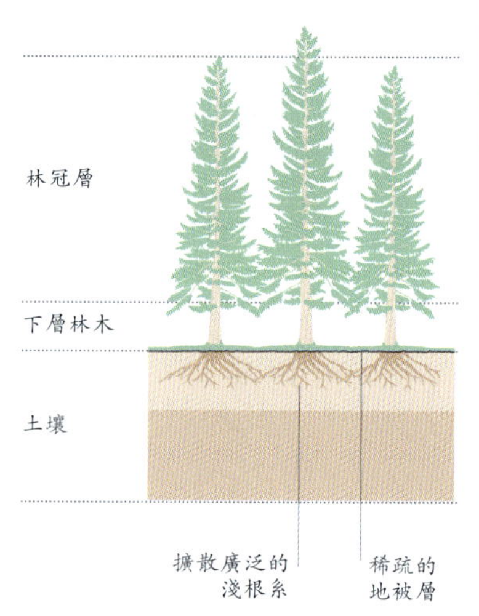

◀ 北方寒帶林的野生動物

在泰加林中可以找到數種哺乳動物，包括加拿大馬鹿、駝鹿、猞猁、棕熊、狼和捕食性鼬類［如左圖中這隻漁貂（*Pekania pennanti*）］。它們巡視大片領地，以便在嚴酷的環境中生存。

▼ 西伯利亞的泰加林

茂密的泰加林主要由針葉樹組成，如下圖所示的這片西伯利亞泰加林。針葉樹的圓柱樹形有助於它們在冬季清除積雪，以防樹枝被壓壞。

◀ 溫帶雨林

在降水量高的地區，溫帶雨林中的巨大針葉樹是優勢物種，而且樹木之間生長着豐富的蕨類、苔蘚和地衣種群，如位於美國華盛頓州的霍河雨林（Hoh Rainforest）。

果球最初是淺綠色的，成熟後變成青銅色

▲ 瓦勒邁杉

這種稀有的針葉樹在 1994 年被發現，只生長在澳洲的瓦勒邁國家公園。在活體被發現之前，瓦勒邁杉（*Wollemia nobillis*）曾經只有化石記錄，如今它是極度瀕危物種。

溫帶針葉林

溫帶針葉林的生物多樣性優於北方寒帶林，在更靠南的地方，通常位於降水量高的沿海地區，如北美洲的太平洋西北地區及日本北部。它們還出現在內陸高海拔地區，如落基山（北美洲）、阿爾卑斯山（歐洲）和喜馬拉雅山（亞洲）等山脈。這些森林可以容納大型針葉樹，如新西蘭的澳洲貝殼杉（*Agathis australis*）、北美洲的北美紅杉、南美洲的智利喬柏（*Fitzroya cupressoides*）。相比北方寒帶林，溫帶針葉林的地被層植物更豐富，而且存在非針葉樹。有些溫帶針葉林依賴火災進行再生，如美國東南部的松林，在那裏，禾草在地被層中很常見。在更潮濕的太平洋西北地區，火災不常出現，而禾草被蕨類取代。

熱帶針葉林

在以針葉樹為主導的 3 類森林中，熱帶針葉林是最稀有的，主要分佈在墨西哥、中美洲和加勒比海地區的島嶼，不過在蘇門答臘島、菲律賓和喜馬拉雅山也零星分佈。這些森林包含多種多樣的針葉樹和非針葉樹，但地被層植物比較稀疏。在墨西哥，針葉林為候鳥和遷徙的帝王斑蝶（*Danaus plexippus*）提供了寶貴的庇護所。

▶ 蝴蝶庇護所

位於墨西哥中部的神聖冷杉（*Abies religiosa*）為從加拿大和美國飛來過冬的帝王斑蝶提供了庇護所。一棵冷杉樹能夠容納多達 10 萬隻蝴蝶。

溫帶落葉林的結構

在這類森林的林冠層中佔優勢的是落葉樹，而下層林木包括等待空隙出現以便乘虛而入的樹苗，以及常綠灌木（如冬青和紅豆杉）。森林地被層是這類森林中物種最豐富的部分。

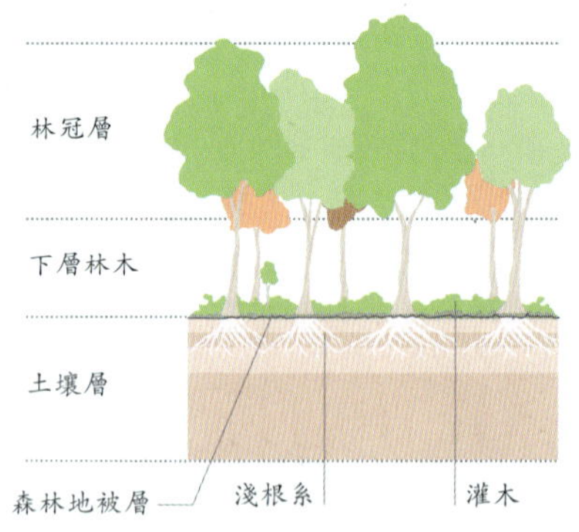

➤ **春天**

對於森林地被層中的植物來說，春天是花朵盛開的季節。藍鈴花（*Hyacinthoides non-scripta*）必須在山櫸木林冠層充分展葉前結籽。

溫帶闊葉林

這類森林以闊葉樹為優勢樹種，針葉樹很少或沒有，分佈在溫帶。在較冷的地區，落葉喬木佔優勢，在秋季時落葉以求存活。在較溫暖的地區，佔優勢地位的是常綠樹。

▲ **秋天**

隨着秋季降臨，北美洲森林的樹葉呈現聞名遐邇的多彩顏色。這些樹葉在凋落後會產生深厚的腐殖質，促進野花和其他植物的生長。

溫帶落葉林

與針葉林相比，北美洲東部、歐洲西部以及亞洲東部的落葉林擁有更豐富多樣的物種。在其中一些落葉林中，由單個樹種佔據主導地位，如歐洲的水青岡林，但是在另一些落葉林中，櫟樹、槭樹、樺樹、鵝耳櫪、白蠟樹和山核桃樹只是林冠層中的部分樹種而已。溫帶落葉林的地被非常豐富，擁有多種多樣的春季野花，它們花期短，必須在樹木長出葉片之前開放。溫帶落葉林可能包括一些針葉樹和常綠樹，取決於具體地點。在南半球，新西蘭、智利和阿根廷的許多森林以南青岡（*Nothofagus*）為優勢樹種，但針葉樹和常綠樹也參與構成森林。

溫帶常綠林

在溫帶一些更溫暖的地方，常綠物種是森林的優勢物種。澳洲的桉樹林就是一個例子，喜馬拉雅山脈的杜鵑林也是如此。塔斯馬尼亞只有一種落葉樹，即加寧南青岡（*Nothofagus gunnii*），而常綠針葉樹和闊葉樹構成了原始森林的主體，如桉樹、相思樹和互葉白千層。智利南部的瓦爾迪維亞森林擁有豐富多樣的常綠植物，包括桃金娘科的幾個成員，以及由竹子和蕨類構成的茂密下層林木。墨西哥中部地區的山脈以豐富的松櫟林聞名。松樹在海拔較高的地方佔優勢，而櫟樹在較低海拔佔優勢，但這種混交林還擁有許多獨特的動植物物種。大西洋東部的島嶼，如馬德拉群島、亞速爾群島和加那利群島，有一些殘存的照葉林（見第 104 頁），它們是由樟科佔優勢地位的常綠闊葉林。

長長的尾巴用於在滑翔過程中保持平衡和轉向

▲ **大袋鼯**

作為東部桉樹林特有的幾種有袋動物之一，大袋鼯以桉樹的葉和芽為食。這類森林裏生活着 3 個大袋鼯類物種。

生長在澳洲的王桉（*Eucalyptus regnans*）是世界上最高的闊葉樹，高達 100 米。

▲ **亞洲混交林**

在喜馬拉雅山脈，森林的構成通常隨着海拔而變化。在中間海拔地區，櫟樹、杜鵑和木蘭構成常綠森林，而櫟樹、槭樹和榿木是闊葉林的主要樹種。在更高海拔的地方，針葉樹佔優勢地位。

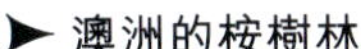

► **澳洲的桉樹林**

在新南威爾士州和昆士蘭州的東海岸沿線，有一片主要由桉樹構成的森林。大部分桉樹擁有肥厚的常綠葉片，而桉樹林是大分水嶺（Great Dividing Range）丘陵地區的典型景觀。

熱帶季節性森林

並非所有熱帶森林都是雨林。在很多熱帶地區，降雨是季節性的，而樹木必須熬過漫長的旱季。雨水在一年當中的部分時間缺失促使樹木演化出了眾多求生手段，包括儲水和防禦機制。

非洲旱生林

在非洲的大片地區，一種由佔優勢地位的相思樹和其他物種組成的多刺落葉林覆蓋大地上，彷彿一張色彩斑駁的地毯。在這片稀疏的林地中，生活着多種多樣的鳥類和大型哺乳動物（包括長頸鹿、羚羊，以及獅子等以它們為食的捕食者）。大象也生活在這類樹林裏，並利用它們巨大的力量和體型將哪怕刺最多的相思樹枝拽下來，以便更輕鬆地取食它們的嫩枝。大象的這種行為往往會鼓勵禾草的生長。典型的非洲稀樹草原是由一片片林地和草地構成的，而動物的行為和火災導致二者之間不斷更替。在馬達加斯加島，季節性旱生林分佈在西海岸沿線，而在更乾旱的南部地區，由眾多肉質植物和多刺樹木組成的多刺森林佔據着優勢地位。

▼ 相思樹
在季節性乾旱氣候下，樹木必須想辦法保住葉片裏的水分。相思樹利用莖上的刺驅趕食草動物，儘管這並不總是奏效，它們典型的傘狀樹形就是食草動物的傑作。織布鳥利用這種樹形懸掛自己的巢。

旱生林的結構

季節性乾旱氣候下的樹木必須找到獲取水分的方法。有些樹擁有很深的根系，可以抵達地下水層（相思樹還擁有一些延伸至地表附近的樹根）。相比之下，猴麪包樹則擁有擴散較廣但較淺的粗短樹根，它們可以迅速吸收大面積區域中的雨水，然後將這些雨水儲存在膨大的樹幹中。

◀ **季雨林**
季風將含水汽的雲從印度洋吹到印度和東南亞上空，為乾渴的森林帶來水分，如位於老撾的這片森林。季節性旱生林的生物多樣性不如雨林高，但仍然是多種野生動物的家園，尤其是像老虎這樣的大型哺乳動物。

季雨林

一提到叢林，人們就會想到熱帶雨林，但是在印度，魯德亞德・吉卜林（Rudyard Kipling）在《叢林之書》（*The Jungle Book*）中提到的叢林卻是擁有明顯旱季的季節性森林。在印度和東南亞的大部分地區，冬季炎熱乾燥，樹木會長時間保持葉片脫落的狀態。對於森林裏的野生動物來說，這段時間非常難熬，因為食物稀少，而且捕食者的捕獵難度也由於失去枝葉的遮掩大了許多。季風意味着喘息時刻，它會在夏天帶來大量降雨。樹木重新長出葉片並開花結實，為森林生物提供饕餮盛宴。類似的熱帶旱生林分佈在墨西哥南部、加勒比海地區，南美洲的數個地區，以及斯里蘭卡、新喀里多尼亞，還有印度尼西亞的小巽他群島等島嶼。

▼ **斑翅鳳頭鵑**
斑翅鳳頭鵑（*Clamator jacobinus*）原產於非洲和亞洲，在印度被稱為「季風使者」。在印度北方，它常伴隨雨水出現，進食在較濕潤天氣中出現的毛毛蟲。

印度大約 80% 的年降水量出現在夏季季風期間。

卡卡杜國家公園
在澳洲北領地的最北邊坐落着卡卡杜國家公園（Kakadu National Park），佔地面積約 19,700 平方公里。在這裏可以找到豐富多樣的熱帶景觀，包括季雨林、紅樹林、稀樹草原及河漫灘。這裏還生活着豐富多樣的野生動物，包括 280 多種鳥類、100 多種爬行動物和 70 多種哺乳動物。

諾爾朗吉岩

黑白雙色的身體讓這種鳥擁有了另一個名字——雜色鵑

熱帶雨林

南北回歸線之間的森林都屬於熱帶森林，而熱帶雨林擁有兩個決定性特徵：沒有旱季，月均降水量不低於 60 毫米。高溫令這些森林全年保持較高的空氣濕度。

在如今使用的所有**藥物**中，**25%** 以上為**雨林植物**。

低地熱帶雨林

物種多樣化水平很高的一些森林是在溫暖潮濕的熱帶地區生長起來的。熱帶雨林裏生長着一系列豐富的樹木（主要是常綠樹）和許多依賴它們的植物、動物和真菌。低地雨林分佈在南美洲亞馬遜盆地、非洲剛果盆地以及亞洲印度尼西亞群島等低海拔地區，在中美洲、馬達加斯加、澳洲和一些太平洋島嶼亦有零散分佈。這些森林結構複雜，有 4 個特徵層：露出層、林冠層、下層林木，以及森林地被。不同的動植物物種生活在這些由樹木和藤蔓連接的特徵層中。熱帶雨林的林冠層是密閉的，只有當大樹倒下、陽光照射進來時，樹苗才會生長。在雨林之外，如在印度次大陸的季風地區，以及非洲西部和加勒比海的部分地區有熱帶季節性森林，當地有旱季。

熱帶雨林的結構

典型的熱帶雨林有 4 個特徵層：頂端的是露出層，最高的樹在那裏露頭；它下面是林冠層，生活着豐富的附生植物；棕櫚、藤蔓和灌木構成的下層林木佇立在森林地被之上，而地被上光線昏暗，只有稀疏的地被植物。

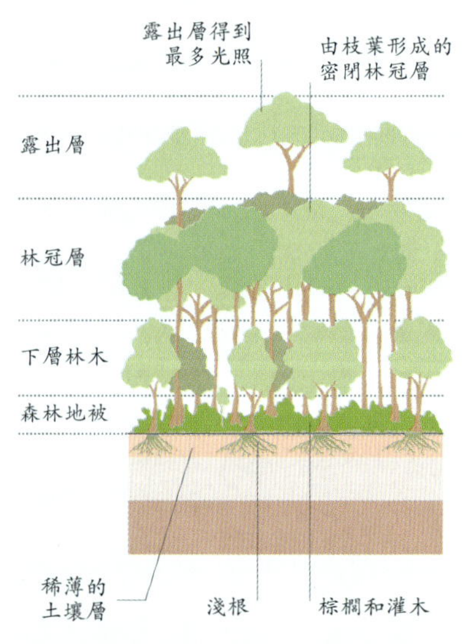

▼ 雨林中的藤蔓

藤蔓是熱帶雨林的重要組成部分，因為它們連接了森林的不同特徵層。它們的根在地被層，向上生長並穿過下層林木和林冠層，通常在露出層開花。它們還被紅毛猩猩等動物用作在森林裏移動的工具。

雲霧林

熱帶雨林的性質隨着海拔的升高而變化。隨着海拔的升高，樹木變矮，分枝變多。樹種的多樣性也隨着海拔的升高而減少。高海拔雨林被稱為雲霧（cloud）林、山地（motane）林或高山矮曲（elfin）林，降水通常以霧的形式出現，霧氣在樹葉上凝結，從樹葉上滴落或者沿着樹幹流下。雲霧限制了光照並降低了整體溫度，因此生活在這類森林中的很多動物都有適應這種環境的能力，如非洲的山地大猩猩和南美洲的眼鏡熊擁有厚厚的皮毛，讓它們能夠抵禦寒冷。

雖然與生物多樣性水平極高的低地雨林相比，雲霧林中的樹種數量較少，但附生植物的多樣性水平很高。附生植物是附着在樹枝上生長的植物，不接觸土壤。它們不是寄生生物，不會從宿主樹木那裏「竊取」資源，它們只是將自己通過根系固定在樹皮上而已。附生苔蘚在雲霧林中很常見，大部分樹幹和樹枝都被厚厚的苔蘚覆蓋，為更大的附生植物如蘭花、鳳梨、仙人掌和蕨類提供了完美的基質。多種多樣的動物依賴這些「懸空花園」。

▲ **蒙特維多雲霧林**

位於哥斯達黎加蒙特維多保護區（Monteverde Reserve）的雲霧林的物種極豐富，擁有 100 種哺乳動物、120 種爬行動物和兩棲動物，以及 400 種鳥類，其中包含 30 多種蜂鳥。

濕潤的皮膚讓蛙類能夠吸收氧氣

► **紅眼樹蛙**

兩棲動物在雨林中得以茁壯生長，因為它們需要很高的濕度才能生存。紅眼樹蛙（*Agalychnis callidryas*）通過皮膚呼吸，所以皮膚必須保持濕潤。

雨林的起源

大約 6,600 萬年前，一顆直徑約 10 千米的小行星在如今的墨西哥尤卡坦半島撞擊地球，導致了全球性的氣候變化和 75% 的生物滅絕。今天的雨林就是在這場災難中發展出來的，它們比之前的森林更茂密，主要由開花樹木和植物組成。這些變化的確切原因尚不明確，但恐龍的滅絕可能是原因之一。沒有這些大型動物的踐踏和攝食，樹木得以生長得更大、更緊密。大部分針葉樹的滅絕以及大量營養豐富的灰燼也可能有助於熱帶雨林繁殖。

樹木的用途

人類的演化始於樹林，而第一批古人類（人類祖先）很可能曾經回歸樹林尋求庇護和食物。在學會了取火和雕刻木頭之後，人類豐富了自己的生活，開始在適當的時機栽培樹木以獲取木材和食物，並將樹木應用於包括娛樂在內的各種其他用途。

木釘

約公元前 8000—前 5000 年
在熱帶地區，早期人類很可能建造了簡單的庇護所，不過留存下來的很少。在新石器時代，當他們來到更冷的地區時，就需要更堅固的房屋了。寒冷的氣候使一些建築遺跡得以保存下來，為現代仿建（見右圖）提供了參考。

新石器時代的長屋

約公元前 8000 年
人類很早就學會了如何將整根樹木用於水上交通。約公元前 8000 年，人類開始用木漿划船並雕刻出座位區，如來自丹麥的庇斯（Pesse）獨木舟。

約公元前 3500 年
木材質地堅硬且容易雕刻，而木釘可以將零件固定在一起。木頭很適合用來製造車輪，而首次出現於美索不達米亞地區的車輪改變了農業和貿易的方式。

蘇美爾人的戰車車輪

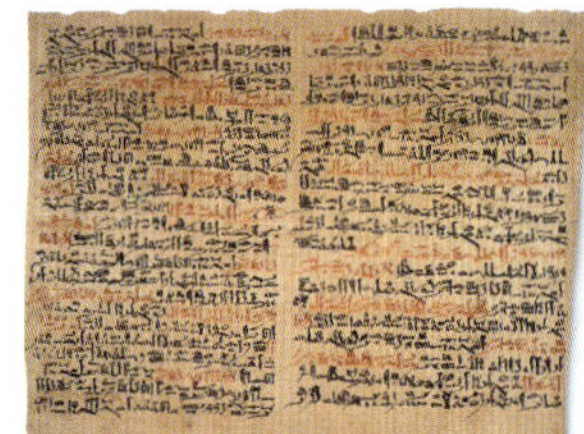
埃伯斯紙草文稿

約公元前 1550 年
埃伯斯（Ebers）紙草文稿是源自古埃及的一段醫藥知識文摘，它提到柳樹皮可用作止痛劑。很久之後，提取自柳樹皮的水楊酸被用在阿司匹林裏，不過如今人們以人工合成的方法獲取它。

公元 15 世紀
櫟樹或桃花心木的木材結實、柔韌且耐久，是建造航海船隻的理想材料，這些船隻開啓了歐洲的大航海時代。

葡萄牙快帆船

約公元 1200 年
人類很早就開始使用木材製造打擊樂器。金貝鼓（djembe）是一種複雜的木質鼓，起源於約 800 年前的西非。

約公元 700 年
中國人發明了盆栽，即用花盆束縛根系以種植修剪後的微型樹木的方法。日本人傳承了這種藝術形式。

槭樹盆栽

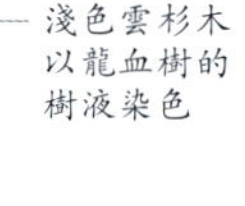
淺色雲杉木以龍血樹的樹液染色

公元 1666-1737 年
精選木材產生的共鳴為安東尼奧・斯特拉迪瓦里（Antonio Stradivari）及其意大利家族製作的小提琴增添了獨特的音色。雲杉木被用於製作前面板，柳木用於內部，而槭木則用於背部和頸部。

斯特拉迪瓦里小提琴

伯利莊園（BURGHLEY HOUSE），景觀由布朗設計

約公元 1715-1783 年
英國景觀設計師蘭斯洛特・布朗（Lancelot Brown，又被稱為「萬能布朗」）為超過 250 座英格蘭鄉間莊園設計了花園，這些花園的特點是圍繞湖泊的成群樹木和起伏的草地。

「意大利難道不是樹木遍地、像一座果園嗎？」

馬爾庫斯・特倫提烏斯・瓦羅（Marcus Terentius Varro），
《論農業》（*On Agriculture*），公元前 37 年

最早的篝火

約 100 萬年前
來自南非一座洞穴的證據表明，直立人（*Homo erectus*）在至少 100 萬年前就會取火了。遷移至更寒冷北方地區的第一批人類直到 30 萬–40 萬年前才開始生火取暖。

約公元前 10000 年
位於澳洲金伯利（Kimberly）的洞穴壁畫描繪了人類攜帶木製飛去來器和長矛的場景。已知的最古老的澳洲飛去來器出現於公元前 8000 年，被發現於南澳洲的懷裏沼澤（Wyrie Swamp）。

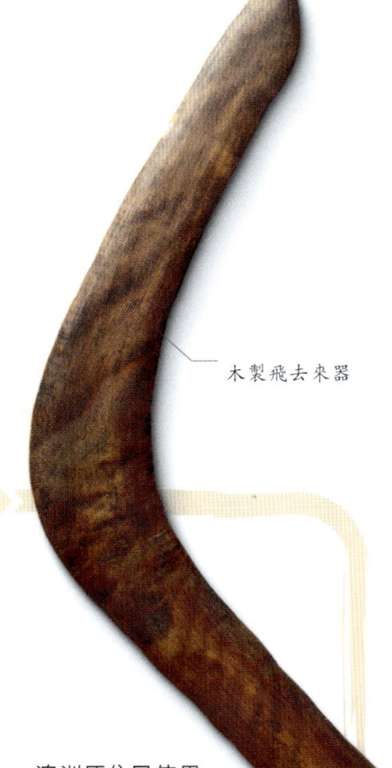

澳洲原住民使用的飛去來器

約公元前 9400 年
園藝活動的最早跡象之一來自一批藏匿起來的無花果，它們沒有種子，在沒有人工干預的情況下無法繁殖。它們被發現於巴勒斯坦傑利科（Jericho）附近的一座被燒毀的房子，通過對這座房子的遺跡測定碳年代，判斷其燒毀於約公元前 9400 年。

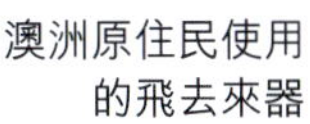
鰻魚陷阱

約公元前 10000 年
早期人類製造的大多數木質工具早已腐爛。然而，人們發現了若干使用防水柳編織的鰻魚陷阱，它們在缺氧的水或泥巴裏保存了 12,000 年。

公元前 668–前 627 年
這件淺浮雕是為娛樂目的而種植樹木的早期證據，它描繪了坐落在古亞述城市尼尼微（今伊拉克境內）的皇宮花園，花園裏有灌溉用的溝渠。

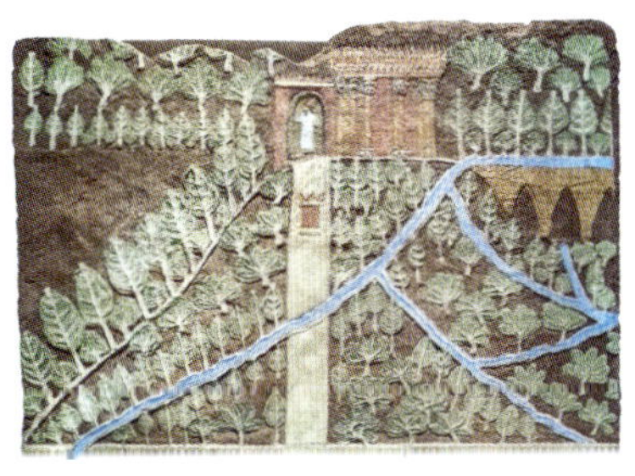

位於尼尼微的亞述皇宮花園

約公元前 300 年
古希臘人發明了利用流水驅使木輪轉動以完成機械工作的方法，如將谷物投入水磨中磨成粉。

位於埃及的古希臘水磨

中國雕版印刷

約公元 600 年
在約 1400 年前的唐朝時期，中國人發明了用雕版將文字或圖案反印在布匹或紙張上的技術，該技術最初用於印刷宗教文獻。

橡木酒桶

公元前 100 年
古羅馬人完善了移栽葡萄藤以形成葡萄園的方法，以及製造不漏水的橡木桶以儲存、運輸葡萄酒並為其增添風味的方法。

公元 1715–1774 年
櫟木、柚木和桃花心木的優點塑造了路易十五時代法國家具纖細、彎曲的形態，這些家具常常鑲嵌有異域木材。

路易十五時代的椅子，法國

公元 1845 年
德國發明家弗雷德里希・格特羅普・凱勒（Friedrich Gottlob Keller）為一種切割木頭的機器申請了專利，這種機器可以從搗成漿的軟木（通常來自針葉樹）中提取纖維。然後這些纖維被用來造紙。

公元 2019 年
挪威布魯蒙達爾（Brumunddal）的米約斯塔內特大樓（Mjøstårnet Building）被稱為「木造摩天樓」，幾乎完全由木頭建造。木結構建築有助於減少有害碳排放。

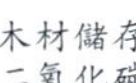

米約斯塔內特大樓

樹木和環境

樹木繁茂的森林可以在溫度適宜、水分充足的任何地方生長，它們覆蓋着地球大約 30% 的表面。森林對當地的生物多樣性很重要。總體而言，森林是大氣中氧氣的主要來源，而且對於全球範圍內的熱量和水分傳遞都很重要。

巴西的森林砍伐

2020 年 8 月，在巴西西南部馬托格羅索州的這次森林砍伐中，所有生物都被清除殆盡，森林儲存的碳以二氧化碳的形式釋放。裸露的土壤將被用於種植農作物，直到土壤被侵蝕導致養分流失。

碳循環

生物從環境中獲取各種形式的碳，並通過各種生物過程使其回歸環境中。例如，植物通過光合作用從空氣中吸收二氧化碳，再通過呼吸作用將二氧化碳釋放到環境中。碳在空氣、陸地和海洋中轉移的物理過程形成了碳循環。在自然狀態下，這種循環是平衡的，但是人類活動正在破壞這種平衡，如砍伐儲存碳的樹木、燃燒木材而釋放碳等。總體而言，如今釋放到空氣中的二氧化碳多於被利用的二氧化碳。

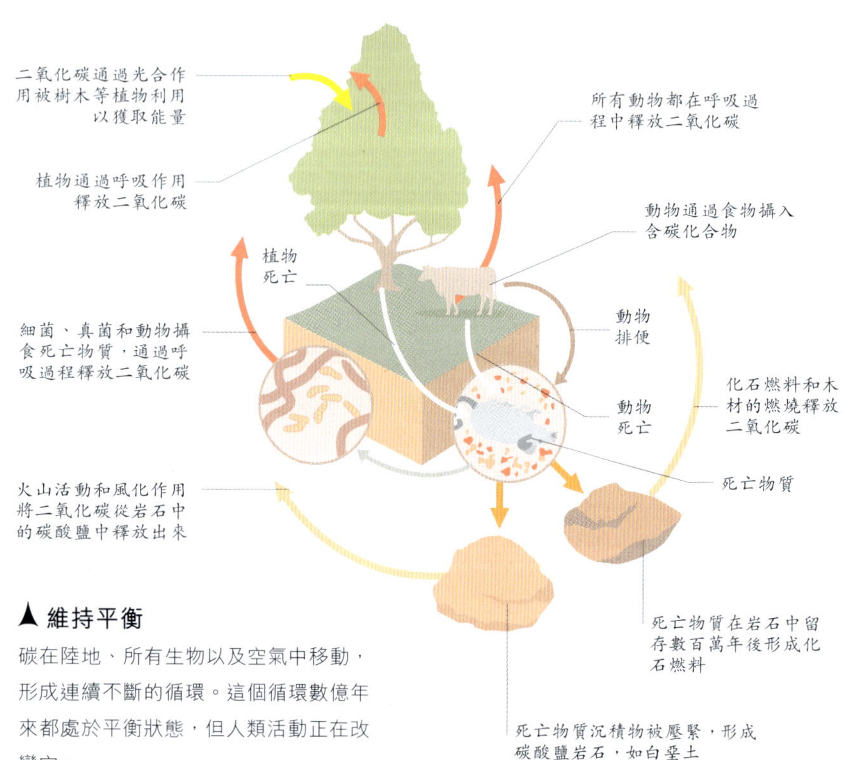

▲ 維持平衡

碳在陸地、所有生物以及空氣中移動，形成連續不斷的循環。這個循環數億年來都處於平衡狀態，但人類活動正在改變它。

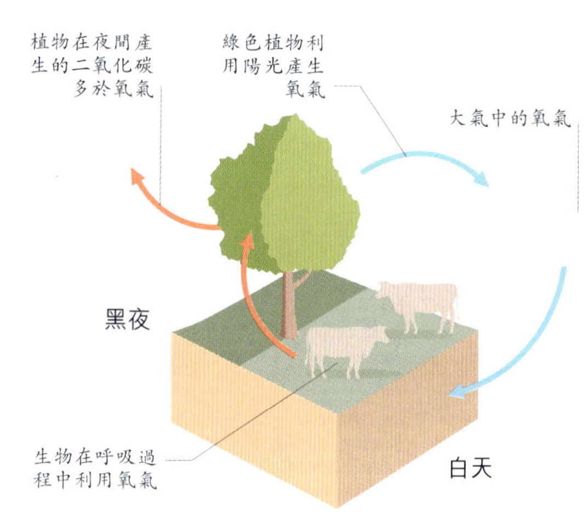

▲ 轉移氧氣

動物在呼吸時消耗氧氣並釋放二氧化碳。植物也一樣，但是在有陽光時，它們還會進行光合作用，將二氧化碳轉化為糖類和氧氣。這創造了日復一日的氧氣和二氧化碳循環。

氧循環

森林、草原及海洋都是空氣中氧氣的主要來源。部分氧氣通過森林中樹木的呼吸作用重新轉化成二氧化碳。然而，其餘氧氣被釋放到空氣中並在風的作用下擴散，如果沒有這種轉移，大城市中就會缺乏充足的氧氣，而森林中的氧氣含量則會高得產生毒害作用。

亞馬遜雨林每分鐘被破壞的面積相當於一座足球場。

傷害森林

當森林中的樹木被砍伐後，很多其他生物會失去家園，而林冠的缺失令受影響的區域變得更乾燥，更容易在強降雨時遭受破壞。單純砍掉樹木所造成的危害相對較小，除非是大規模砍伐。當砍伐與其他破壞手段同時進行時，會產生更嚴重的問題。在上面的照片中，破壞是永久性的，因為樹木和下層林木都遭到了毀滅。酥鬆的沙質土暴露在大量灌木叢間，沙質土不能保留養分，所以當灌木叢中的養分（通過焚燒或分解）釋放時，這些養分會因為沒有樹根和其他碎屑吸附而被雨水沖走。類似地，放牧會將森林變成草地，而污染會導致生物多樣性水平下降。

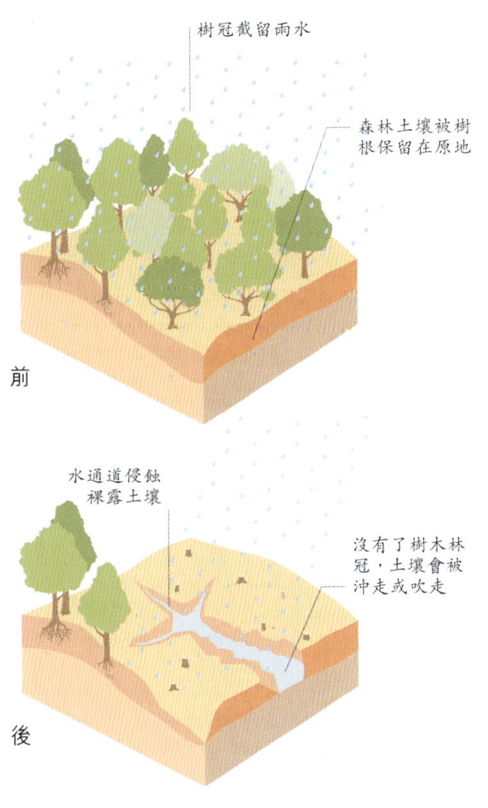

▲ 不可逆的破壞

將熱帶雨林轉化為耕地是不可持續的。熱帶雨林的土壤很薄，而且其中的養分通過樹木快速循環，在數年耕作之后土地就會變得貧瘠。即使將耕地拋荒，土地也由於不可逆的土壤侵蝕而無法在數百年內變回森林。

重新造林

重新造林項目，如聯合國發起的「萬億樹木」(Trillion Trees) 再植運動，可以解決砍伐森林帶來的一些問題，如固定二氧化碳、控制洪水和防止侵蝕。種植林冠物種可以迅速改善狀況，但這只是第一步。在附近地區的生物多樣性未達到相當水平的情況下，形成豐富程度與被摧毀之前相同的生態系統可能需要數十年。因此，在將殘存的碎片化森林連接起來方面，再植運動的效果更好。

▲ 種植新的森林

一個小女孩準備種植一株樹苗。種植樹木不僅有益於相關地區的動植物存活，而且對世界各地的人類也有好處。

第 2 章

不開花的樹

這些樹屬於裸子植物類群，其中包括蘇鐵、銀杏和針葉樹（三者當中最大的類群）。它們通過裸露的種子進行繁殖，即種子外無果實包裹保護。

拳葉蘇鐵

Cycas circinalis

蘇鐵類植物是著名的古樹。然而，它們一點也不原始，而且經過3億年的演化才成為如今我們所見的特化植物。

蘇鐵類植物如今是一個較小的類群，擁有大約360個物種。在遙遠的過去，它們是地球植被的主要組成部分，但如今基本已被開花植物（被子植物）取代。蘇鐵類植物與銀杏（見第46–49頁）及針葉樹同屬於一個親緣關係疏遠的類群——裸子植物，該術語的字面意思是「裸露的種子」，因為它們的種子未被果實包裹。

蘇鐵類植物有時也被稱為西米棕櫚（sago palms），因為它們的外表很像棕櫚，樹幹頂端是向四周伸展的樹冠，由長長的常綠羽狀復葉組成。然而，作為其原始起源的一種跡象，這些葉片與樹蕨的葉片一樣，是從最初的捲曲狀態展開的。雄樹上的毬果產生類似花粉的小孢子，它們通過甲蟲或小型蜂類轉移或者被風吹走，抵達雌樹莖幹末端長出的簇生花葉（見對頁）上的胚珠。受精過程保留了遠古時代的遺風：小孢子從胚珠末端空洞中的甘露液滴游過，使其受精。

漂浮的種子

拳葉蘇鐵的花葉上結出的纖維質種子可以漂浮在海面上，所以能夠順着洋流漂到新的地點。因此，這個物種在印度西部沿海形成了茂密的植物群叢。它的種子是有毒的，這是為了阻止動物攝食。若想食用種子，必須先在水中浸泡以去除毒素。經過處理後的種子可以曬乾磨成粉，這種粉類似於西米粉（來自棕櫚樹樹幹的髓），可以用來製作粥和麵點。

其他物種

蘇鐵

Cycas revoluta

原產於日本和中國，可以通過其橢圓形雄毬果加以區分。

闊葉蘇鐵

Cycas platyphylla

來自澳洲昆士蘭州的藍葉物種，卵形雄毬果長達20厘米。

▼ **樹狀蘇鐵**

蘇鐵類植物的樹狀形態讓它們常常被誤認成棕櫚樹，然而兩者在植物學上差異極大。

◀ **簇生雌花葉**

雌性蘇鐵在莖幹末端長出一簇特化葉片，在這些葉片的表面上生長着圓形胚珠。

類群：蘇鐵類植物

科：蘇鐵科

株高：可達5米

冠幅：可達6米

雄毬果：單生，圓錐形；和雌性生殖器官生長在不同的植株上，長達50厘米

莖：不分枝；粗厚，木質化；覆蓋着密集的鑽石狀葉基

葉片形成樹冠，每片樹葉長1.5–3米，由大約100對小葉組成

成年蘇鐵的莖幹呈柱狀，非常粗壯，表面覆蓋着枯死的葉基，十分尖銳

類群：銀杏類植物

科：銀杏科

株高：15–35 米

冠幅：可達 9 米

樹葉：落葉；扇形；啞光綠色，秋季呈黃色；互生；長可達 7 厘米

果實：黃綠色外皮呈油性且有異味；橙黃色果肉部分包裹可食用的種子

樹皮：灰棕色；表面有木栓質脊狀突起和裂縫，隨年齡增長而加深

成簇的葉片通常輪生於側生短枝上

較老的葉片通常被一個深的裂口分為兩枚裂片，其拉丁學名中的 *biloba*（意為「兩枚裂片」）一詞即由此而來

銀杏

Ginkgo biloba

化石記錄表明，2 億年前的地球遍佈銀杏的近親。如今，唯一倖存下來的物種與其他植物都差異極大，以至於它自己單獨形成一個分類群。

這種獨一無二的樹木原產於中國，是美麗的落葉樹種。關於它的說法有很多，英國博物學家查爾斯·達爾文 (Charles Darwin) 形容它是「活化石」，有人說它早在首次作為活體被人類發現之前很久就已經有了化石記錄。還有人提出化石銀杏的年代比恐龍還要久遠。然而真相比這些更複雜。

西方人對銀杏最早的記錄來自恩格爾伯特·肯普弗 (Engelbert Kaempfer)，他是一位為荷蘭東印度公司工作的德國博物學家和探險家。1691 年，他在日本長崎一座寺廟的庭院裏見到了一棵銀杏樹，如今人們已經知道這個物種是從中國引入日本的。從日本返回歐洲之後，肯普弗在 1712 年出版的拉丁語圖書《異域采風集》(*Amoenitatum Exoticarum*) 中介紹了這個物種。他在書中記錄的名字「ginkgo」在當時的日語或漢語中均不見記載。人們猜測這個詞音譯自肯普弗助手的長崎方言。1771 年，現代分類學之父、瑞典

➤ 寶貴的棲息處
由於耐寒的銀杏樹可驅趕昆蟲，所以鳥類對它不感興趣。然而，這種大型遮陰植物是鳥類理想的棲息之處，如右圖中的暗綠繡眼鳥（*Zosterops japonicus*）。

「在現存的植物中，恐怕沒有一個屬比源自中國的鐵線蕨樹（銀杏）更讓人聯想起過去了。」

蘇厄德（A. C. Seward）和高恩（J. Gowan），《植物學年報》（*Annals of Botany*）第 14 卷，1900 年

葉片剛長出來時呈嫩綠色，逐漸變成深綠色，然後在秋天變成橙黃色

◄ 獨特的葉片
銀杏的扇形葉片有別於任何其他樹木的葉片。它們與鐵線蕨（maidenhair fern）的葉片相似，因此銀杏又被稱為鐵線蕨樹（Maidenhair Tree）。

小枝一開始呈紅棕色，隨着年齡的增長逐漸變灰

有 6 棵銀杏樹在 1945 年的日本廣島**原子彈爆炸中倖存**，自此，銀杏常被稱為**「希望之樹」**。

▲ 雌樹

銀杏屬雌雄異株——雄花和雌花分別生長在不同的樹上。當雄樹發育出類似葇荑花序的結構時，雌樹發育出裸露的胚珠。

植物學家卡爾・林奈首次發表了這個物種的拉丁學名 *Ginkgo biloba*，並在其中使用了「ginkgo」這個如今廣為人知的名字。

肯普弗在日本的寺廟庭院裏採集了銀杏的種子，其中一些後來被種在荷蘭的烏特勒支植物園（Utrecht Botanic Gardens）裏。這座植物園裏至今仍生長着一些最古老的銀杏樹。以這裏為起點，這個物種先後擴散到歐洲各處的花園和樹木園（為了教育用途栽培植物的花園），並在 1784 年傳播至北美洲。

銀杏是一種外形優雅的樹，年幼時呈窄圓柱形，隨着年齡的增長樹冠逐漸伸展開。它耐受空氣污染，廣泛種植在城市街道兩邊，還因可供人乘涼和美麗的秋色葉而種植在公園裏。

化石關聯

在肯普弗發現銀杏一段時間之後，古生物學家才將銀杏和 2.51 億–5,000 萬年前的扇形葉片化石聯繫起來。其中一些最古老葉片的裂片多於 2 枚，它們來自 2 億年前，當時有恐龍在地球上遊蕩。1.2 億年前的化石葉片看起來更像現代銀杏，而來自 6,500 萬年前並帶果實的化石

有異味的果實

從植物學上講，銀杏的果實被視為一種肉質毬果，只是部分包裹種子。黃色果肉散發出類似腐壞牛油的臭味，所以雌樹不在公共空間種植。

可食用的內核位於肉質外皮內，被視為珍饈美味

與現代植株幾乎完全相同。銀杏屬（*Ginkgo*）似乎曾經擁有一系列物種，但它們並不是嚴格意義上的「活化石」，因為它們在持續演化，直到今天只倖存下來一個物種。如今的銀杏與其他植物都不一樣，它作為一個物種被歸入一個門，即銀杏門（Gingophyta）。相較之下，被子植物門（Angiospermae）包括所有開花植物，物種數量多達35萬。

相對而言，銀杏與針葉樹比較相似，它的花粉也是藉助風到達雌花處。花粉粒中長出精子，而需要精細胞游到雌性胚珠才能受精。銀杏是結種子的植物中極少數精子擁有運動能力的物種之一。雌花發育出白色可食種子，包裹在肉質表皮中。

野生倖存者

在長達 2 個世紀的時間裏，銀杏都只見於寺廟庭院中。20 世紀初，人們在中國貴州省的大婁山裏發現了銀杏，其中一些銀杏樹比當地已知的最早人類還要古老，所以人們判斷它們天然長於此地。即便如此，如今生長在栽培環境下的銀杏仍然比野生銀杏多得多。

銀杏在中醫藥方面的應用歷史超過 2,000 年，具有明顯抑制血小板聚集和抗血栓作用。在西方，它被用來治療凍瘡、耳鳴等，甚至用於預防記憶力衰退。

▲ 古樹

從公元 6 世紀起，日本人開始在寺廟庭院中種植來自中國的銀杏，他們相信佛祖就是坐在這種樹下開悟的。如今那裏的寺廟中仍然生長着一些巨大的千年銀杏古樹。

化石近親

這塊化石來自英格蘭約克郡的西爾比尼斯（Sealby Ness），據估計來自 1.8 億–1.6 億年前。這些葉片與現代銀杏相似，但有數枚深裂片，所以作為不同物種被命名為胡頓銀杏（*Ginkgo huttonii*）。在那個時代，許多近緣銀杏物種在歐洲、澳洲、北美洲、南美洲和南非繁盛一時，如今它們都已滅絕，獨留一個物種。因為只有葉片能夠根據化石輕鬆辨認，如今尚不清楚這些古代植物是否在其他方面與現代銀杏存在差異。

銀杏葉片化石

類群：針葉樹

科：南洋杉科

株高：30–50 米

冠幅：可達 12 米

樹葉：常綠；三角形，末端尖銳；基部相互重疊；長 5 厘米

雄毬果：單生或數個簇生，垂掛在樹枝上；黃棕色；長 7–15 厘米

樹皮：厚且耐火燒；灰棕色，含樹脂，有深裂紋；形成碩大的六邊形盾片

智利南洋杉

Araucaria araucana

這種獨特的針葉樹看上去和典型針葉樹截然不同，部分原因在於其原產地的自然環境惡劣。

作為智利國樹，智利南洋杉是古老的南洋杉科（Araucariaceae）中最著名的。這個科的植物在 2 億年前至 6,600 萬年前的侏羅紀和白堊紀時期廣泛分佈，但如今僅存於南美洲和亞太的部分地區。智利南洋杉的樹形呈尖塔狀，水平分枝輪生，樹幹圍長可達 1.5 米。這個物種生長於智利中南部和阿根廷西南部的有限區域，生長在安第斯山脈東西兩側海拔高度 900–1,800 米範圍內。

這個海拔高度多風，而且經常發生雪崩、山體滑坡、地震及其他自然火災，但這種樹非常適應這種環境，能夠很好地應對。它的樹葉緊緊抱在一起，這種形態有助於防止形成積雪壓斷樹枝，而厚厚的樹皮保護內部的木質部和芽，讓它們免遭火災的傷害。智利南洋杉生長速度緩慢，但壽命長達至少 830 年。

種子栽培智利南洋杉相對容易，它在歐洲和北美洲是深受青睞的觀賞樹木。它的英文名是「monkey puzzle」，意為「猴見愁」，對這個物種而言，想出這個名字的 19 世紀英國園丁是一位聰明的營銷大師，它立刻讓人想到智利南洋杉對喜歡攀爬的猴子造成的挑戰。實際上，根本沒有猴子生活在它的自然分佈區。

對當地人的意義

◀ **富含種子的毬果**

雌毬果生長在枝條末端，通常與雄毬果長在不同的樹上。發育成熟的毬果可容納多達 200 粒種子（西班牙語稱為 piñones），這些種子很像大的松子。

對安第斯山脈南部的原住民而言，智利南洋杉（西班牙語為 pehuén）具有重要的宗教意義和經濟價值。其中一個部落非常依賴它，以至於他們被稱為配文切人（Pehuénche）。他們從這種樹身上獲取木材用作燃料和建築材料，獲取樹脂用作藥物，還採集它的種子。在收穫種子的季節（2–5 月）以及整個冬季，種子可以生食、烤熟或煮熟食用。吃不完的種子用來餵養牲畜或出售。一般來說，這些沉重的種子不太可能播散到離樹較遠的地方，不過包括南美原鼠和長尾小鸚鵡在內的動物有助於它們的傳播。雖然法律禁止砍伐智利南洋杉，但原始森林的面積仍在急劇變小，部分原因在於不受控制的森林火災。

▶ **智利南洋杉森林**

智利南洋杉以純林形式生長在山區（如右圖所示），或者與南青岡屬（*Nothofagus*）的各物種形成混交林。

有光澤的深綠色葉片
呈螺旋狀排列

「（智利南洋杉的）生態是由被擾動驅動的……」

馬丁・加德納（Martin Gardiner），《世界瀕危針葉樹》（*Threatened Conifers of The World*），2019 年

其他物種

大葉南洋杉

Araucaria bidwillii

樹形呈尖塔狀，分佈於澳洲昆士蘭州的雨林。對於其分佈範圍內的原住民有着重要意義，被認為是神聖的樹。

異葉南洋杉

Araucaria heterophylla

從澳洲到美國加利福尼亞州，它都是公園和花園裏很受歡迎的觀賞樹木；原產地僅限於澳洲以東約 1,400 公里的諾福克島（Norfolk Island）。

柱狀南洋杉

Araucaria columnaris

樹形高大，呈柱狀，形如其拉丁學名（種加詞 *culumnaris* 意為「柱狀的」）；可長到約 60 米高。具體取決於生長在南半球還是北半球，它往往會略微傾斜生長。

類群：針葉樹

科：南洋杉科

株高：30–50 米

冠幅：可達 35 米

樹葉：常綠；扁平且厚，幼葉更長、更薄；對生或 3 枚簇生；長 4 厘米

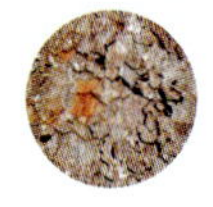

樹皮：灰色，光滑；覆蓋表面的厚鱗片自動剝落並留下斑駁的外表

▲ 成熟小枝圖示
澳洲貝殼杉的樹冠遠離地面，位於很高的位置，很少有人能夠近距離觀察它的樹枝。樹齡約 40 年的澳洲貝殼杉會開始結雌毬果。

「……有生命的大教堂……讓人想起那個遠去的時代，當時恐龍仍在地球上遊蕩。」

萊斯・莫洛伊（Les Molloy）評論澳洲貝殼杉森林，《狂野新西蘭》（*Wild New Zealand*），1994 年

澳洲貝殼杉

Agathis australis

這些雄偉的針葉樹分佈在新西蘭的北島，生長在全世界最古老的森林裏。

最大的澳洲貝殼杉可提供約 **255 平方米**標準厚度的木材，足以**建造一棟房子**。

當人類在 13 世紀末從波利尼西亞東部遷徙到奧特亞羅瓦（Aotearoa，新西蘭在毛利語中的稱呼）定居時，他們發現這些島嶼主要被茂密的森林佔據。他們信仰的宗教認為，所有自然事物，無論有生命還是無生命，都擁有一種普世的生命本質，叫作「毛利」（*mauri*），於是他們稱自己為毛利人（Māori）。在北島的北半部分，生長在那裏的澳洲貝殼杉尤其令他們震撼，他們視這些巨樹為神明。有兩棵最大的樹倖存至今，分別被稱為「森林之王」（Tāne Mahuta，右）和「森林之父」（Te Matua Ngahere）。

► 神聖的巨樹
一名男子與頭頂的巨樹形成鮮明對比。他抬起頭看着面前的「森林之王」，它是現存最大的澳洲貝殼杉，高達 45.2 米。

其他物種

大貝殼杉

Agathis robusta

生長於澳洲昆士蘭州的兩片雨林區域，高達 39 米。

貝殼杉

Agathis dammara

分佈於印度尼西亞各地的巨型樹木。柯巴脂（copal）主要產自這種樹，它是一種來自內層樹皮的白色樹脂，用於製造清漆。

瓦勒邁杉

Wollemia nobilis

一度只有史前化石為人所知，直到 1994 年有人在澳洲發現了一個活體樹木群叢，這是真正難得一見的「活化石」。

▼ **毛利人的獨木舟**

毛利人用火和石器將浮力相對較大的澳洲貝殼杉的樹幹挖空，建造成長達 25 米的巨型獨木舟。

化石表明，澳洲貝殼杉可追溯至 2 億年前至 1.45 億年前的侏羅紀時代，它們的生存之道是成為生長環境中最高的樹，其頂部聳立在四周森林林冠之上。一直到距離柱形樹幹基部 15–30 米，最低的分枝才會出現。樹幹表面還會脱落樹皮薄片，這會阻止其他植物攀爬，而且這些薄片會在樹的基部堆積成一個巨大的圓丘，不利於其他與之競爭的植物生長。

毛利人很珍視澳洲貝殼杉的樹膠，它可用作藥物或用來生火，也可作為顏料用於紋身，或者充當咀嚼物，而相對較輕的木材很適合用來製造獨木舟。砍伐和火災減少了他們周圍的森林面積，當第一批歐洲人抵達的時候，新西蘭的森林覆蓋率已經從約 78% 下降到只有 53%。1841 年，英國人在新西蘭建立殖民地後，森林毀滅的步伐急劇加快。殖民地居民發現澳洲貝殼杉樹幹的彈性和長度非常適合用來製造船隻的桅桿等。木材商和造船公司在澳洲貝殼杉生長地區的河流沿岸建起一座座蒸汽動力的鋸木廠。因為大部分巨型澳洲貝殼杉都遭到砍伐，如今已無法知曉曾經最大的樹究竟有多大。

現代挑戰

如今，新西蘭的森林覆蓋面積已不足國土面積的 1/4。澳洲貝殼杉森林呈零散的斑塊狀分佈，據估計總面積已不足 7,455 公頃，那些最大的樹只存活在特別茂密且難以進入的叢林。這些樹躲過了被砍伐的厄運，如今卻面臨着新的挑戰。由澳洲貝殼杉疫霉（*Phytophthora agathidicida*）引起的澳洲貝殼杉枯梢病在 20 世紀 70 年代被首次發現。它攻擊澳洲貝殼杉的根系，破壞將養分輸送至樹冠的組織，導致樹葉枯萎，樹冠變得稀疏，樹枝死亡，直到整棵樹倒下，目前還沒有治療方法。為了防止這種疾病擴散，很多森林目前對遊客關閉。

▲ 剝落的樹皮

澳洲貝殼杉的樹幹持續脱落樹皮薄片。這會讓其他植物無法將根吸附在其樹幹表面，從而避免它們爬上樹幹。

澳洲貝殼杉是南洋杉科中最大的樹，而且是世界第三大針葉樹。

類群：針葉樹

科：柏科

株高：可達 18 米

冠幅：可達 3 米

樹葉：常綠；鱗片狀；緊貼枝條，對生；長 2–5 毫米

雄毬果：生長在枝條末端，黃色至棕色，長 3–5 毫米，釋放花粉

雌毬果：球形，數量比雄毬果少，直徑 2.5–4 厘米，成熟或遇火後開裂

其他物種

萊蘭柏

Cupressus × leylandii

這種強壯的針葉樹是由大果柏木（*C. macrocarpa*）和北美金柏（*C. nootkatensis*）雜交得到的。常用作樹籬植物。

墨西哥柏木

Hesperocyparis lusitanica（異名 *Cupressus lusitanica*）

原產於墨西哥和中美洲，生長迅速，對寒冷敏感。用於觀賞和提供木材。

大果柏木

Cupressus macrocarpa

作為防風林種植於世界各地，自然分佈範圍僅限於美國加利福尼亞州沿海的兩個地方。

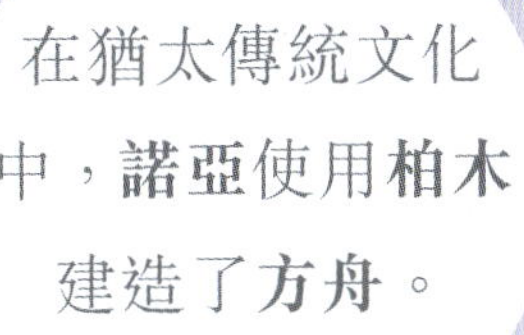

◀ 畫作中的柏木

荷蘭畫家梵高（Vincent Van Gogh）在描述地中海柏木時說它「在線條和比例上美得像一座埃及方尖碑」。《兩棵絲柏樹》（*Cypresses*，1889）是他的柏樹系列畫作之一，該系列一共有大約 15 幅作品。

在猶太傳統文化中，**諾亞**使用**柏木**建造了**方舟**。

地中海柏木

Cupressus sempervirens

作為地中海盆地的一道常見景致，這種柱狀常綠樹自出現古希臘文明以來就開始作為觀賞樹木被種植。

雖然野生地中海柏木生長在從希臘到土耳其再向南至利比亞的廣大地區，但它們的天然分佈範圍難以確定，因為它們被人類廣泛種植在地中海地區。雖然令人熟悉的鉛筆狀（或帚狀）形態的確會出現在看似野生的樹上，但是自然種群存在變異，可能擁有更寬的圓錐形輪廓。

地中海柏木對炎熱、乾旱環境的適應力很強。它微小的葉片可以有效防止脱水，而且與許多其他地中海針葉樹相比，它的樹葉更不易燃。因此，它常常被種植在路邊和防火帶。人們有時會特意放火以促使這種樹的成熟毬果打開，而毬果會保護種子免遭這些人為火災的傷害。

地中海柏木的英文名（Italia cypress）和拉丁屬名（*Cupressus*）來自有關庫帕里索斯（Cyparissus）的神話故事以及他與一位神靈的情事。這位神靈可能是阿波羅（Apollo，希臘神話中掌管音樂、藝術、光明和醫藥的神），也可能是西爾瓦諾斯（Sylvanus，羅馬神話中的鄉村田園之神）。兩個版本的故事都與庫帕里索斯和他非常喜愛的一頭鹿有關。當這頭鹿被他失手殺死時，悲傷不已的庫帕里索斯痛哭流涕並提出自己要「永遠哀悼」[奧維德（Ovid），《變形記》（*Metamorphoses*）第五卷]，於是神靈將他變成了一棵柏木。柏木與哀悼的關聯由來已久，木材還被用來建造棺材。這種樹在受傷時會流出含樹脂的樹液，而且在被過度修剪後不會恢復。

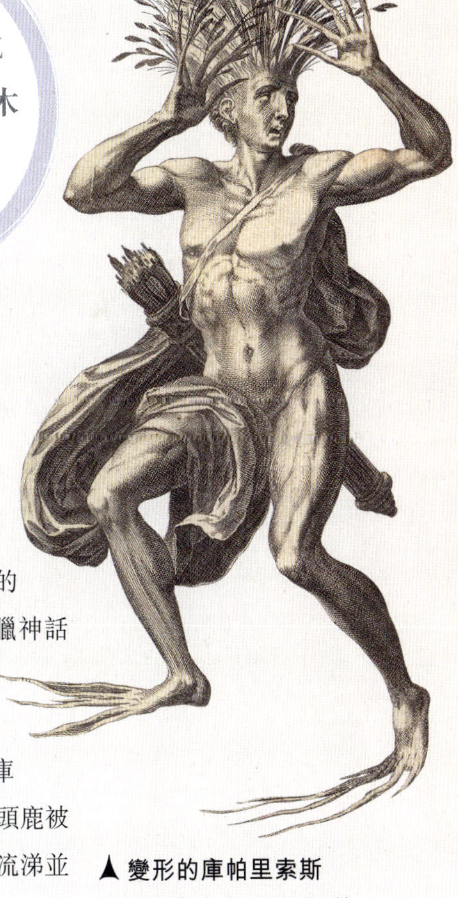

▲ 變形的庫帕里索斯

這幅版畫出自 16 世紀荷蘭畫家科內利斯・科特（Cornelis Cort）之手，它描繪了神話人物庫帕里索斯在痛失自己馴服的鹿之後變成一棵柏木的場景。

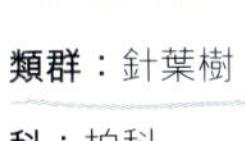

類群：針葉樹

科：柏科

株高：20–50 米

冠幅：可達 15 米

雄毬果：卵形，黃色；春末着生於上一年長出的枝條

樹皮：幼年樹木的樹皮呈紫色和灰色，光滑；成年後呈紫棕色且有溝痕

▼ 毬果和枝葉

北美翠柏樹幹上的側枝通常稍向下指，靠近頂端處變得水平或向上。

成熟毬果呈橢圓形，從黃綠色變成紅棕色，6 枚鱗片打開，釋放出其中的種子

枝葉呈片狀，鱗片狀小葉 4 枚輪生，小葉帶有很小的骨質銳利尖端

北美翠柏

Calocedrus decurrens

這種壯觀的針葉樹擁有鮮艷的綠色枝葉，讓人很容易從遠處看到它。北美翠柏以芳香著稱，被廣泛用於製造鉛筆。

在美國西北部的森林中，北美翠柏是一道獨特的景致。它的分佈範圍從俄勒岡州西部至加利福尼亞州，並深入內華達州西部，它的身影甚至還出現在墨西哥的下加利福尼亞州。

北美翠柏的英文名是「incense cedar」，字面意思是「熏香雪松」，這個名字有點誤導人，因為該物種和雪松屬（*Cedrus*）中真正的雪松並無親緣關係。熏香指的是它的木材可散發宜人的香味。這種木材還很柔軟，可以沿任意方向輕鬆加工而不易開裂，這種特性讓它非常適合用於製造鉛筆。

◀ 北美翠柏純林

北美翠柏純林很少，但並非不存在，如美國西北部紅小山荒野（Red Buttes Wilderness）中的這片森林。

適應力強的生存者

在園藝領域，北美翠柏是一種有用的常綠樹，因為它對疫霉根腐病和蜜環菌等病害有較強的抗性。它可以適應各種土壤條件，能夠忍耐炎熱的夏天，而且相對耐乾旱和不怕火災。它在一定程度上與柏科中生長在同一地區的另一個屬——崖柏屬（*Thuja*）類似，二者擁有相似的毬果。然而，北美翠柏的毬果通常因為自身重量的緣故垂吊在枝頭，而崖柏屬物種的毬果則是直立向上的。

其他物種

北美喬柏

Thuja plicata

大型常綠針葉樹，廣泛生長在美國太平洋西北地區，英文名「western red cedar」的字面意思是「西部紅雪松」，但並不是真正的雪松。

歐洲刺柏

Juniperus communis

這個常綠物種通常長成低矮的灌叢狀，算得上是全球分佈最廣的針葉樹。歐洲刺柏是頑強的植物，從北極到高山之巔，它都以各種可適應當地環境的形態生存下來。

➤ **冰雪中的食物**

很多鳥類和哺乳動物以刺柏的漿果狀毬果和樹葉為食，如右圖中的騾鹿（mule deer）。這種常綠樹木是這些動物的重要食物來源，尤其是在冬天。

刺柏類植物包含大約 50 個物種，它們都擁有典型針葉樹的常綠針葉，而且雄毬花呈松塔形，釋放藉助風傳播的花粉。然而，和雄毬花生長在不同樹上的雌毬花會發育成形似漿果的毬果，其膨大的肉質鱗片合生在一起，每個鱗片包裹一粒種子。這些毬果通常需要生長 2 年才會成熟，但是不會像其他針葉樹的那樣裂開以釋放其中的種子。它們依賴吃果實的鳥類，如田鶇（fieldfares）、太平鳥（waxwings）、鶇（thrushes）和松雞（woodland grouse）等傳播種子，這些鳥吞下相當苦的毬果後消化掉肉質外皮，種子隨糞便排出而擴散到適宜生長的地方。

刺柏針葉的上表面呈鮮綠色，沿着葉片中央陳列着一條較寬的縱向藍綠色氣孔（交換氣體的孔）帶；葉片下表面呈獨特的龍骨狀，顏色是灰綠色。有些灌叢看上去是灰色的，這是因為所有葉片都被翻轉過來，只露出下表面。

一種分佈廣泛的樹

從遙遠北方的亞北極地區到地中海周圍炎熱、乾旱的山坡，再到非洲熱帶地區的潮濕山地森林，刺柏類植物的不同物種廣泛分佈於這些區域。在喜馬拉雅山上海拔 5,100 米的高度也有它們的身影。歐洲刺柏的分佈範圍不算廣，但也遍佈歐洲大部分地區（雖然只生長在南部山區）、北非山區，以及南至喜馬拉雅山的亞洲地區。它是唯一在歐亞大陸和北美洲都有分佈的刺柏，其分佈範圍可達美國新墨西哥州和佐治亞州。

能伸能屈

在歐洲各海拔較低的地區，歐洲刺柏可以高達 15 米。實際上，最高紀錄出現在 2018 年，由瑞典呂德（Ryd）的一棵刺柏創下，當時的測量結果是 17.2 米。這種樹可以在乾燥的白堊質或石灰岩質土壤上形成幾乎純粹的刺柏林。不過在更多情況下，歐洲刺柏的這種形態（亞種 *communis*）通常與歐洲赤松（Scots pine）、歐洲雲杉

刺柏被認為是對付毒藥和瘟疫的強效草藥，還有助產功效。

針葉呈綠色，上表面有顏色較淺的條帶

➤ 刺柏特寫

歐洲刺柏的小枝展示出了它的主要特徵——尖銳的針葉和「漿果」，後者在植物學上被視為肉質毬果。

類群：針葉樹

科：柏科

株高：很少長到 15 米

冠幅：可達 4 米

雄毬果：小，圓柱形，單生，泛黃，通常和雌毬果生長在不同的樹上

樹皮：紅棕色，纖維狀，沿垂直方向呈帶狀剝落；在較幼嫩的樹枝上是光滑的

杜松子酒館

在 18 世紀初的倫敦，杜松子酒成了比啤酒更便宜的飲品。於是，如這幅 1822 年的繪畫所示，眾多鬧哄哄的杜松子酒館紛紛湧現。

「在歐洲各國刺柏進入了許多傳統肉類菜餚的食譜中。」

魯熱蒙（G. M. Rougemont），《英國和歐洲作物圖鑒》（*A Field Guide to the Crops of Britain and Europe*），1989 年

(Norway spruce) 及其他針葉樹結伴生長在斯堪的納維亞半島及蘇格蘭的北方針葉林中。動物攝食和惡劣天氣將這些地區的植物塑造成十分低矮的灌叢狀，株高很少超過其最大高度的 1/3。

在其分佈範圍最北端的凍土苔原，在南歐、土耳其、喜馬拉雅山脈以及北美洲西部的高山地區，歐洲刺柏是一種匍匐生長的墊狀灌木，高度很少超過 50 厘米。亞種 *nana* 對大風環境和刺骨寒風的適應能力要強得多。在地中海周圍的山區還有另一個中間型亞種 *hemisphaerica*。這 3 個亞種都生長緩慢，所以高大的歐洲刺柏應作為古樹而得到重視，有些大樹可能已存活 600 年。

舌尖妙用

刺柏的木材經久耐用，而且有一種微妙的香味，但通常只適合用來雕刻小件物品。然而，它們的漿果很寶貴，可以搗碎後加入法式肉醬和燉菜中食用，還可以製作用於烹飪野味尤其是鹿肉的醃泡汁。刺柏被用來保存冷盤肉，而且在德國是製作德國泡菜的常用調味品。

刺柏最著名的用處是為杜松子酒（以及德式杜松子酒 steinhäger）調味，儘管其基酒是通過反覆蒸餾小麥釀造的。[杜松（*Juniperus rigida*）是原產於中國的刺柏屬物種，外形與歐洲刺柏相似，因此 gin 通常被譯為杜松子酒，有

其他物種

圓柏

Juniperus chinensis

擁有從低矮灌叢到喬木的不同形態，成熟葉片呈短小的鱗片狀。原產於中國大部分地區，如今廣泛種植於公園、花園和教堂墓地。

西美圓柏

Juniperus occidentalis

生長在美國西部的內華達山脈。這個物種的老樹長得很有氣質，有時會從花崗岩懸崖的裂縫裏長出來。

落基山圓柏

Juniperus scopulorum

從加拿大的不列顛哥倫比亞省至美國新墨西哥州的落基山脈地區都有分佈。通常生長成灌木，但有時會長成飽經風霜的虯狀老樹。

時音譯為金酒或琴酒——譯者注]。據説，荷蘭醫生弗朗茨・德勒・博伊（Franz de le Boë）在 17 世紀首次生產出一款使用刺柏調味的蒸餾酒。一種早期版本的杜松子酒曾被西印度群島的荷蘭殖民者用作解毒劑治療發熱。英格蘭女王伊麗莎白一世在位期間（1558–1603 年），在荷蘭服役的英格蘭士兵會分到一點這種烈酒，以提升士氣。很有可能就是這些士兵首次把杜松子酒帶回英格蘭的，在那裏它很快就成了特權階級的首選飲品，後來又被廣泛普及，深受民眾青睞。如今，當地的杜松子酒品牌按照傳統用各種植物製品調味，這些植物都來自酒廠周圍的鄉村，但是要想被歸類為杜松子酒，就必須有刺柏味佔主導的味道。

民間信仰

在民間傳説中，刺柏對女巫和魔鬼有強大的抵禦效果。早期的醫生將刺柏的肉質毬果視為寶貴的抗毒劑，可以對付有毒的野獸，而且可以袪除「身體中的寒氣」，甚至認為它能夠抵禦瘟疫。內服時，這些毬果是強效利尿劑，而且植物學參考書《大不列顛和愛爾蘭植物志》（*Flora of Great Britain & Ireland*）描述它們「令尿液有紫羅蘭的氣味」。

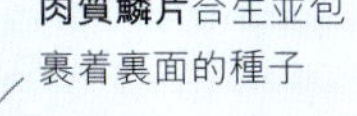

肉質鱗片合生並包裹着裏面的種子

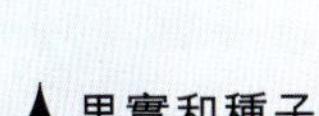

▲ 果實和種子

與其他針葉喬木和灌木的木質化毬果不同，刺柏的毬果由膨大的肉質鱗片構成，每個鱗片包裹一粒種子。

▼ 山上的老兵

英格蘭北部蒂斯代爾河（Teesdale）上游的這棵高大的老歐洲刺柏經歷了盛行風和歲月的侵襲，很可能是曾經屹立在這座山坡上的森林物種中的最後倖存者。

類群：針葉樹

科：柏科

株高：40–110 米

冠幅：可達 23 米

樹葉：常綠針葉，下表面有兩條白線；螺旋狀排列；長 15–25 毫米

毬果：灰綠色至棕色；長 3.5 厘米，成熟時開裂並釋放出種子

樹皮：紅棕色，厚，纖維狀；成年樹木的樹皮有溝槽；嫩莖樹皮呈綠色至棕色

▼ 小小的樹葉

北美紅杉葉片較小的表面積有助於減少通過氣孔流失的水分；下表面的白色蠟質沉積進一步減少了水分蒸發。

毬果將較小的種子散落到森林地被物上。種子發芽率低，但產量高

◀ 霧中的大樹

霧在加利福尼亞州北部沿海很常見，它起到降低空氣溫度和減少葉片水分流失的作用，從而讓北美紅杉能夠長得很高。

針葉常綠，但最終仍會脱落。落葉燃燒速度很快，可避免樹木被烈火燒死

雄毬果着生於樹枝末端，釋放大量花粉

北美紅杉

Sequoia sempervirens

作為所有生物中最高的物種，巍然聳立的北美紅杉是一道令人驚嘆的風景。然而，巨大的體型也導致它們在 20 世紀中期被過度採伐。

在加利福尼亞州北部和俄勒岡州西南部沿海地區，生長着如今全世界最高的樹木物種，而加利福尼亞寒流是成就這一高度紀錄不可或缺的要素。該寒流從太平洋北部而來，沿着美洲西海岸向南流動並帶來寒冷的海水，起到調節沿海地區氣溫的作用。盛行風還令下層寒冷的海水上湧，進一步降低氣溫並產生進入內陸的霧。如果沒有這股寒流，這裏的氣溫會比現在高，降雨和霧也會大大減少，北美紅杉則將無法茁壯生長。

「海伯利安」(Hyperion) 是有記錄以來最高的北美紅杉，高達 115 米以上。巨大的高度給它帶來了很多問題，最大的問題就是水分運輸。北美紅杉的葉片持續不斷地通過氣孔散失水分，產生的吸力有效地將水分從根系向上拉到樹幹中。隨着樹越長越高，重力也越來越有可能阻斷這股水流，但是霧提供了解決方案。當空氣濕度很高時，通過葉片流失的水分會減少，霧中的水分可通過樹葉和樹皮被吸收，緩解對水分需求的壓力。霧中的水還會向

▲ 國家公園

對北美紅杉的採伐毀滅了許多森林和野生動物，但如今，大部分北美紅杉林都受到美國國家公園管理局的保護。

尤羅克（Yurok）、托洛瓦（Tolowa）和維約特（Wiyot）等部落是美洲原住民中美洲紅杉的大量使用者。

製造獨木舟

美洲原住民用北美紅杉木材來建造獨木舟和建築物。這種木材容易縱向劈開，製成平板。製造獨木舟的技巧包括燃燒和手工刮擦。

下滴到土壤中，供根吸收。一棵北美紅杉每年所需水量的 30% 來自霧氣。多霧地區的北美紅杉長得也更高。

天生的生存者

北美紅杉適宜在涼爽、潮濕的森林中生長，這種環境看起來不太容易發生森林火災，但北美紅杉的許多適應性特徵暗示它擁有在低強度火災中倖存下來的能力。它們的樹皮很厚，可達 30 厘米，保護着裏面的維管系統。如果這種樹被燒得只剩地下部分，它還能從基部重新萌發，這是一種在針葉樹中很少見的能力。火災還往往會消除競爭樹種，促進北美紅杉的萌發。森林火災可能由閃電或人為引發，而且常見於北美紅杉林周圍的很多地區。抑制火災發生反而不利於北美紅杉森林以及許多依賴它們的物種的長期生存，包括瀕危的西點林鴞（spotted owls）、

「一旦見過北美紅杉，它就會在你的心中留下印記……伴你餘生，揮之不去。」

約翰・斯坦貝克（John Steinbeck），《查理偕遊記》（*Travels with Charley: In Search of America*），1962 年

其他物種

水杉

Metasequoia glyptostroboides

活體樣本直到 1941 年才被發現，因此這種樹有「活化石」之稱。水杉原產於中國，生長迅速，樹幹有凹槽紋，樹皮呈纖維狀。

高聳入雲

很多有記錄以來最高的樹都是針葉樹，它們沒有大多數闊葉樹向四周擴展的樹冠，因此總體而言長得更高。然而，從高度超過 100 米的北美紅杉到比它矮小得多的近親物種，如松樹、落葉松和雲杉等，不同針葉樹物種的高度相差很大。

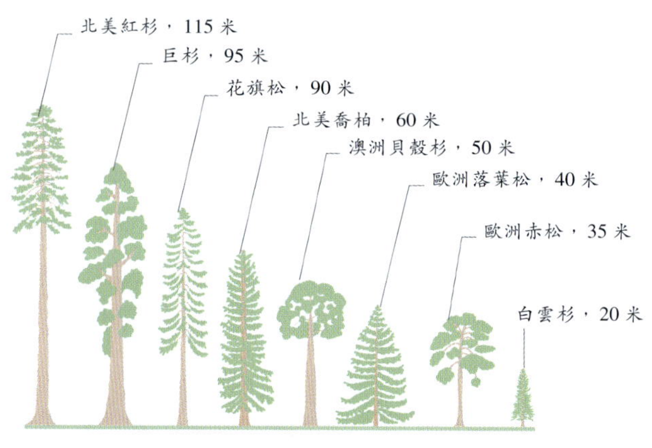

針葉樹的高度

斑海雀（marbeld murrelets）以及洪堡貂（Humboldt martens）。

作為資源的北美紅杉

在北美紅杉森林中曾經居住着至少 15 個原住民族群，其中的很多族群都使用北美紅杉木材。老齡北美紅杉的木材通常沒有節疤，因此容易劈開，而且這種木材耐火燒且不易腐爛。自然倒下的樹和漂流木也被加以利用，有些原住民還會用火將矗立的樹燒倒。他們使用由加拿大馬鹿（elk）鹿角製成的楔子將木材劈成木板，用它們建造建築物和獨木舟。很多族群以採集橡子充當食物為生，他們會燒掉植被以促進櫟樹生長，這對北美紅杉也有好處。

19 世紀初，對北美紅杉的砍伐如火如荼地開始了，而且隨着機械化的發展，伐木工開始進入最偏遠的地區。1906 年的舊金山地震使木材的需求量劇增，也向人們展示了北美紅杉木材的價值，用它建造的建築物通常能免於在火災中被燒毀。1918 年，森林遭受嚴重破壞，促使拯救紅杉聯盟（Save the Redwoods League）成立。1968 年，紅杉國家公園（Redwood NationalPark）建立，如今大約有 82% 的北美紅杉原始森林得到保護。

北美紅杉是最古老的生物之一。

▼ 砍倒巨樹

在實現工業化之前，早期的北美紅杉砍伐工作大部分是依靠人力使用巨型鋼鋸等基礎工具完成的，儘管有些樹幹極粗壯。

日照林冠

在北美洲東部的這座森林中，茂密的林冠沐浴在柔和的清晨陽光中。隨着霧氣散去，松樹和冷杉等針葉樹的濃重綠色顯現出來，與山楊和槭樹等闊葉樹美麗的黃色或紅色秋葉形成鮮明的對比。

微小的鱗片狀葉片圍繞枝條呈螺旋狀排列，賦予藍綠色枝葉粗糙感

毬果在第二年成熟並變成棕色，但在釋放出其中的種子之前可以在樹上停留 20 年

類群：針葉樹

科：柏科

株高：可達 95 米

冠幅：25–35 米

雄毬果：黃色，單生，生長在短枝末端，無柄，長約 5 毫米

雌毬果：綠色，卵形，長 5–8 厘米，簇生於樹枝上，第二年成熟

樹皮：紅棕色，纖維狀，柔軟，海綿質地，厚達 60 厘米；極耐火燒

◀ 北美紅杉的近親

雖然與北美紅杉（見第 64–67 頁）有很近的親緣關係，但巨杉的不同之處在於鱗狀葉片聚集在枝條上及毬果可在樹上停留數年。

巨杉

Sequoiadendron giganteum

北美紅杉以高度聞名，巨杉則以其龐大的體型著稱。它是目前存活的樹木中體型最大的，而且它的壽命可以超過 3,000 年。

在很久以前，最高大的巨杉就因其寶貴的木材遭到砍伐。如今，只剩少數生長在美國加利福尼亞州中部內華達山脈海拔 900–2,700 米的西側山坡上，它們形成大約 75 個彼此隔絕的樹叢，散佈於那裏的針葉林中。生存至今的最大一棵巨杉位於美國的紅杉國家公園（Sequoia National Park），目前高 82.6 米，人稱「謝爾曼將軍」（General Sherman）它的樹幹直徑為 8.25 米，體積約為 1,530 立方米。2,100 年的滄桑歲月讓這棵巨杉老態盡顯，它的頂部已殘破不堪，只剩下一根輪廓參差不齊的長尖木。有記錄以來的最大活體樣本生長在紅杉山林（Redwood Mountain Grove），也位於加利福尼亞州，根據 1998 年測量的數據，它高達 94.9 米。

這個物種直到 1853 年才為科學界所知，英國

▲ 猛獁樹

《猛獁樹的樹樁和樹幹》（*The Stump and Trunk of the Mammoth Tree*，1862 年），畫面中的這棵巨杉位於卡拉韋拉斯（Calaveras）縣，已在 1857 年被砍伐，砍伐地點變成了觀光景點，畫面中有 32 個人正在樹樁上跳舞。

➤「格蘭特將軍」

第二大巨杉名為「格蘭特將軍」(General Grant)，生長在加利福尼亞州的國王峽谷國家公園(Kings Canyon National Park)。它的樹幹比「謝爾曼將軍」粗，直徑達 8.85 米，但它矮了 1 米。

植物採集者威廉・洛布(William Lobb)在這一年將這種樹的樣本帶回了英國。在他回國 2 周後，植物學家約翰・林德利(John Lindley)給這個物種起了拉丁學名 *Wellingtonia gigantea*，以紀念英國戰爭英雄阿瑟・韋爾斯利(Arthur Wellesley)——第一代惠靈頓公爵(Duke of Wellington)。1854 年，它的拉丁學名按照植物學命名法規進行了修改，因為另一種與它沒有親緣關係的植物已經佔用了同樣的屬名。然而，這種樹在英國仍被稱為 *Wellingtonia*。

火中誕生

野生巨杉生長在土壤由周圍山體徑流或夏季雨水灌溉的地方。雷電會引發火災，而火災正是該物種自然生態演替的一部分，從防火的樹皮上就能看出這一點。毬果在樹上停留長達 20 年，偶爾打開外殼並釋放少量種子。然而，來自火的熱量會使毬果完全打開，釋放出的種子散播到被火清理乾淨且養分增加了的柔軟土壤中。

近年來，環保措施減少了自然火災，樹下的灌叢得以生長。因此，火災一旦發生，就會燃燒得更劇烈、更持久。這令氣候變化成了這個物種面臨的主要生存威脅。

「謝爾曼將軍」的木材足以製造 **282 千米**長的標準板材，這些板材足以建造 35 棟擁有 5 個房間的房子。

長壽松

Pinus longaeva

類群：針葉樹

科：松科

株高：可達 18 米

冠幅：可達 12 米

毬果：無柄，木質鱗片肥厚；種子在第三年夏天脱落；長 7–9 厘米

樹皮：紅棕色，薄，扭曲，表面有帶裂縫的不規則形狀的厚脊紋，上面有鱗片狀結構

生長在美國加利福尼亞州和內華達州的內華達山脈、飽受嚴酷氣候的傷害和侵蝕，虬狀的長壽松是已知地球上最古老的活體生物之一，其壽命長達數千年之久。

長壽松生長在加利福尼亞州的懷特山（White Mountains）及猶他州和內華達州境內的相鄰山脈。該地區的其他山脈還生長着另外兩個親緣關係極近的物種——狐尾松（*Pinus balfouriana*）和刺果松（*Pinus aristata*），後者的英文名是 Rocky Mountain brislecone pine，字面意為「落基山刺果松」。有趣的是，長壽松的英文名 bristlecone pine 也意為「刺果松」，為了以示區別，它有時又被稱作「大盆地刺果松」（Great Basin brislecone pine）。

這個物種生長在海拔 1,700–3,400 米處。在這個高度，氣溫在 –26 ℃ –70 ℃ 之間，而且全年都有強風。因為這個地區位於其西邊落基山主脈的雨影區，所以這裏的降水量極少，年均只有 300 毫米，而且大部分都是降雪。對於植物的生長，這裏的夏季大部分時間過於炎熱乾旱，而在冬季又過

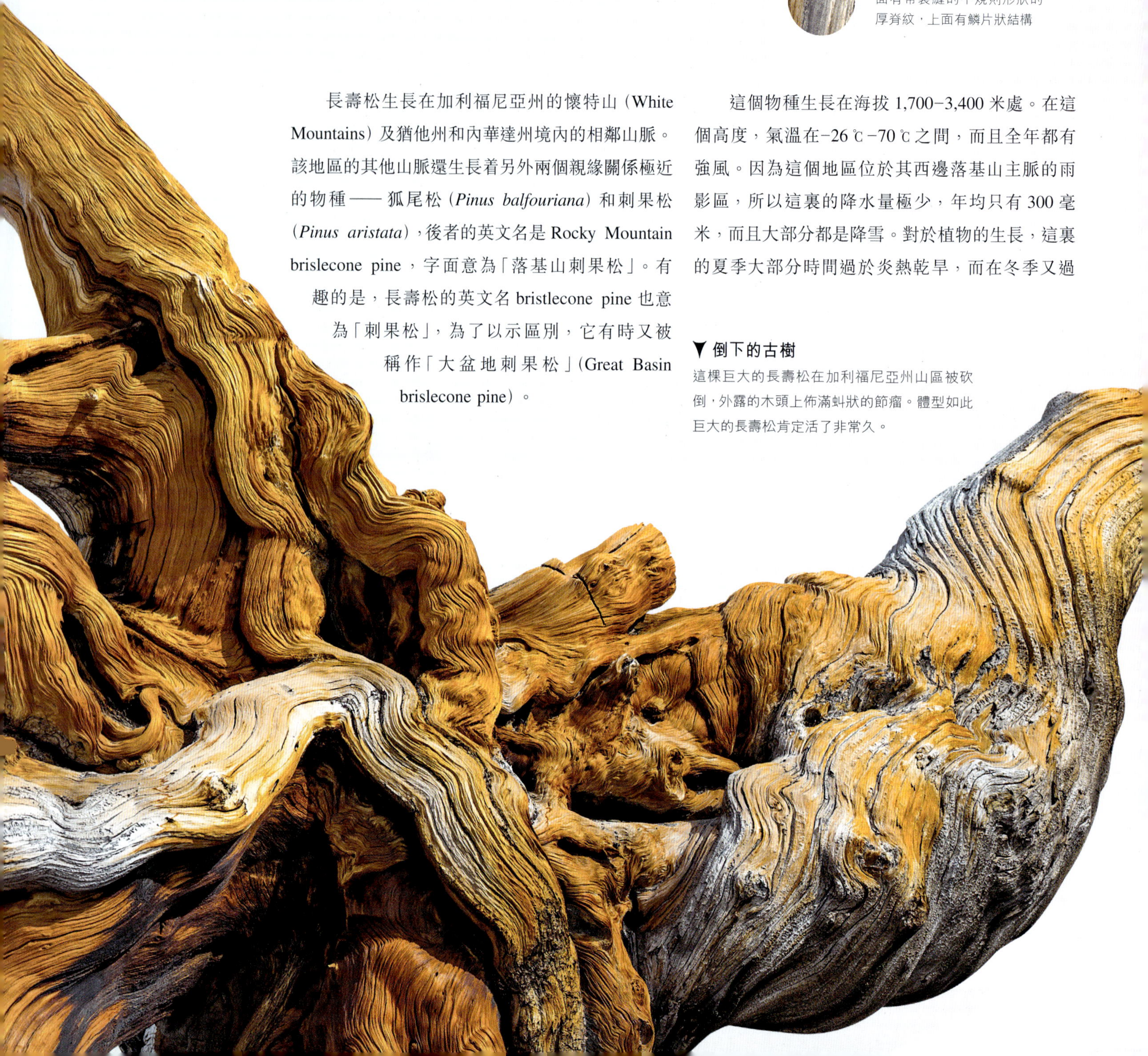

▼ 倒下的古樹

這棵巨大的長壽松在加利福尼亞州山區被砍倒，外露的木頭上佈滿虬狀的節瘤。體型如此巨大的長壽松肯定活了非常久。

雌毬果

於寒冷。這些樹只能在早春積雪融化之後氣溫尚未變得過高的短暫時期內生長。這就意味着它們的生長期只有短短6周，在一年當中的其餘時間，基本處於休眠狀態。因此，一棵5,062歲的樹（見第74頁）其實相當於只生長了590年。

長壽松最高能長到18米，高的樹都長在海拔最高的地方，那裏的冬季積雪最多，能夠為春季的生長提供最多水分。在乾旱更嚴重的山下，樹長得比較矮，很少能夠長到6米。這些樹生長得如此緩慢，以至於科學家需要用顯微鏡才能分辨和計算它們的年輪有多少圈。導致這種樹生長速度緩慢的原因也解釋了它為甚麼長壽。造成木頭腐爛的真菌很少能夠在乾旱和氣溫0℃以下的環境中生存，所以死去的樹枝可以連接在活體樹木最後的軀體上而不會腐爛。

粉色保護性長鱗片將隨着時間的推移變成紫棕色

雄毬果簇生於枝條末端

雄毬果

新葉仍在發育，生長方式是5針一束

▲► 雌毬果和雄毬果
在這根新萌發枝條的頂端（上圖）是一對非常幼嫩的雌毬果。卵形雄毬果（右圖）生長於初夏。

是死是活

對於很多古老的長壽松，其外圍樹幹的大部分已經死亡，只有一條狹窄的活體組織存活在樹幹的背風一側，不受盛行風的影響。冰晶和沙粒被頻繁的大風裹挾，劇烈地擊打迎風一側的死木頭，但這根「條帶狀樹皮」中最後的活體組織得到了很好的保護。這一特性塑造了長壽松虬狀、蒼勁的典型外觀。這些樹雖然只有一部分是活着的，但通常極為古老。

第一個證實它們擁有超長壽命的是來自亞利桑那大學的歐內斯特·舒爾曼（Ernest Schulman）博士。在1954年和1955年的研究中，他使用樹木鑽孔器（一根末端帶尖的中空金屬管）鑽進活體樹木的樹幹，取出一根穿透整根樹幹的細木條。回到實驗室後，他計算出年輪，發現有幾棵樹已經超過

「在哥倫布（Columbus）抵達新大陸的時候，這些樹就已經非常古老了。」

大衛·愛登堡（David Attenborough）爵士，
《植物私生活》（*The Private Life of Plants*），1995年

其他物種

歐洲赤松
Pinus sylvestris
這個漂亮的物種分佈在歐亞大陸北部的寒帶林中，它的一個亞種在蘇格蘭形成了老喀里多尼亞森林（Old Caledonian Forests）。

西黃松
Pinus ponderosa
分佈範圍從不列顛哥倫比亞省至墨西哥；美國標誌性樹種，落基山脈東西兩側有不同的變種。

蒙特蘇馬松
Pinus montezumae
這個物種很高，有大分枝；分佈範圍局限於墨西哥和危地馬拉的亞熱帶高山。

4,000 歲，於是推翻了此前認為巨杉（見第 70–71 頁）是最古老樹木的觀點。

「普羅米修斯」之死

然而，一件不幸的事在 1964 年發生了。唐納德・柯里（Donald Currey）當時是一位地理學研究生，正在以樹木年輪作為研究過去氣候的線索進行科研活動。1964 年，他前往內華達山區尋找「普羅米修斯」（Prometheus）—— 一棵特別大而挺拔的長壽松。接下來發生的事有不同版本的描述。一些版本說他的樹木鑽孔器斷在了樹幹裏，還有一些版本則聲稱鑽孔器太短，無法獲取完整的木芯。無論原因到底是甚麼，他在絕望之下決定請求森林管理局批准砍伐這棵樹，森林管理局竟然同意了，於是「普羅米修斯」被砍倒。然後柯里計算了它的年輪數量，發現它已經 4,862 歲，是當時已知的年齡最大的樹。柯里後來的職業生涯很順利，成了一名傑出的地理學教授，但是由於終止了「普羅米修斯」本可以延續的壽命，朋友們給他起了個伴隨其一生的綽號 ——「殺手柯里」。

2010 年，這個長壽紀錄被打破，一棵生長在懷特山中某祕密地點的長壽松被發現已經活了 5,062 年（這些古樹的位置通常保密，以防好奇的遊客甚至破壞分子對其造成傷害）。這讓它成為迄今最古老的非克隆活體生物，儘管有些通過根糵擴張的樹種可以形成更古老的克隆樹叢，如顫楊（*Populus tremuloides*，見第 130–133 頁）。在本書的撰寫期間，這棵樹據說仍在茁壯生長。

樹木年代學

樹木的木頭是由一層名為形成層（cambium）的組織構成的。在春天和初夏，形成層產生一批較大的薄壁淺色細胞。夏末，生長速度減緩，形成層產生一圈較小的厚壁深色細胞。每個深色同心環標誌着樹木一年的生長，所以計算它們的數量可以估算樹木的年齡。

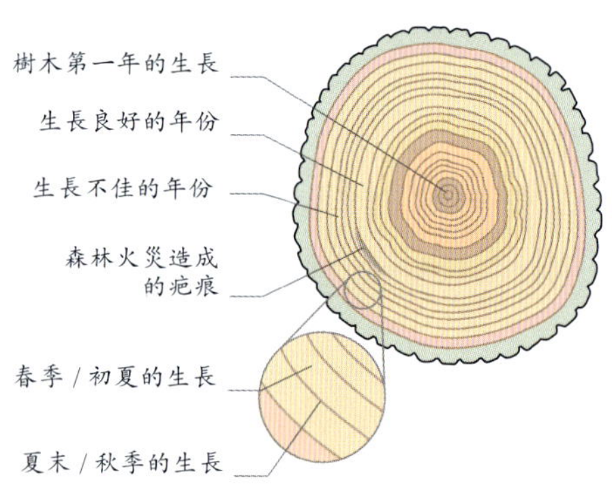

樹木年輪（溫帶地區）

➤ 誇張的樹形

這棵令人難忘的長壽松生長在美國猶他州，它長成了不同尋常的彎曲形態，這可能是由當地多風的環境造成的。

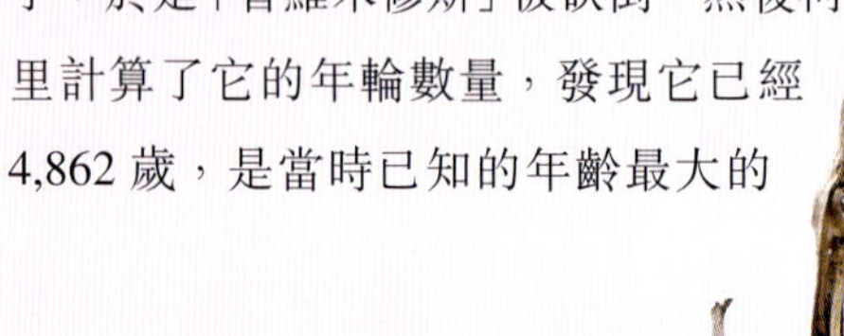

◄ 適應力極強的生存者

這棵古老的長壽松生長在美國因約（Inyo）縣的懷特山，擁有典型的蚪狀節瘤外觀。它的迎風面可能受到一層死木頭的保護。

當**最早的一批法老**在古埃及**建造金字塔**時，世上**最老的長壽松**正在生長。

黎巴嫩雪松

Cedrus libani

最古老的一批黎巴嫩雪松據稱已經活了 1,000 多年。

華麗的黎巴嫩雪松如今在黎巴嫩極為稀有，而且更多是作為園景樹種植在大型公園和花園裏。

關於在地中海周邊及西喜馬拉雅地區是擁有 4 個雪松物種，還是只有 1 個包含多個亞種的物種，目前仍存在爭議。這些物種在年輕時都呈金字塔形，但是頂部會隨着年齡的增長變平。它們生長在 5 個不相連的地理區域，而且每個區域的雪松都有獨特的特徵，但目前尚不明確這些特徵是否能賦予它們獨立物種的地位。令局面更複雜的是，還有幾個栽培變種生長在花園裏，每個變種都有不同的形狀和形態，以及顏色各異的樹葉。

黎巴嫩雪松的分佈範圍從土耳其南部山區（在那裏它可以生長在海拔 2,000 米處）延伸至黎巴嫩、敘利亞西部、以色列和約旦，儘管它已不再常見。它只生長在下午有霧的地方，以便從空氣中吸收水分。然而，當種植在歐洲和北美洲各地的公園

➤「生命之樹」

《前往黎巴嫩的雪松朝聖之旅》(*Pilgrimage to the Cedars in Lebanon*) 是匈牙利畫家蒂瓦達爾・瓊特瓦利・科斯特卡 (Tivadar Csontváry Kosztka) 在 1907 年的畫作。作為生育力的象徵、「生命之樹」和「知識之樹」，雪松在匈牙利神話中扮演着重要角色。

雄毬果（孢子葉球）呈圓柱狀，堅硬，長 6 厘米

密集簇生的深綠色針葉讓枝條看起來很像毛刷

類群：針葉樹

科：松科

株高：可達 38 米

冠幅：可達 15 米

樹葉：常綠；針狀；長，密集簇生，或在枝條末端單生；長達 3 厘米

雌毬果：直立，棕色，桶狀，末端圓形，長 9–15 厘米

樹皮：深棕色，起初光滑，隨着年齡增長而顏色變深且長出裂隙

➤ 孢子葉球

黎巴嫩雪松的雄毬果在植物學上稱為孢子葉球。在成熟時，它們的外層鱗片打開，釋放出雲霧狀淺黃色花粉。

「漂亮的針葉樹……曾經遍佈白雪皚皚的高山之巔……
從黎巴嫩南部到土耳其南部。」

雅克・布隆代爾（Jacques Blondel）和詹姆斯・阿倫森（James Aronson），
《地中海地區的生物學和野生動植物》（*Biology and Wildlife of the Mediterranean Region*），1999 年

◄ 獨特的形狀

成年雪松擁有一排排優雅的水平伸展分枝，這讓它們成為原始森林、公園和花園中絕不會被認錯的地標。

位於黎巴嫩山上的一棵**黎巴嫩雪松的樹幹直**徑據記錄達 **3.45** 米。

和花園裏時，它表現出了驚人的適應性——在這些地方，黎巴嫩雪松優雅伸展的分枝讓它成為精選觀賞植物。

作為標誌性樹種，雪松的身影出現在很多國家的傳統文化中。《聖經》(*Bible*) 中經常提到它們。所羅門第一聖殿是用雪松木建造的。推羅王希蘭向所羅門王承諾，他將「如你所願砍伐雪松木和刺柏木。我的手下會將它們從黎巴嫩運到地中海岸邊，而我會讓它們作為木筏漂浮，沿着海路漂流到你指定的地方」[《列王紀上》(*Kings*) 第 5–6 節]。

所羅門聖殿

這幅畫描繪了雪松被砍倒用以建造耶路撒冷第一聖殿的《聖經》故事。在這座聖殿奢華的裝飾中，包括用雪松木雕刻的牆壁，牆壁表面覆蓋着黃金。

黎巴嫩雪松的衰落

所羅門對雪松木材的使用似乎標誌着黎巴嫩雪松在其自然分佈範圍開始減少。在基督教時代開始之前，它甚至就被用於造船、建造通用構築物，以及用在裝飾上。砍伐量在 20 世紀大大增加，用於建築工程、鐵路和當作燃料，部分原因是兩次世界大戰的需求。在如今的黎巴嫩，原始雪松林只倖存下來 14 處零散的碎片。放牧、採伐、城市化、冰雪運動及害蟲都成為原始雪松林減少的原因。

如果擴大對該物種的定義，它的分佈範圍將廣泛得多。土耳其雪松 (*Cedrus stenocoma*) 原產於安納托利亞 (Anatolia) 西南部；北非雪松 (*Cedrus atlantica*) 分佈在阿爾及利亞和摩洛哥的阿特拉斯 (Atlas) 山脈，並且有兩種形態：一種形態擁有閃閃發光的綠色針葉，另一種的針葉是藍灰色的，甚至有點發白；雪松 (*Cedrus deodara*) 生長於從阿富汗北部到印度西北部的喜馬拉雅山西部地區；最後，塞浦路斯雪松 (*Cedrus brevifolia*) 是塞浦路斯特羅多斯 (Trodos) 山的特有物種，針葉短粗且鈍。

神聖的雪松

正如這幅 19 世紀的畫作所示，雪松是黎巴嫩的文化認同的一部分。如今那裏只有 14 片野生雪松樹叢倖存，而且如果不是被視為神聖之樹，並且是重要的標誌性喪葬地點的話，就連它們也難以倖存。最大的樹叢之一位於卜捨里 (Bsharre)，自 1999 年就作為神聖的卡迪沙 (Qadisha) 山谷中的一處世界遺產地受到保護，被稱為「上帝的雪松林」。

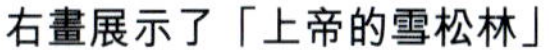

右畫展示了「上帝的雪松林」

其他物種

北非雪松

Cedrus atlantica

生長在阿特拉斯山脈（位於阿爾及利亞和摩洛哥），被一些植物學家認為是一個地域變種（這裏列出的 3 個物種都是如此）。

雪松

Cedrus deodara

整體呈圓錐形，頂端呈細尖塔狀。生長在喜馬拉雅山脈西部海拔 1,200–3,300 米的範圍內。

塞浦路斯雪松

Cedrus brevifolia

只在塞浦路斯西部山區有分佈。一般可長到大約 20 米高，針葉比其他雪松的短。

▲ 松林秋色

日本落葉松的自然分佈範圍主要是山區，它們可以在裸土和多岩石的山坡上良好生長，這要歸功於它們在年幼時就長成圓錐樹形。

日本落葉松

Larix kaempferi

這種落葉針葉樹原產於日本一個相對較小的地區，它生長迅速，而且會長得很高。早春萌發的新葉讓它看起來非常漂亮，之後還會呈現出燦爛的醒目秋色。

類群：針葉樹

科：松科

株高：可達 35 米

冠幅：可達 15 米

樹葉：落葉；尖刺狀；在當年的長枝上輪生；長約 4 厘米

雌毬果：生長在短枝上，基部有一些葉片；第一年秋季成熟

樹皮：幼年時光滑，呈紅棕色或紫棕色；老樹有裂縫且呈鱗片狀

日本落葉松通常需要約 **50** 年才能**長到最高**。

顧名思義，日本落葉松是落葉松家族的成員，該家族包括落葉松屬（*Larix*）的落葉針葉樹，分佈於全球範圍內的北方寒帶林。和其近親一樣，日本落葉松在溫暖的夏季茁壯生長。落葉松的落葉習性讓它們可以忍耐寒冷的冬季，這讓它們成為所有樹木中分佈最靠北的種類，可以在北緯 71° 以北生長。在北美洲、俄羅斯和亞洲的北方寒帶林中，都可以找到落葉松的身影。落葉松也生長在歐洲、北美洲和亞洲的山區，分佈範圍南至北緯 27°。日本落葉松是分佈區域較靠南的山地物種之一，原產於本州島（日本列島中最大的島嶼）中部的少數幾個地點。

生長迅速

日本落葉松的特點在於其毬果和一年生枝條，前者成熟後擁有反卷（向外彎曲）鱗片，後者在第一年呈紅紫色且有粉霜，之後

► 短枝上的毬果

雄毬果和雌毬果生長在 3 年或更久的短繁殖枝上。這些短枝出現在部分營養枝（長出樹葉的枝條）的基部。

▲ 肯普弗的落葉松

日本落葉松的拉丁學名是以博物學家恩格爾伯特・肯普弗的名字命名的。這幅 19 世紀創作的畫展示了容易和日本落葉松弄混的金錢松（英文名 golden larch，字面意思是「金色落葉松」），它的曾用拉丁學名 *Pseudolarix kaempferi* 也是以肯普弗的名字命名的。它和日本落葉松的區別在於它的毬果更大一些。

顏色變灰。日本落葉松擁有在更黏重的土壤中生長的能力，而且比歐洲落葉松生長得更快，這吸引了英國林務官的注意，並用它和歐洲落葉松培育出一個雜交物種。當兩個近緣物種或品系雜交時會出現雜種優勢，於是這個雜種的生長速度更快。在英國較潮濕的西部地區，人們發現日本落葉松容易感染多枝疫霉（*Phytophthora ramorum*），患上落葉松猝死病。疫霉（*Phytophthora*）的拉丁學名的字面意思是「植物殺手」，它們是類似藻類的植物病原體，在適宜環境下破壞性極強，日本落葉松被感染後疫霉會迅速擴散。這種脆弱性限制了日本落葉松的林業應用潛力。相比之下，歐洲落葉松（*Larix decidua*）和鄧凱爾德落葉松（*Larix* × *eurolepis*）的易感性低得多。

用材樹種

日本落葉松的木材呈紅棕色，質量輕且持久耐用。它可用於施工建設、覆蓋層、家具及漁船上的甲板。由於具有天然的耐腐蝕性，它在過去被用來做柵欄等物品，後來逐漸被施以防腐措施的現代木材取代，在不利的環境條件下，防腐措施可以為木材提供更長期的保護。除了日本之外，日本落葉松還在歐洲得到廣泛種植。高二氧化硅含量意味着加工它所用的切割刃易變鈍。

◀ 日本落葉松盆景

日本落葉松是很受青睞的盆栽樹種，因為它們可以在貧瘠的土壤上生長，而且擁有漂亮的剝落狀樹皮和美麗的秋色。

其他物種

鄧凱爾德落葉松

Larix × eurolepis

日本落葉松和歐洲落葉松的雜交種，生長迅速，應用於林業；毬果是雙親物種的中間類型。

歐洲落葉松

Larix decidua

中等尺寸的落葉松，原產於中歐，材用樹種。年輕時株型苗條，隨着年齡的增長而變粗。

北美落葉松

Larix laricina

遍佈北美洲北部；特色是其小小的毬果，每個毬果有大約 20 個圓形鱗片。

白冷杉

Abies concolor

這個堅韌而優雅的常綠物種原產於北美洲山區，可以適應從高溫到寒冷的環境條件。

白冷杉是一種高大的針葉樹，在其分佈範圍中的某些地區可以形成廣闊的森林。在其分佈範圍的南部，它會變成伴生樹種，如在巨杉樹叢中（見第 70–71 頁）。它的特點是葉片正面和背面都有氣孔，氣孔在正面形成一條波紋狀寬條帶，在背面形成兩條邊緣清晰的條帶。

火災傷害

年輕白冷杉的樹皮薄且有很多樹脂泡，這讓它們很容易被森林火災傷害。在白冷杉與巨杉混生的區域，這對巨杉有益，因為巨杉的厚樹皮能夠防火，所以火災能夠有效防止白冷杉的生長勢頭壓過巨杉。隨着時間的推移，白冷杉的樹皮會變成軟木狀，對森林火災也擁有了一定的忍耐力。它的新鮮枝葉很容易被點燃，但這個物種能依賴自身的繁殖力重新佔據受森林火災影響的區域。

在生命的前 40 年左右，白冷杉可能不會形成毬果和種子。毬果主要長在樹的頂部。它們在一個生長季中成熟，然後分解並釋放出其中的種子，留下細長的中央柄（孢子葉軸）立在枝條上。在年幼以及繼續生長時，毬果呈淺藍色或橄欖綠色，但在成熟後變成棕色。雄毬果生長在樹冠下半部分樹枝的背面，它們在春天打開外殼，長 1–2 厘米。

▲ 樹葉

白冷杉的葉片在被揉碎時會散發出與檸檬類似的氣味。如上圖所示，葉片呈獨特的藍綠色。

類群：針葉樹

科：松科

株高：30–50 米

冠幅：5 米

樹葉：鬆弛地生長在枝條上，向上彎曲；呈灰綠色或藍綠色；輪生；長達 6 厘米

毬果：圓柱狀或橢球狀；橄欖綠色、黃綠色或淺藍色

樹皮：年輕樹木的樹皮光滑且有樹脂泡，後逐漸呈軟木狀且長出溝痕

砍伐白冷杉

在美國，白冷杉長期以來因其木材用途遭到大量砍伐。白冷杉木是一種用途廣泛的軟木，可應用於工程建造，製作框架、平台木板、地板和紙漿等。它還是製作聖誕樹的主要樹種之一。

伐木火車，
美國俄勒岡州，約1890年

◀ 枝條去除積雪
歐洲雲杉呈圓錐形，它的分枝輪生排列，所以最下面的樹枝生長得最久也最長。這種形狀有助於樹木及時去除過量積雪，防止壓傷。

新鮮綠尖每年春天從雲杉枝條上長出，在斯堪的納維亞半島被廣泛採摘食用

▶ 針葉排列
在所有雲杉中，針葉都通過一種名為葉枕（pulvinus）的掛鉤狀結構與莖相連。當針葉脱落時，葉枕宿存，所以雲杉的枝條很好辨認。

歐洲雲杉

Picea abies

歐洲深邃的雲杉森林為許多民間故事提供了靈感，而這種高大、苗條的針葉樹就是雲杉森林的主要組成樹種。在北歐和其他地方，它還常被製作成聖誕樹。

類群：針葉樹

科：松科

株高：可達 50 米

冠幅：可達 15 米

毬果：懸掛在枝條末端；有鋭尖棕色鱗片；乾燥時打開，釋放出帶翅種子

樹皮：淺棕色至灰色；鱗片狀；嫩枝呈棕色，在針葉生長的地方有明顯葉枕

▲ 螺旋雲杉
歐洲雲杉的針葉呈螺旋狀排列，因為這是最高效的排列方式，讓樹木能夠獲得最多光線，並通過光合作用製造出最多養料。

長久以來，森林就一直散發着莊重、神祕感，讓生活在附近的人產生劇烈的情感共鳴。也許這是歷史原因造成的，森林在以前是危險的地方，滿是亡命之徒和野獸，而正是受此啓發，數不清的故事和傳説產生了。在《格林童話》中，黑森林代表着危險或充滿魔法的地方，而從《吉爾伽美什史詩》(*Epic of Gilgamesh*) 到托爾金 (J. R. R Tolkien) 的奇幻小説，其他冒險故事也常涉及深入森林的旅程。

常綠森林尤其可怕，它們濃密的林冠令人難以辨別方向，只有很少的光能夠抵達森林地表，而且天空和地平線都被遮住了。在北歐，歐洲雲杉是這些茂密、高聳的森林的主要組成部分。

這個針葉樹物種可以形成純林，即至少 80% 的森林由同一個物種組成。歐洲雲杉的樹苗可在其他樹種的林冠下緩慢生長，最終趕超它們。歐洲雲杉的分佈範圍幾乎不間斷地從挪威延伸至俄羅斯西部，並自此開始逐漸過渡到近緣物種新疆雲杉 (*Picea obovata*)。在南邊，它的分佈範圍主要在歐洲中部的山區，包括阿爾卑斯山和喀爾巴阡山，並進入巴爾幹半島。作為一種頗有用處的材用樹，它被廣泛栽培，也出現在西歐和北美洲，並在這些地方成為歸化物種。

用途和習俗

歐洲雲杉是木材和造紙木漿的重要來源。它從 16 世紀開始被人工種植，但直到 20 世紀才廣泛進行林業栽培。此後，隨着單位面積產量更大的巨雲杉 (*Picea sitchensis*) 從北美洲引入歐洲，歐洲雲杉的熱度逐漸降低。然而，隨着氣候變得越來越乾，歐洲雲杉可能會重新受到林務官們的青睞，因為它比巨雲杉更適應乾旱土壤，而目前人們也正

維多利亞女王的聖誕樹

皇家傳統

英國的第一棵皇家聖誕樹由喬治三世的妻子夏洛特皇后豎起，但這項傳統是他們的孫女維多利亞女王及其丈夫阿爾伯特親王普及的。他們和年幼子女共同享受這一傳統節日的圖片被報刊刊登出來，大眾很快就接受了這種新的基督教傳統。夏洛特皇後的聖誕樹是一顆紅豆杉，但阿爾伯特親王更喜歡從他的故鄉德國進口的雲杉。

雲杉啤酒不一定含酒精，它是用雲杉芽和針葉調味的，富含**維生素 C**。

在開展試驗，為將來的歐洲雲杉林業種植確定最佳種源。

從前，歐洲雲杉還以在聖誕樹市場佔有支配地位而聞名。這個物種生長迅速且散發着聖誕氣息，這讓它成為許多歐洲家庭的首選，但是它也有缺點——針葉容易脱落。如果不定期澆水，它會迅速掉光針葉，留下光禿禿的樹幹。如今，它作為聖誕樹的角色在很大程度上已被原產於土耳其的高加索冷杉（*Abies nordmanniana*）取代，後者即使澆水很少也不會落葉。高加索冷杉的生長速度較慢，因此生產成本較高，這導致聖誕樹價格上漲。它還缺少雲杉的樹脂氣味，對很多人來說，這是聖誕節的傳統氣味。

◀ 共鳴板

硬木被用來製造弦樂器的主體，但共鳴板最好用軟木（如雲杉木）製作，因為它們傳播聲音的性能更好。

魯特琴的**共鳴板**是用雲杉木製作的

「……遠方的一排雲杉看上去就像墨水斑點，這個灰色的上午彷彿是沒有結尾的句子，而它們就是為這個句子添加的標點符號。」

凱特・沃爾珀特（Kate Walpert），《沉沒的教堂》（*The Sunken Cathedral*），2015 年

▶ 神祕的森林

這幅《黑雲杉森林》（*Dark Spruce Forest*, 1899）出自挪威最著名的畫家愛德華・蒙克（Edvard Munch）之手，它展現了歐洲雲杉森林的神祕和恐怖感，令人想起無數神話傳説。

其他物種

高加索雲杉

Picea orientalis

原產於高加索地區，針葉在所有雲杉中是最短的。較慢的生長速度限制了它在林業中的應用。

塞爾維亞雲杉

Picea omorika

分佈範圍僅限於西伯利亞至波斯尼亞邊界上的德里納河河谷。樹體細長優雅，可作為觀賞植物栽培。

巨雲杉

Picea sitchensis

所有雲杉中體型最大的。這個物種來自北美洲太平洋沿海，生長迅速，可以長到 90 米以上。

花旗松

Pseudotsuga menziesii

這種高大的常綠針葉樹原產於北美洲西部，是最大的針葉樹之一。它的英文名 Douglas-fir 的字面意思是「道格拉斯冷杉」，但它並不是真正的冷杉，而是一個小屬（黃杉屬）的成員，這個屬的拉丁學名（*Pseudotsuga*）意為「假鐵杉」。

類群：針葉樹

科：松科

株高：90–100 米

冠幅：可達 20 米

樹葉：常綠；深綠色，針狀；在枝條上呈輻射狀生長；長達 3 厘米

樹皮：起初光滑，呈灰色；逐漸變厚成為軟木狀且有深褶，變成紅棕色

◀ 花旗松群叢

花旗松群叢出現在加拿大不列顛哥倫比亞省的大熊雨林（Great Bear Rainforest）。這座森林的名字取自生活於其中的熊，它們會撕開花旗松厚厚的樹皮，盡情享用裏面的樹液。

劉易斯和克拉克原木小屋

全世界最大的原木小屋

全世界最大的原木小屋於 1905 年在波特蘭建造，它是劉易斯和克拉克遠徵百年紀念博覽會的一部分。一條中央柱廊用了 50 多棵未剝樹皮的花旗松樹幹。這棟建築後來逐漸荒廢，而且由於花旗松本就易燃，最終在 1964 年被一場大火夷為平地。

花旗松分佈於不列顛哥倫比亞省至加利福尼亞州中部（包含沿海地區），可以適應多種環境條件，從溫和的海洋性氣候到氣候更嚴酷的內華達山脈，它都能適應，而且可以在內華達山脈海拔 1,800 米的地方生長。在森林裏，花旗松較低的分枝通常會脱落，上半部分的大部分枝葉會留下，而在更開闊的地方，更有可能從靠近樹幹基部的地方產生分枝。花旗松的壽命很長，有的已經活了 1,000 多年。花旗松雌雄同株，即雄毬果和雌毬果生長在同一棵樹上，其中雄毬果簇生在枝條背面，雌毬果則生長在枝條末端，它們都會從黃色變成粉色，再變成淺棕色。

這個物種在 18 世紀首次被歐洲人記錄，長期以來，它被原住民用於製作魚鉤和雪鞋，為他們提供木柴，樹枝還被用來鋪床。成熟的花旗松森林是赤樹鼯（red tree vole）的棲息地，它們在樹枝裏築巢，以花旗松的針葉為食，與其他針葉樹的針葉相比，它們更喜歡吃花旗松的。在被揉碎時，這些針葉會散發甜香的樹脂氣味。花旗松如今被廣泛種植於歐洲各地以及南美洲的部分地區。

花旗松的木材強度高且經久耐用，這種針葉樹是全世界最重要的材用樹種之一，廣泛種植於溫帶地區，它在降水量高的地方生長得最好。它的木材不僅很適合用來做家庭房屋的框架和桁架，還是理想的地板材料，很容易吸附塗料和染料。它還被用於製作聖誕樹，針葉背面的白色條紋讓它看上去像結了霜，更加吸引人。

花旗松可以作為花園樹木種植，它在冷涼氣候下生長良好，在炎熱、潮濕環境及夏季乾燥的地區長得不太好。種在花園裏的花旗松很少能夠長到生長在自然環境中的高度。

其他物種

加拿大鐵杉

Tsuga canadensis

長壽針葉樹，呈寬圓錐形，擁有紫灰色樹皮和短針葉。它們有許多矮化類型，是很受歡迎的花園植物。

異葉鐵杉

Tsuga heterophylla

高大、優雅的針葉樹，擁有柔軟、下垂的枝葉，樹木頂端略向下彎曲。原產於北美洲，作為樹籬被廣泛種植。

圓柱形雌毬果朝下倒掛在枝頭，三裂苞片令它有別於所有其他針葉樹

➤ 食物來源

體型較小的鳥能夠緊緊抓住成熟毬果，吃掉鱗片下面的種子。這些種子還會被小型哺乳動物吃掉，如道氏紅松鼠（Douglas squirrel）。

「一種喜陽樹木……森林火災燒過之處，會重新長出這個物種的茂盛樹叢。」

利奧・安東尼・艾薩克（Leo Anthony Isaac），《花旗松的繁殖習性》（*Reproductive Habits of Douglas-fir*），1943 年

季節更迭

初雪過後，柔軟、潔白的粉雪撒滿了美國阿拉斯加州費爾班克斯周圍的北方寒帶林。在這座以針葉樹為主的森林中，高大挺拔的雲杉為冬季景觀增添了一抹綠意，而顫楊、樺樹和楊樹以濃烈的黃色和橙色呈現出燦爛的秋季色彩。

類群：針葉樹

科：紅豆杉科

株高：15–20 米

冠幅：可達 20 米

樹葉：常綠；細長，銳尖，背面有兩條白線；在枝條兩側長成兩排；長達 38 毫米

雄毬果：雄毬果和雌毬果長在不同樹上；雄毬果呈黃色，球形

樹皮：紅棕色，剝落狀；樹幹通常有深凹槽；嫩莖為綠色至棕色

◄ 雕塑般的樹枝
歐洲紅豆杉古樹通常有着複雜的形態。長在多風地區、被做成樹籬或經過造型的樹也會長出蜿蜒曲折的枝條，就像在美國畫家格雷格・撒切爾（Greg Thatcher）的這幅畫中的一樣。

毬果結一粒種子，種子被肉質假種皮包圍

葉片質地柔軟，末端呈銳尖或短尖狀

歐洲紅豆杉

Taxus baccata

歐洲紅豆杉的枝葉自帶傷感氣質，而且在傳統上與墓地有着千絲萬縷的聯繫，散發出令人生畏的哥德式氣息。然而，這些長壽樹木擁有豐富的歷史和不同尋常的特徵。

在民間故事裏，樹木的身影從未缺席。在歐洲，數千年來紅豆杉一直豐富着故事講述者的想像力。雖然在英語中它被稱作「英國紅豆杉」(English yew)，但這種常綠樹的生長範圍十分廣大，從不列顛群島向東至伊朗，向南經意大利至北非。它的確切自然分佈範圍難以確定，因為人類曾經促進了它的傳播。歐洲紅豆杉通常為獨生或少量叢生於下層林木，而有些森林中也會由它佔據主導地位。不過，在歐洲的教堂和其他宗教建築的庭院裏，歐洲紅豆杉才有了自己在傳說中的一席之地。

歐洲紅豆杉擁有幾個令人敬畏的特徵。這種樹幾乎全株有毒，含有名為紫杉鹼的生物鹼，如果大量攝入會導致心臟驟停。出現中毒症狀通常是由食用葉片引起的，不過毒素含量在種子中最高，

▲ 葉片和毬果
歐洲紅豆杉的深色常綠針葉為包裹歐洲紅豆杉種子的鮮紅色假種皮（種衣）提供了完美的背景。

而且在吸入花粉或歐洲紅豆杉木材的鋸末之後也會出現症狀。和許多常綠植物一樣，歐洲紅豆杉令人肅然起敬的另一個原因是它們能夠在整個寒冷的冬季保留葉片，冬青、常春藤和槲寄生也因為類似的原因備受崇敬。它們還擁有驚人的再生能力，砍倒的樹可以從基部重新萌發，而且枝條在接觸土壤時會生根，長成新的樹。此外，歐洲紅豆杉還以長壽而聞名，可存活 2,000 年以上。不過，對古歐洲紅豆杉進行精確的年代測定有很大難度。隨着年齡的增長，它們的樹幹通常變得中空，所以沒法計算年輪，而且很多古樹林是蔓生分枝生根後形成的，它們其實是一個可追溯到幾千年前的巨大克隆生命體，儘管其中有的樹幹可能只有幾百年的歷史。

「在廣袤無垠和幽暗深邃中，
這棵樹煢煢獨立！
一個有生命的東西，
生長得如此緩慢，以至於從未腐爛。」

威廉・華茲華斯（William Wordsworth），
《紅豆杉》（*Yew Trees*），1815 年

用於戰爭的武器

歐洲紅豆杉的木材長期以來備受珍視。就像松樹等其他針葉樹的木材一樣，它是一種軟木，這意味着它柔韌且易加工。不過，它是最硬的軟木之一，而柔韌和強度的結合讓歐洲紅豆杉很適合製作長弓。中世紀的英格蘭長弓被用於打獵和戰爭，最為人稱道的是曾經幫助英格蘭軍隊在百年戰爭期間擊敗法國，如阿金庫爾（Agincourt）戰役和克雷西（Crécy）戰役。在這段時期，歐洲紅豆杉是如

直木紋

歐洲紅豆杉木受到工匠的青睞。這種木材往往有很多節瘤，而且老樹通常是中空的，因此它被用來製造小物件、製作木雕，以及用作飾面薄板。歐洲紅豆杉木經久耐用，不易腐爛和生蟲。

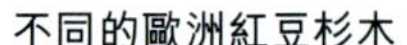

不同的歐洲紅豆杉木

在克雷西作戰的英格蘭軍隊包括 6,000–7,000 名長弓手。

弓的戰鬥
在克雷西戰役（1346 年）中，英格蘭士兵（右）使用長弓擊敗了一支裝備弩弓的法國僱傭軍，隨後擊潰了法國的騎兵衝鋒。弓箭手是如此重要，以至於用來製作長弓的歐洲紅豆杉木也受到高度重視。

此重要，以至於得到廣泛種植，以提供製作長弓所需的長條形木材。1472 年頒布的威斯敏斯特法令（Statute of Westminsteer）規定，所有抵達英格蘭的船隻，每卸下一噸貨物必須繳納製作 4 張長弓的木材。歐洲紅豆杉木的品質還吸引很多人用它製作樂器，許多中世紀魯特琴的碗狀部分就是用這種木頭製成的。現代鋼琴箱和原聲吉他的共鳴板、側板也可能是由紅豆杉木製成的。

其他物種

日本粗榧
Cephalotaxus harringtonia
原產於日本、韓國和中國東北。常綠灌木或小喬木，有形似李子的毬果，一個毬果含有一粒種子。

日本榧
Torreya nucifera
生長在日本和韓國；有銳尖常綠針葉和肉豆蔻大小的種子，種子有綠色肉質包被。

加州榧
Torreya californica
分佈範圍僅限於加利福尼亞州。長得很像同屬的亞洲近親。榧屬（*Torreya*）在美洲的其他成員只有一個，即生長在佛羅里達州的臭榧（*T. taxifolia*）。

歐洲紅豆杉在民間傳說中具有重要意義，而且是弓木的來源，因而是古老建築周圍的常見景致，但它們還作為景觀樹種以及修剪造型樹和樹籬得到廣泛種植，後一種應用方式可追溯至古羅馬時期。歐洲紅豆杉生長緩慢，這意味着造型樹的修剪次數可以不那麼頻繁，大大節省了勞動力。歐洲紅豆杉可以從老木頭上重新萌發，而且老樹的下垂樹枝可生根並長出新的樹幹。年老樹籬很容易通過重度修剪重新煥發生機，而很多其他樹籬物種會被這種修剪殺死。

鳥類和漿果

歐洲紅豆杉是針葉樹，但它們的毬果卻不同於松樹、雲杉和雪松的毬果。這些毬果極為簡單，每個毬果只包含一粒種子，種子被名為假種皮的肉質結構包裹。作為歐洲紅豆杉唯一沒有毒的部位，假種皮通常是紅色的，因此對通常以漿果為食的鳥類很有吸引力。歐洲紅豆杉並不結漿果，因為只有開花植物才能結漿果，但它們的毬果和漿果發揮一樣的作用——將種子帶到距離母株很遠的地方。

▼ 墓地中的歐洲紅豆杉
歐洲紅豆杉常見於教堂墓地，在某些情況下，它們比教堂建築的年代還要久遠。由於歐洲紅豆杉在異教傳統中被認為是神聖的，所以它們的生長地點常被用於建造教堂。

桃柘羅漢松

Podocarpus totara

類群：針葉樹

科：羅漢松科

株高：可達 30 米

冠幅：可達 15 米

樹葉：常綠；窄而銳尖，背面有隆起中脈

樹皮：厚，深棕色至銀灰色；成年後條狀剝落

外表與歐洲紅豆杉非常相似的羅漢松，包括桃柘羅漢松，分佈於美洲、非洲、東亞和澳大拉西亞的暖溫帶地區。

桃柘羅漢松是新西蘭特有的一種常綠針葉樹，在毛利文化中具有重大意義。作為一個生長緩慢的物種，桃柘羅漢松擁有極長的壽命，不過無法確定大樹的準確年齡，因為年輪圖案難以辨別。這種樹一開始呈向外擴散的灌叢狀，成熟後可長出巨大的樹幹。老樹可能有氣生根。它的花是單性花，雄花和雌花長在不同的樹上（雌雄異株）。雌花結出的果實（嚴格地說是毬果）由2枚合生肉質鱗片組成，它們成熟時呈鮮紅色，形成一個卵形結構。果實末端是一個圓形種托，其中含有1–2粒種子。羅漢松的英文名「podocarp」來自希臘語單詞「*podos*」，意思是「腳」，而這種樹的

▼ 倖存者

這棵桃柘羅漢松位於新西蘭南島的班克斯半島上，是被清理後的一片林地遺留下來的一棵樹。

果實據說像一隻腳在踢足球。桃柘羅漢松的木材堅硬且質量相對較輕，它被毛利人用來建造獨木舟（waka taua），這是個漫長的過程，從挑選合適的樹到成品完工可能需要花費數年之久。容納 100 名戰士的最大獨木舟的長度可達 24 米，由繩索將幾個獨立的部位綁在一起組成。木材中的天然油脂可防止木材腐爛並確保船隻不滲水。按照傳統，每砍倒一棵桃柘羅漢松就得種一棵替代它的幼苗以安撫森林之神坦訥（Tane），因為這相當於讓它的一個孩子從世界上消失。

▼ 雕刻獨木舟船首

這個木質毛利人獨木舟船首被認為是用桃柘羅漢松木雕刻的，兩側都有複雜的圓環和螺旋形雕刻圖案。

毛利人的**雕刻圖案**常常受到自然元素如蜘蛛網、魚鱗的啓發

複雜的蕾絲狀裝飾，使用綠岩工具手工雕刻而成

其他物種

羅漢松

Podocarpus macrophyllus

原產自中國南部和東部，以及日本南部。羅漢松屬（*Podocarpus*）分佈最北的物種。

核果杉

Prumnopitys andina

常綠針葉樹，原產自智利和阿根廷部分地區。拉丁學名曾為 *Podocarpus andinus*。

第 3 章

開花的樹

這些樹歸於一個高度多樣化的類群，即被子植物。該類群包括木蘭亞綱植物、單子葉植物和真雙子葉植物。它們的種子包裹在果實中發育。

➤ 碩大的花朵

荷花木蘭的花朵碩大，直徑可達 25 厘米，並且散發出一種強烈的檸檬香氣。花朵每天早上盛開，夜晚合攏，如此持續數日（這種過程名為感夜性）後凋落。

類群：木蘭亞綱植物

科：木蘭科

株高：18–25 米

冠幅：可達 10 米

樹葉：常綠，橢圓形，全緣，互生，長 4–15 厘米，寬 1.5–3.5 厘米

果實：木質化聚合果，長 7–10 厘米；每個心皮縱向開裂，釋放出 1 粒種子

樹皮：灰色，粗糙，裂成鱗片狀；嫩枝光滑，呈綠色至棕色，表面覆蓋絲狀毛

荷花木蘭

Magnolia grandiflora

荷花木蘭的碟形白色花朵被有光澤的深綠色葉片襯托得格外醒目。這種樹在原產地美國被稱為「南方木蘭」(southern magnolia)，它擁有非常古老的血統。

木蘭類植物代表了開花植物中的早期類型，它們的一些特徵在更晚演化出的樹木中很罕見。典型的花通常擁有保護花蕾的花萼（sepals）和具有觀賞性的花瓣（petals），但是二者在木蘭中並無區別。這說明當木蘭在約1.3億年前首次出現時，花萼和花瓣這兩種各具特點的結構尚未完全演化出來。每朵木蘭花包括6–12枚瓣狀結構，名為被片（tepals）。這些硬挺的革質被片可以承受甲蟲的侵擾，這些行動略顯笨拙的昆蟲經常飛到木蘭花上覓食花粉。早在蜜蜂等社會性昆蟲演化出來之前，甲蟲就已在為花授粉了，許多早期被子植物至今仍然依賴它們授粉。

高貴莊嚴之花

荷花木蘭和美國南方有着緊密的聯繫。2020年，美國密西西比州投票重新設計州旗，取消了有爭議的南方邦聯戰鬥徽章。新的州旗上有一朵荷花木蘭——該州的州花。密西西比州還宣佈荷花木蘭是它的州樹。從弗吉尼亞到佛羅里達和得克薩斯，這種優雅的樹分佈於美國南方的很多州。

▲ 結籽

花期過後，每朵花中央的雌性生殖結構（心皮）都會木質化並長成毬果狀。每一枚心皮釋放出一粒種子，種子由肉質結構包被，並由一根絲線與果實相連，如這幅植物學插畫所示。

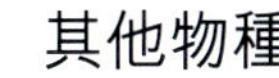

其他物種

二喬玉蘭

Magnolia × soulangeana

落葉木蘭類植物，玉蘭（*M. denudata*）和紫玉蘭（*M. liliiflora*）的雜交後代，率先在法國被培育出來。樹型低矮而伸展，花朵白紫相間，形狀似鬱金香。

星花玉蘭

Magnolia stellata

原產於日本。落葉灌木，開大量白色花，每朵花擁有許多被片。非常適合種在小花園，且可作為樹籬種植。

> **「香氣傳遍西邊的樹林，**
> **高大的木蘭傲然聳立，未被遮蔽。」**

瑪麗亞・高恩・布魯克斯（Maria Gowen Brooks，約1794–1845），美國詩人

雖然原產於美國沿海地區，但它的栽培範圍廣泛得多。

雖然荷花木蘭與美國南方之間存在許多文化關聯，但「magnolia」這個英文名並非源自美國。這個屬在1703年首次由法國植物學家查爾斯・普呂米耶（Charles Plumier）命名，以紀念另一位植物學家皮埃爾・馬尼奧爾（Pierre Magnol）。荷花木蘭在17世紀被英國植物學家馬克・凱茨比（Mark Catesby）首次帶到歐洲。它不是第一種抵達歐洲的美洲木蘭類植物，當時北美木蘭（*Magnolia virginiana*）已經在歐洲的花園裏站穩腳跟，但是這種新型木蘭的壯美姿態很快就讓北美木蘭相形見絀。它在暖溫帶地區長成獨立式喬木，而在氣候更冷涼的地區是貼牆生長的觀賞大灌木。

➤ 紙幣上的荷花木蘭

美國總統安德魯・傑克遜（Andrew Jackson）在白宮南柱廊旁種了一棵荷花木蘭，直到最近，它仍是20元美鈔上的圖案。

◀ 雄花
雄株開的花外表與雌花相似。兩種花都在春季開放。

▶ 雌花
雌花呈黃綠色，直徑約 9 毫米。月桂雌雄異株，雌花和雄花開在不同植株上。

類群：木蘭亞綱植物

科：樟科

株高：6–18 米

冠幅：可達 10 米

果實：紫黑色漿果，長 1.5 厘米，含 1 粒種子

樹皮：樹皮會開裂剝落，很可能是應對寒冷的反應

月桂

Laurus nobilis

有香味的月桂葉片可以用來為多種菜餚增添風味，它正是因為其葉片而被人類廣泛種植，還作為一種常見的花園植物種植在廣大溫帶地區。不過它還擁有可追溯至古典時代的歷史，產生了豐富的文化象徵含義。

這種常綠喬木或大灌木長得十分茂密，堅韌的深綠色葉片散發香味，常常低垂至地面，不過成年樹有時會長出無分枝的樹幹。它原產自地中海地區，但如今作為香草花園不可或缺的成員而得到廣泛種植。在規則式花園中，它通常被修剪成致密的角錐形或圓錐形，或者被整枝修剪成莖幹挺直、邊緣整齊的形態。雖然這個物種能夠長得相當大，但大多數種在花園裏的植株通常因為定期修剪而保持得較緊湊。在氣候溫和的地區，月桂還常被用作樹籬。

月桂屬於一個大的植物家族——樟科(Lauraceae)。雖然月桂屬(*Laurus*)只有2個物種——另一個是亞速爾月桂(*Laurus azorica*),但樟科的規模非常龐大而且極為多樣,擁有將近3,000個物種,其中包括園丁們熟悉的一些其他喬木和灌木。月桂是雌雄異株樹種(植株要麼是雄性,要麼是雌性),在開花時可以區分二者,但必須仔細觀察才能區分。如果花受精,雌樹會在秋季結紫黑色漿果狀核果,果實中含有一粒種子。

新鮮葉片全年可用於烹飪,但它們也常常被乾製以供冬季使用。在為燉菜和法式肉醬調味的香料包(bouquet garni)中,月桂葉是不可或缺的成分,而且一枚葉片就能為牛奶布丁增添微妙的香氣。月桂葉片中的精油用於芳香療法和製作化妝品。將幾段切下來的枝條投入冬天的篝火,隨着油脂的燃燒,它們會閃光並爆裂。

照葉林

樟科植物主要分佈在氣候較溫暖的地區,而在濕度較高的地方,它們可以形成名為照葉林(laurisilva forests)的群落。這些森林常常包括其他外表相似的常綠植物,如木蘭和桃金娘。

照葉林演化於數百萬年前。在冰河時代之前,溫暖潮濕的氣候在地球上佔據主流時,它們佔據了大部分可生長的陸地。在北半球,隨着地球變冷,

「在宮殿深處,矗立着一棵生長了很久的月桂樹的樹幹……」

維吉爾(Virgil),《埃涅伊德》(*Aeneid*)第7卷,公元前19年

➤ 代表耶穌復活

在西方繪畫中,月桂常常被用來象徵耶穌復活,如在意大利畫家吉羅拉莫・戴・利布里(Girolamo dai Libri)創作於約1520年的這幅《聖母和聖嬰》(*Madonna and Child*)中。

◀ **照葉林**

照葉林演化於遠古時代。這些保留至今的樹木遺跡提供了研究遠古氣候的線索。

空氣變得更乾燥，它們基本上死光了，只剩下地中海地區的月桂。早期森林中還剩下一些殘留的碎片，生長在加那利群島、馬德拉群島和某些毗鄰山區。

神話和象徵

月桂與古希臘神祇阿波羅的關係（據奧維德在《變形記》中所記）來自有關達芙妮（Daphne）的故事：她是一個年輕的寧芙（nymph）仙女，不情願被阿波羅追求，她的父親河神珀涅俄斯（Peneus of Thessaly）為了保護她，把她變成了一棵月桂樹。在古希臘，月桂是智慧、和平和護衛的象徵，按照傳統，使用月桂枝條編織的桂冠以阿波羅的名義獎勵給勝利的將軍、運動員，以及詩人和音樂家。古羅馬延續了這種做法。那不勒斯的一座穹形墓穴據説埋葬着詩人維吉爾，它的入口附近曾經種了一棵月桂樹以紀念這位詩人。這棵樹沒有活到現在，因為來到墓穴的訪客會剪下枝條當作紀念品，這種過多的修剪導致了它的死亡。

在文藝復興時期的意大利，為各個領域的英雄戴上桂冠的做法重新流行起來，傑出的詩人會獲得「桂冠詩人」的稱號。最早獲得此項殊榮的詩人之一是彼特拉克（Petrarch，1304–1374），他的十四行詩是最著名的愛情詩之一。

自然蟲害防治

月桂尖翅木蝨（bay sucker）是一種小型灰白色木蝨，在夏季以月桂樹的葉片為食，會對葉邊緣造成損傷。要想在不使用殺蟲劑的情況下防治月桂尖翅木蝨，可以將這種昆蟲的天敵，如黃蜂、瓢蟲和某些鳥類等捕食者吸引到受影響的區域。可以通過種植一系列植物來實現這一點。

瓢蟲正在捕食月桂尖翅木蝨

錫蘭肉桂

Cinnamomum verum

這種小型常綠樹原產自斯里蘭卡。曾用的拉丁學名 *Cinnamomum zeylanicum* 意為這座島嶼在歷史上曾用的名字——錫蘭（Ceylon）。

葉片具明顯葉脈，漸尖

▲ 錫蘭肉桂葉片

葉片對生，可提取出一種風味柔和的油。為了提煉這種油，人們在雨季將它們從嫩枝上摘下來。

作為樟科的一員，錫蘭肉桂的樹皮、木材和葉片都有芳香氣味。它的名字（cinnamon）在英文中還代表顏色——一種柔和、溫暖的紅棕色（肉桂色），也用來代表用它的內樹皮製成的一種香料（肉桂）。雖然它的其他近緣物種也可以製作肉桂，但錫蘭肉桂被認為是風味最純粹的。

作為這種香料的來源，錫蘭肉桂長期以來都是一種擁有重要經濟價值的植物。在古埃及，從樹皮中提取的油（約 90% 的成分是有機化合物肉桂醛）用於屍體防腐。後來，它又被用在熏香中，以及為牙膏和藥物增添風味。從葉片中提取的油用於化妝品和香水產業。

經典風味

用於烹飪時，肉桂棒通常被打碎以增加風味，或磨成粉末後添加到各種菜餚中。很多廚師認為，在任何以蘋果為基礎的甜點中，這種香料都是必不可少的。

▼ 肉桂棒

內樹皮從樹上剝下後被捲成管狀或棒狀，然後陰乾以保存其中的油脂。

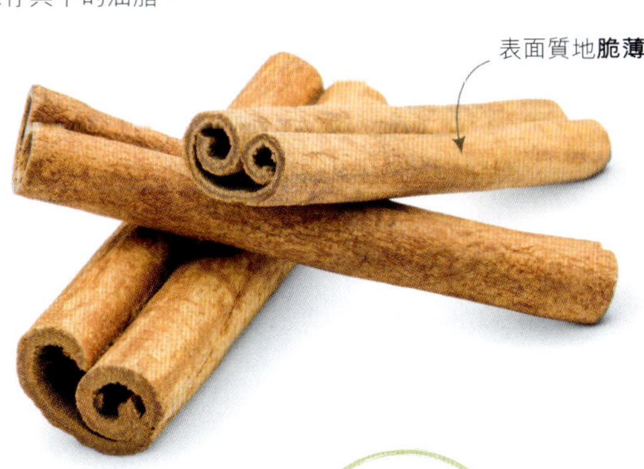

表面質地**脆薄**

類群：木蘭亞綱植物

科：樟科

株高：10–15 米

冠幅：14–18 米

樹葉：常綠；窄卵圓形；革質，呈有光澤的綠色；對生；長 7–18 厘米

樹皮：紅棕色；在成年樹上，外樹皮可能變成灰棕色

屍體防腐

肉桂在古埃及用於屍體防腐。這幅畫中的場景來自一部紙莎草文獻，它描繪了在下葬一具經過防腐處理的屍體之前舉行的儀式。

1
2
3
4
5
6

肉豆蔻

Myristica fragrans

類群：木蘭亞綱植物

科：肉豆蔻科

株高：10–20 米

冠幅：10–20 米

樹葉：常綠；正面有光澤，背面覆蓋白霜，葉柄有溝槽；互生；長 8–15 厘米

樹皮：光滑，灰棕色或棕色，含有水樣粉色或紅色樹液，可用作染料

這種芳香常綠樹以其主要經濟產品（同名香料）而聞名，而且它還產生另一種香料——肉豆蔻種衣（mace）。它原產自印度尼西亞的班達群島（Banda Islands），肉豆蔻貿易在那裏曾導致持續數百年的衝突和殖民壓迫。

數千年來肉豆蔻一直是令人覬覦的香料，它在公元 6 世紀抵達印度，然後傳播至君士坦丁堡並繼續向西拓展。人們一開始不知道這種香料源自哪裏，而當阿拉伯商人在 13 世紀推斷出它的起源時，他們認為這是商業敏感信息，因此決定保密。這種狀態維持了 3 個世紀，直到葡萄牙和荷蘭商人追蹤併發現了這種樹的來源地——班達群島，它是摩鹿加群島的一部分，位於今印度西尼亞境內（甘蔗也起源於這裏）。葡萄牙人和荷蘭人開始爭奪對這座群島的控制權，這導致島上居民遭受惡劣對待。最終荷蘭人用武力在那裏建立了荷屬東印度殖民地，他們的管理一直持續到第二次世界大戰後。然而，一場更早的戰爭加速了肉豆蔻樹的擴散：在拿破崙戰爭期間，英國曾短暫地佔領這座群島，並抓住機會將樹木運輸至斯里蘭卡、馬來西亞和新加坡，然後又從那裏轉運到坦桑尼亞沿海的桑給巴爾島，以及西印度群島，尤其是格拉納達。肉豆蔻在印度的喀拉拉邦也有栽培。

這種樹起源於熱帶，只能忍耐輕度的霜凍，因其果實而得到廣泛種植。肉豆蔻年產量 167,800 噸，其中印度尼西亞、危地馬拉和印度 3 國共佔 85% 的份額。實生樹苗在 6–8 歲時結果，但在此之前無法知道它們是雄樹還是雌樹，只有雌樹才會長出種子，而雌、雄樹在自然界中的數量大致相同。考慮到實生樹苗在結實方面固有的不可靠性，人們有時使用嫁接樹木，即用經過選擇的結實克隆

在 17 世紀，人們相信肉豆蔻有催情功效。

果實單生，下垂，成熟後變成黃色

葉片呈橢圓形或卵形，正面呈有光澤的深綠色，邊緣無鋸齒

▲ 肉豆蔻種子

這顆開裂且成熟的肉豆蔻種子來自印度喀拉拉邦，這種狀態的種子已經可以收穫，而且能夠看到核果內的假種皮。種子包裹在假種皮中。

◀ 樹的各部位

這幅 19 世紀的法國雕版畫是依據一張植物學插圖製作的，它從左到右依次展示了肉豆蔻樹的花、核果、株型、假種皮和種子。

健康手冊

這幅插圖來自《健康全書》（Tacuinum Sanitatis）——一本中世紀的健康手冊，它展示了一棵肉豆蔻樹正在被用來製作養生飲品的場景。在當時，肉豆蔻被認為擁有一系列健康益處，並被用在傳統醫學中以治療各種疾病。

肉豆蔻傳統上用於治療風濕病和霍亂。

雌樹搭配足夠數量的雄樹以確保有效授粉。樹木的種子產量巔峰期是20–25歲，約60歲時商業生產逐漸歸零。

生命的香料

果實是核果，成熟時開裂，露出裏面的種子（肉豆蔻）以及部分包裹種子的假種皮（種衣）。肉質外殼（果肉）有甜味，可製造果醬，在印度尼西亞文化中可用來製作甜點；它還可以做成果汁或泡菜。肉豆蔻種衣是果肉下面的一層鮮紅色組織，幾乎將種子完全包裹。人們將它從種子上取下，鋪平、曬乾，然後搓碎製成香料。種子在太陽下曬6–8周，這導致種仁從種皮上收縮，種皮開裂。取出種仁磨碎，就得到了肉豆蔻。種仁也可以搓碎使用。肉豆蔻種衣和肉豆蔻的味道類似，肉豆蔻的味道更甜，而肉豆蔻種衣的風味更微妙，還呈鮮艷的橙黃色。在印度尼西亞、印度和歐洲烹飪中，它們被用來為咸味和甜味菜餚增添風味。

粗糙的外表面很容易搓碎

▲ 搓碎的肉豆蔻

搓成碎末的肉豆蔻是很多廚房的常備調料，可以用在蛋糕和布丁裏，還可以用在燉菜和咖喱風味的咸味菜餚中。

用途廣泛的種仁

除了製造香料之外，種仁還可以用來製作其他產品。可以壓榨種仁生產出肉豆蔻脂——一種富含油脂的紅棕色產品，擁有和香料同樣的氣味和味道。壓榨種仁還可以得到一種油，對它進行精煉可得到肉豆蔻酸，可用於替代可可脂。此外，還可將肉豆蔻磨碎後進行蒸餾，生產一種含有數種有機化合物的淺黃色或無色精油。從香水業到烹飪，這種精油的用處很多，還可以作為牙膏和某些止咳藥的成分。這種精油的味道和肉豆蔻碎末類似，可以用來緩和刺激，或者為香皂增添香味，但它和碎末香料不同，它不會在香皂裏留下砂礫般的殘渣。

▲ **肉豆蔻搓碎器**

這件英國肉豆蔻搓碎器產自約 1690 年，它以一個寶螺螺殼為底座製作而成，螺殼在其中充當收納香料碎末的容器。

其他物種

銀背肉豆蔻

Myristica argentea

原產自巴布亞島（新幾內亞島舊名）；種子小，近球形，有時被摻入肉豆蔻中以假亂真。

馬拉巴肉豆蔻

Myristica malabarica

生長在印度西南部的低地沼澤地，假種皮完全包裹種子。

> **「從那時起，人們就一直渴望得到種子，用於栽培寶貴的肉豆蔻。」**
>
> 《胡克的植物學日記和邱園雜記》（*Hooker's Journal of Botany and Kew Garden Miscellany*），班達群島，1857 年

劑量造就毒藥

如今已知的是，在足夠大的劑量下肉豆蔻會對人產生一些生理和神經影響，不過烹飪或化妝品行業通常使用的劑量水平是安全的。它有可能造成的影響包括精神錯亂、驚厥、譫妄、噁心和頭痛。這些中毒症狀在攝入的幾個小時後出現，而且可以持續數天，有時甚至導致死亡。大劑量使用還會導致早產。肉豆蔻還會干擾某些藥物（如止疼藥）發揮作用。寵物可能被肉豆蔻的氣味吸引，如果吃下太多肉豆蔻，它們有可能喪命。

▲ **1723 年的巴達維亞**

這座荷蘭殖民港口（位於今印度尼西亞雅加達）是荷屬東印度公司在亞洲的肉豆蔻貿易樞紐。在荷蘭人到來之前，班達群島本土居民一直在開展肉豆蔻貿易，已經做了數百年的肉豆蔻生意。

索科龍血樹

Dracaena cinnabari

這些華麗的常綠樹如雕像般佇立，彷彿不受時間的影響，形狀好似一把半打開的雨傘。除了不同尋常的外觀，它們還以深紅色「龍血」樹液聞名，是在非洲之角沿海的索科特拉（Soqortra）群島嚴酷的環境下生長的許多獨特植物中最令人難忘的種類之一。

類群：單子葉植物

科：天門冬科

株高：可達 9 米

冠幅：可達 12 米

樹葉：常綠；堅硬，劍形；簇生於年幼枝條末端；長 30–60 厘米

果實：球狀肉質漿果；成熟時從綠色先變成黑色再轉為橙紅色；含 2–3 粒種子

樹皮：一開始呈灰色，光滑，逐漸長出裂紋；常帶有因提取樹脂造成的傷口

◀ 宏偉的樹林
索科特拉島上的菲爾米辛（Firmihin）石灰岩高地是索科龍血樹的大本營。這裏的樹全都是大型成年樹，形成了遊客喜歡的景觀，但這裏基本上沒有幼年樹木。

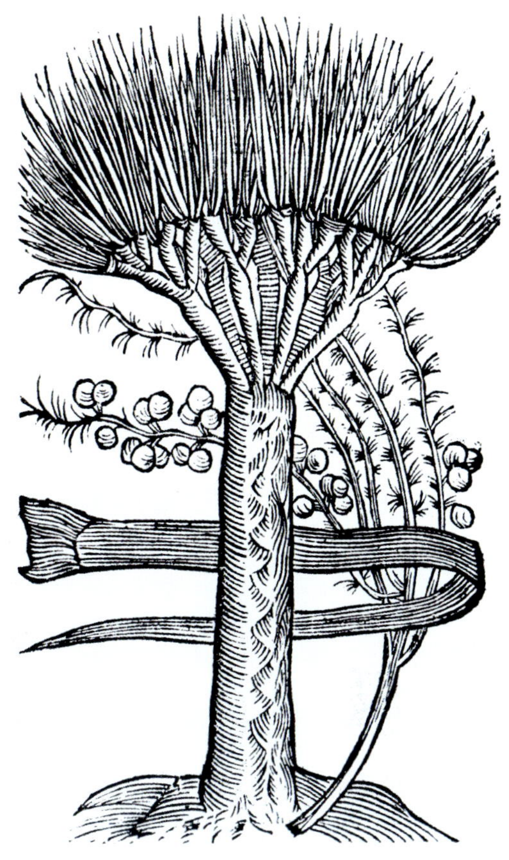

▶ 龍和果實
這幅來自 1640 年的版畫描繪了同屬物種龍血樹（*Dracaena draco*）的植株和果實，該物種原產於馬德拉群島、加那利群島和佛得角群島。

「這種奇怪而可敬的樹長得很大，像松樹一樣。」

約翰・傑拉德（John Gerard），在《植物通志》（*Generall Historie of Plantes*）中對索科龍血樹的描述，1633 年

龍血樹屬（*Dracaena*）的 60-100 個物種是如此獨特，以至於難以說清它們之間的分類學關係。雖然它們通常被歸入天門冬科，但某些分類系統認為它們與龍舌蘭相關，或者也許應該自成一科，即龍血樹科（Dracaenaceae）。有少數幾個物種長成大樹，但大部分物種是低矮的灌木。有些物種作為室內植物被人類種植，其中最常見的是虎尾蘭（*Dracaena trifasciata*）。

寶貴的樹液

有幾種龍血樹會在樹皮被割傷時流出紅色樹液，但索科龍血樹自古羅馬時代以來就是這種樹液最著名的來源。根據傳説，一條龍和一頭象打鬥，龍將象殺死了，龍自己也受了傷，它流出的血凝結後長出了第一棵索科龍血樹。乾燥的龍血樹液在古代備受珍視。古埃及人用它對屍體進行防腐處理，而古羅馬人將它用作顏料中的色素和給玻璃上色的染料，還用它為寶石增色、治療瘧疾和燒傷，以及粘牢鬆動的牙齒。後來，它又作為優質小提琴的木材染料而受到重視。儘管如今它基本上已被合成染料取代，但在這種樹的原產地索科特拉群島——也門的一座群島，當地居民至今仍然用它治療胃病、為木頭染色、裝飾陶器，還將它用作唇膏。

索科龍血樹的獨特性主要來源於索科特拉島。它是索科特拉群島的 4 座島嶼中最大的，位於非洲

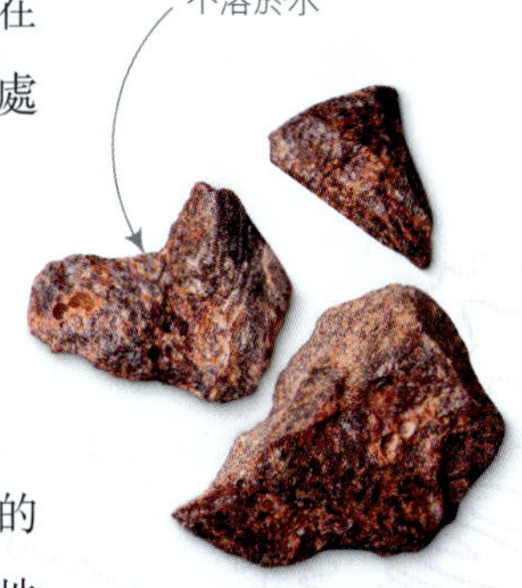

▲ 龍血
古時候，作為龍血出售的紅色樹脂來自索科龍血樹。如今，它更有可能來自亞洲的省藤（rattan palms）。

◀ 引導水分

這種樹的構造是為了收集而非排出水分，它的形狀就像一把半打開的雨傘，輻條狀分枝全都在一個部位與樹幹相連。這種形狀可以將樹葉承接的水分引導至分枝，再轉運到樹幹和樹根。

之角以東 225 公里的印度洋。它屬於也門，位於該國北部。大約 1,800 萬年前，這塊土地從非洲大陸中分離出來。從此以後，在那裏的與世隔絕的環境中演化出了一些相對缺乏流動性的物種。這座島嶼上超過 1/3 的維管（含有輸送養料和水分的導管組織）植物是特有種（只分佈在索科特拉島上）。

山中迷霧

索科特拉島是一座山地島嶼，最高點海拔 1,550 米。島上的低地乾旱貧瘠，但山區會有冬季季風帶來的降雨，而且經常處於霧氣籠罩之下。索科龍血樹適應了這些環境條件，樹葉可以從霧氣中收集水分，並將水分引導至海綿質地的樹枝中儲存起來。濃密的樹冠為下面的土地遮陰，有助於落下的種子萌發，這也解釋了這種樹成片生長的原因。

然而，索科特拉島的氣候正在變化。環境證據表明，山區的雲霧覆蓋區域這些年來已經減少，而且變得更加碎片化且不穩定。由於氣候變乾和過度放牧，很多現存的樹叢只剩下老樹，沒有留下任何幼苗可以在它們死去時取代它們的位置。

它們的**分枝程度**說明索科龍血樹可能已經活了 **500 年**之久。

其他物種

龍血樹

Dracaena draco

分佈於西班牙加那利群島中的拉帕爾馬（La Palma）島。在葡萄牙的馬德拉群島地區，城市廣場上生長着優美的老樹。葡萄牙的亞速爾群島地區也引進了該樹。

香龍血樹

Dracaena fragrans

觀賞植物，原產自非洲熱帶地區，擁有帶彩斑的棕櫚狀葉片，可作為室內植物或樹籬種植，成年後開有香味的白色花。

類群：單子葉植物

科：龍舌蘭科

株高：5–12 米

冠幅：可達 8 米

樹葉：常綠；藍綠色，邊緣呈黃色；矛形；堅硬，末端是一根硬刺；螺旋狀排列；長 20–36 厘米

花：鐘形，有 6 枚蠟質奶油色或綠白色裂片

樹皮：粗糙，軟木質，有溝槽並裂成近方形鱗片

➤ 莫哈維沙漠的地標

短葉絲蘭是莫哈維（Mojave）沙漠中一個非常顯眼的物種，粗壯的樹幹和延伸的分枝末端是一簇密集的常綠葉片。

短葉絲蘭

Yucca brevifolia

短葉絲蘭的形狀個性十足，看上去十分引人注目，還透着一絲怪異。在美國西南角的莫哈維沙漠，它們的身影主導着那裏的高海拔乾旱台地和坡地景觀。

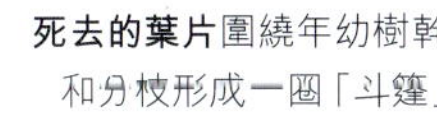

死去的葉片圍繞年幼樹幹和分枝形成一圈「斗篷」

◀ 豐富的花朵

短葉絲蘭在早春開花，花朵簇生成碩大的圓形花序，直徑達 30–50 厘米。

短葉絲蘭是美國加利福尼亞州、猶他州和亞利桑那州交界沙漠地區的特有物種，生長在海拔 610–1,800 米的地方。那裏的氣候非常乾旱，而且植株生長所需的大部分降水都是冬季降雪，所以這種樹的細長肉質葉片有利於儲存水分。

和飛蛾展開合作

這些樹通常在降雪結束後不久的 3–5 月開花，但不會每年都開花。人們認為某種氣溫和濕度組合會誘導該物種開花。這些樹依賴絲蘭蛾[絲蘭蛾屬（*Tegeticula*）物種]傳粉。雌蛾從一朵花上採集一小產在其中一朵花的綠色子房中。接下來，它將自己採集的花粉搓到這朵花的柱頭上，為它授粉。等到它的幼蟲孵化出來時，這種花也已經發育出了種子。幼蟲會吃掉一部分種子，但是還會有數量足夠多的種子存活下來，傳播到其他地方並長成新植株。

其他物種

千手絲蘭

Yucca aloifolia

分佈於美國的北卡羅來納州至佛羅里達州、阿拉巴馬州，墨西哥，百慕達群島，以及一些加勒比海島嶼。開白花，可以長到 7 米高。

樹蘆薈

Aloidendron dichotomum

類群：單子葉植物

科：阿福花科

株高：可達 9 米

冠幅：可達 8 米

果實：乾燥的綠色蒴果，逐漸木質化；開裂後釋放出許多帶翅的種子

樹皮：一開始顏色淺，然後變成金棕色；裂成邊緣尖銳的鱗片

在納米比亞南部和南非的納馬誇蘭（Namaqueland），粗壯的樹幹和伸展的樹冠讓這種矮生樹木在那裏的多岩石半沙漠地區成為一道醒目的景致。樹蘆薈通常長成孤獨的「地標」，但是它們在少數地方可以形成由數百棵樹組成的森林群叢。

➤ 樹蘆薈森林

樹蘆薈森林很稀有，而且在它們出現的地方很有名，如圖中展示的這座森林，它位於納米比亞南部的基特曼斯胡普（Keetmanshoop）。

尖刺狀葉片可以長到約 30 厘米長

分枝形成獨特的喇叭狀株型

樹蘆薈以前曾被歸入蘆薈屬（Aloe），拉丁學名曾為 Aloe dichotomum。蘆薈屬植物一般是低矮的肉質灌木，因此在 2013 年，根據生長形態和分子生物學方面的差異，7 個樹狀蘆薈從該屬中分離出來，歸入單獨的樹蘆薈屬（Aloidendron），樹蘆薈也許是這個新屬中最著名的物種。這個物種的形狀非常像索科龍血樹（見第 110–112 頁），它們的分枝都從樹幹頂端上的一點向外呈輻射狀，就像一把半打開的雨傘。然而，這兩種樹之間並沒有很近的親緣關係，它們的相似性是「趨同演化」的一個例子，即兩個不相關的物種演化出了類似的適應性特徵，以應對具有挑戰性的環境，對於這兩種樹而言，挑戰是乾旱的沙漠。

乾涸景觀

樹蘆薈生長在沙漠和多岩石半沙漠地區，這些地方的降水極少，而且基本發生在冬季。它們在黑色岩層之間生長，而這些岩層會在氣溫經常達到 38 ℃ 的夏季吸收熱量。它們的根系的擴張範圍很廣，這樣做既是為了尋找稀少的水分，也是為了將它們固定在岩石和薄薄的砂質土中。

來自它們花朵的大量花蜜會吸引昆蟲、鳥類和狒狒，但蜂類才是這個物種的主要授粉者。對於社會性動物——織巢鳥而言，這種樹是很受歡迎的築巢地點。該物種的英文名 quiver tree 意為「箭囊樹」，因為該地區的土著居民桑（San）人會將這種樹的樹枝挖空，製成捕獵時使用的箭囊。

▲ **二叉狀分枝**
樹蘆薈的莖在生長過程中分裂為兩支，這張在納米比亞拍攝的仰視照片展示了它的這個特徵。

> **「……既難看又有趣的一種樹。它是一個蘆薈類物種……」**
>
> 約翰・巴羅（John Barrow）爵士，《非洲南部內陸遊記》（*An Account of Travels Into the Interior of Southern Africa*），1801 年

顏色鮮艷的花瓣吸引食蜜鳥

幼嫩的綠色莖稈支撐着花序

◀ **橙黃色花組成穗狀花序**
這種樹在 6–7 月開花，長出多分枝穗狀花序，由黃色壅形花朵組成。花長約 3 厘米，有醒目、突出的橙色雄蕊。

其他物種

大樹蘆薈
Aloidendron barberae
中型喬木，擁有粗壯的樹幹。生長在莫桑比克的沿海河谷及南非東海岸地區。

類群：單子葉植物
科：棕櫚科
株高：35 米
冠幅：12 米
樹葉：常綠；裂成多枚革質深綠色小葉；長達 6 米
花：淺黃色，有 3 枚花瓣、3 枚萼片，以及 6 枚雄蕊（雄花）和 3 室子房（雌花）
果實：卵形，從綠色逐漸變成棕色，長達 30 厘米，重達 2 公斤

椰子

Cocos nucifera

椰子生長在許多熱帶地區的海邊。它們以巨大的硬殼果實而聞名，這些果實在海上漂浮數月後依然可存活，這也許有助於解釋它們為甚麼分佈得如此廣泛。

極具裝飾性的鍍金白銀和拋光椰子形成強烈的反差，共同組成一件豪華酒具

➤ 椰子單柄大酒杯

17 世紀初，拋光椰子殼和鍍金白銀的搭配深受富有之家的青睞。

椰子大概起源於印太地區，而在大約 4,500 年前遷徙至太平洋的波利尼西亞人使得椰子擴散得更加廣泛。後來，馬來西亞和阿拉伯商人將經過改良的椰子類型帶到印度、斯里蘭卡和東非。

在 16 世紀，歐洲探險家將這個物種引入西非、美洲大西洋海岸、加勒比海地區，以及後來的澳洲北部熱帶沿海地區。歐洲人在很多國家建立了大型椰子種植園，所以椰子真正的自然分佈範圍無從知曉。

層層都是寶

椰子樹可以結出多達 30 個圓形或卵形大堅果，每個堅果都包裹在柔軟的綠灰色纖維質外皮中。在堅果的殼裏是可食用的雪白色肉質層（胚乳），肉質層裏面是一個空腔，其中含有一些富含糖分的液體（椰子水）。正是這些養料儲備讓椰子在海上漂浮數月也能生存下來。新植株的微小胚胎嵌在胚乳中，它發育出的枝條和根會從位於堅果果殼一端的 3 個軟「眼」裏長出來。

這種樹的所有部位幾乎都可以為人類所用。來自外皮的纖維可以用於製作繩索和地墊，還可以用在無泥炭基質中。它的樹幹可用作建築材料，樹葉可以用來編織籃子和覆蓋屋頂。果肉可以製成椰蓉或椰肉乾。從椰肉乾中提取的油用於製造肥皂和化妝品，還用於生產人造牛油。

◄ 荒島椰子樹

椰子樹生長在全球大部分熱帶地區海邊排水良好的砂質土壤或者沿海森林中。它需要 120–230 厘米的年降水量才能生存。

➤ 海上航行的果實

果實可以在海上自由漂浮許多個星期，無論在哪裏被沖上岸，都仍然能夠發芽。這讓它們能夠佔領遙遠的島嶼和珊瑚環礁。

「椰子樹喜歡聽人説話。」

諺語，引自《椰子種植手冊》（*Coconut Planter's Manual*），1907 年

穩如磐石

在馬來西亞的丹濃谷（Danum Valley）熱帶雨林，這棵婆羅樹（shorea tree）無懼惡劣的自然條件，牢牢地站在原地。這種高大的常綠樹扎根在淺土壤中，為了抵禦風雨並維持自身的穩定，它在樹幹基部發育出了膨大的板狀根。

◄ 馬賽克鑲嵌畫

這幅公元 6 世紀的馬賽克鑲嵌畫以海棗樹為背景，描繪了東方三博士來朝的場景。在對耶穌誕生的某些講述中，聖嬰據説出生在一棵海棗樹下。

類群：單子葉植物

科：棕櫚科

株高：可達 23 米

冠幅：可達 4.5 米

樹葉：常綠；葉柄基部有刺；羽狀復葉，小葉對生；長約 6 厘米

果實：大致呈圓柱形，黃色或紅棕色；長達 7 厘米

► 海棗園

海棗樹成行種植，埃及、伊朗和沙特阿拉伯是主要出產國。果實以不同速度成熟，每年必須分數次採摘。

海棗

Phoenix dactylifera

海棗以其甜蜜、黏稠的果實聞名於世，廣泛栽培於北非、中東和南亞地區。

海棗樹通常擁有一根筆直豎立的樹幹，頂端長着一叢拱形羽狀復葉（由多枚小葉組成的大葉片），讓這種樹看起來像一把大遮陽傘。然而，如果允許莖幹基部長出的分枝繼續生長的話，這個物種也能發育出多根樹幹。隨着樹幹向上延伸，位於下部的復葉脱落，留下其木質化的基部，並形成海棗樹極具特色的樹幹。海棗樹經常種在海邊，而且已在許多熱帶和亞熱帶地區歸化，它們非常堅挺，能夠承受海濱大風和週期性洪水的侵襲。年幼海棗樹從基部長出羽狀復葉，是很受歡迎的室內植物。

在春季或夏季，成簇的奶油色花從這些樹的樹冠上垂吊下來。它們會發育成質地黏稠的海棗果，每個果實內含一粒長條形種子。隨着果實的成熟，它們的果皮會皺縮。果實呈黃色或紅棕色，可鮮食、乾製或加工，而「美卓」（'Medjool'）這個海棗品種因其類似焦糖的味道被視為上品。鮮果是完整出售的，但是當海棗被乾製或加工時種子會被去除，而且在磨碎、浸泡或者發芽後（最後一種情況較為少見）可以用作牲畜飼料。

海棗樹除了被人種植以獲取果實之外，還可以在樹上切口以使其流出樹液（海棗蜜），這種液體可以直接飲用或加工成糖，還可以經過發酵後生產一種酒精飲料——被古埃及人稱為「生命飲品」。然而，在樹上切口流出樹液會阻礙結實，因此這並

其他物種

非洲海棗（垂枝刺葵）

Phoenix reclinata

優雅的棕櫚類植物，產生幾根背離中心的拱形樹幹，果實很乾。

林刺葵

Phoenix sylvestris

原產自印度和巴基斯坦。簇生的果實呈黃色或橙色，成熟時則變成深紅色或紫色。

不是常規操作。這種樹的幾乎所有部位都有用處：它的木材可用作建築和柵欄材料；樹葉可用來覆蓋屋頂；纖維可纏繞成繩索，或者用作包裝材料；木質化葉基可作為燃料焚燒。

從廟宇到教堂

海棗已在北非和中東栽培了至少 5,000 年。在古埃及，它作為生育力的象徵備受尊崇，並被廣泛種植在廟宇庭院中。古埃及建築師艾納尼（Ineni）將海棗與無花果、角豆樹（carobs）等其他果樹種在一起。在一些墓穴壁畫中，海棗樹被種在觀賞水池旁邊以供遮陰，水裏有魚和水禽，它們被認為是人死後靈魂的食物來源。

這個物種的屬名（*Phoenix*）與神話中的不死鳥同名，人們相信它是這種鳥的棲息之所，就像在莎士比亞的戲劇《暴風雨》（*The Tempest*）中提到的那樣：「現在我將相信獨角獸確實存在，而且阿拉伯有一種樹，鳳凰住在裏面。」海棗在亞伯拉罕諸教中有重要意義，它的名字出現在《律法書》（*Torah*）、《聖經》（*Bible*）和《古蘭經》（*Qur'an*）中。在猶太教中，它是住棚節（Sukkot）期間使用的 4 種植物之一，這個節日是為了紀念猶太人在奔赴應許之地的途中穿過沙漠四處流浪的歲月。在基督教中，這種樹與勝利有關，暗示精神對肉體的勝利。這可能是對一項古典時代傳統的文化挪用：古羅馬人在公元 70 年攻陷耶路撒冷後將海棗作為勝利

➤ 海棗葉片

這些葉片是羽狀復葉，小葉對生在一根粗壯的拱形中脈上。小葉在靠近復葉末端時變短，從而產生圓形輪廓。

◄ 收穫果實

採果人身上拴着綁帶，將老葉葉基當作立足點，爬上海棗樹的樹幹。熟練的採果人常常赤腳爬上樹幹。成熟的海棗很容易摘下來，但是採摘時要避免擦傷它們。

「它的葉片上下起伏，嗖嗖作響。
它在想，也許我的葉片是羽毛。」

羅賓德拉納特・泰戈爾（Rabindranath Tagore），《海棗樹》（*Palm Tree*），摘自詩集《兒童博拉納特》（*Sishu Bholanath*），1922 年

小葉沿着中脈分佈，長度不一，最長可達 30 厘米

與和平的象徵。在此之前，古羅馬人的市場上已有海棗出售，而且羅馬將軍尤里烏斯・愷撒（Julius Caesar）據說很喜歡這種果實。

從聖地回到西歐的中世紀朝聖者會將海棗樹葉當作紀念品帶回家。在聖枝主日（Palm Sunday）這天，海棗樹葉還被用來裝飾基督教堂。很多領域至今仍以象徵性的棕櫚作為勝利者的獎勵（海棗是棕櫚科植物，其英文名 date palm 的字面意思就是「結海棗的棕櫚」—— 譯者注），而戛納電影節金棕櫚獎是電影人夢寐以求的榮譽。海棗葉片還被廣泛用作裝飾圖案，而且經常出現在中東古建築留存至今的殘片中。在裝飾派設計（Art Deco）流行的時代，風格化的棕葉飾圖形（多枚棕葉向外扇形伸展）迎來了復興，甚至直到今天也相當常見。

石製品，裝飾有海棗樹和紐索飾 —— 一種精美的重複圖案

➤ 裝飾性海棗樹

這件來自公元前 3,000 年的石製品被發現於波斯灣，上面裝飾着雕刻出的海棗樹，它在當時、當地是很流行的圖案。這件物品有一個把手，可能是個啞鈴。

類群：真雙子葉植物

科：楊柳科

株高：可達 25 米

冠幅：可達 15 米

樹葉：落葉；細長，銳尖；基部有一對小托葉；長可達 14 厘米

雄柔荑花序：綠黃色柔荑花序，由眾多釋放花粉的小花組成

樹皮：灰棕色，有眾多淺裂紋；嫩枝呈黃綠色，有光澤

下垂的枝葉

披針形葉片生長在細長、下垂的小樹枝上，正是這些枝條造就了這種樹的獨特的垂枝株型。雄花和雌花開在不同的樹上並排列成密集的穗狀，即柔荑花序。

具淺鋸齒的葉片使水滴從葉尖滴下，在某些文化中，這種現象與哀悼時落淚聯繫在了一起

垂柳

Salix babylonica

這種樹原產自中國，但在其他地方也有栽培，擁有令人難忘的株型，一眼就能辨認出來。它的身影出現在許多畫作中，以襯托中國古代皇宮的宏偉或者渲染英格蘭鄉村的純樸之美。

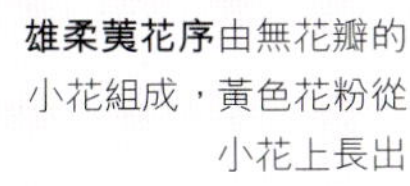

雄柔荑花序由無花瓣的小花組成，黃色花粉從小花上長出

➤ **鬼魂和優雅**

在日本，垂柳種植廣泛，尤其是在水邊。它們象徵氣質優雅的女性，但也象徵食屍鬼和邪靈。

「柳樹不會被積雪的重量壓斷。」

日本諺語

垂柳在世界上的很多地方都是一道常見景致，然而令人吃驚的是，它的起源至今尚未得到確認。這種垂枝植物最有可能是一種原產自中國北方且株型更直立的柳樹的突變形態，這種直立的柳樹可能是旱柳（*Salix matsudana*），如今有很多植物學家認為它和垂柳同屬一個物種。在某一時刻，這種柳樹的一個垂枝類型被發現，人們從它身上採下插條並廣泛傳播。垂柳沿着絲綢之路穿過中亞來到中東，並從那裏繼續擴散到歐洲和更遠的地方。

後來，瑞典植物學家卡爾・林奈使這種樹的起源問題變得更加混亂，林奈將垂柳的拉丁學名命名為 *Salix babylonica*，暗示它起源於古巴比倫（Babylon，今伊拉克）。雖然他在命名時所描述的樹位於荷蘭，但給他靈感的是《聖經》中《詩篇》（*Books of Psalms*）第 137 篇的內容：「我們坐在巴比倫的河邊，一追想錫安就哭了。我們把琴掛在那裏的柳樹上。」其實生長在伊拉克幼發拉底河河邊的樹是楊樹而非柳樹，但林奈的命名還是被保留了下來。

柳樹和水

在濕地、沼澤與河口，柳樹是一道常見的景致。很多柳樹擁有在水分飽和的土壤中生存且茁壯生長的卓越能力，而且它們四處延伸的根系有助

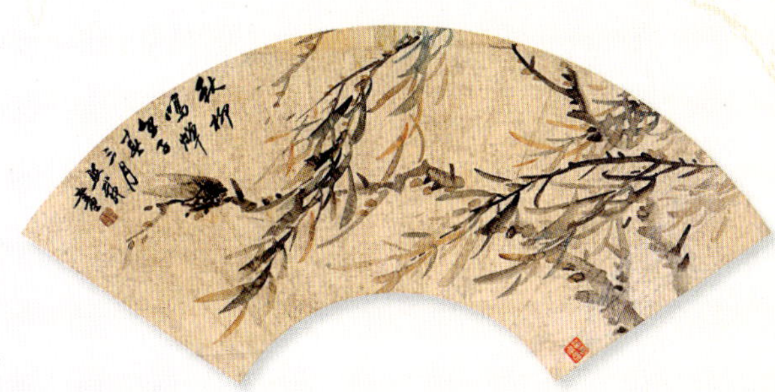

▲ **動人的圖案**

垂柳圖案在中國繪畫中極常見。在書法家吳熙載繪製的這幅紙扇面（作於 1852 年）中，一隻蟬趴在一根秋日柳枝上。每一片柳葉都是用畫筆一筆畫出的。

於穩定河堤和水濱岸線。這些水生生境常常遭受惡劣天氣和水位快速變化的影響，這些可能導致樹木被清除。此時柳樹就會展示它們的另一項關鍵生存技能——在新地點快速生根的能力。柳樹的枝條富含吲哚基丁酸——一種促進生根的生長激素，而任何尺寸的樹枝都可在數周之內生根。柳枝提取物常常用來促進其他植物的插條生根，而且易於繁殖的特性還讓柳樹在重新造林、防風林以及坡面加固項目中成為很受歡迎的選擇。柳枝易於生根，它們被編織成柵欄後會生根並長出葉片，形成「樹籬柵欄」。

雖然柳樹很容易通過扦插繁殖，但它們也會開花結籽。大多數柳樹是雌雄異株的，即分別有雄性和雌性植株。在歐洲和澳洲，大部分垂柳是雌株，說明當初是一個雌性克隆體被引入到這些地區並通過扦插繁殖。在世界上的其他地方，雄性克隆體更常見。傳統上認為只有風能為柳樹花授粉。然而，一些研究發現，昆蟲和風都會發揮作用，共同提高授粉成功率。

花蜜和花粉

柳樹花可產生花蜜和花粉。對於蜂類和其他授粉昆蟲來說，它們是寶貴的食物來源。

文化關聯

垂柳出現在民間故事和傳說中，是繪畫和工藝品中常常出現的圖案，並被用在傳統藥物中。在中國，它是不朽和重生的象徵，這或許是因為它容易扦插生根。在中國的某些地區，人們在儀式上攜帶柳枝以消除旱災，或者戴上柳枝編織的帽子求雨。

「最堅硬的樹最容易折斷，而竹子或柳樹通過隨風彎曲而生存下來。」

李小龍（1940–1973），美籍華人武術家和演員

其他物種和品種

曲枝垂柳

Salix babylonica 'Tortuosa'

垂柳被廣泛栽培的一個克隆品系，因直立形態和扭曲枝條而被種植。人們常採集枝條用於花藝。

黃花柳

Salix caprea

分佈範圍橫跨歐亞大陸，落葉灌木或小喬木，是英國最常見的柳樹之一。

五蕊柳

Salix pentandra

原產自歐洲和亞洲。落葉灌木或小喬木，葉片和作為烹飪香料的月桂葉相似。

在 18 世紀的英國，進口的中國繪畫和工藝品令東方審美受到更多認可。為了滿足對這些產品和圖案的更大需求，英國的陶瓷廠創造出具有中國藝術風格的柳樹圖案，用在它們生產的瓷器上，這種圖案至今仍在使用。

在傳統中醫中，柳樹皮被用在治療頭痛、發熱和炎症的藥物中。早期的歐洲人也會用柳樹皮緩解疼痛，這和某些美洲土著部落的做法一樣。柳樹含有名為水楊酸的植物激素，這種化合物後來被開發成了止痛藥阿司匹林（乙酰水楊酸）。

拿破崙柳

1815 年，法國皇帝拿破崙・波拿巴（Napoléon Bonaparte）被流放到南大西洋的聖赫勒拿（Saint Helena）島，據説他在那裏的時候喜歡坐在一棵垂柳下，並希望死後埋在這兒。這棵樹的插條曾被送到世界各地，並且常常頂着「拿破崙柳」（*Salix napoleonis*）的名號。

畫中是聖赫勒拿島上的拿破崙墳墓

▲ 高牆內的垂柳

垂柳在英文中又稱「北京柳」（Beijing willows），它被廣泛種植在中國首都各處，包括故宮內及其周邊。

類群：真雙子葉植物

科：楊柳科

株高：可達 25 米

冠幅：可達 20 米

樹葉：落葉；細長；正面暗綠色，背面藍綠色；互生；長達 10 厘米

樹皮：暗灰色；成年樹的樹皮有深裂縫。含有可用於止痛劑的水楊苷

◀ 幼嫩的雌柔荑花序

柔荑花序在早春長出。圖中所示的雌柔荑花序可以長到 4 厘米長，而雄柔荑花序稍長，長達 5 厘米。雄性和雌性柔荑花序生長在不同的樹上。

◀ 巨大的柳樹

白柳是柳樹類物種中體型最大的，它生長迅速，但容易得病。它的樹冠有時會長成不對稱的傾斜姿態，如圖所示。

白柳

Salix alba

白柳以其微微發亮的細長葉片聞名，它同時擁有傳統和現代用途，而且是一種很受歡迎的花園植物。

和柳屬（*Salix*）所有成員一樣，白柳這個落葉物種通常生長在水體附近。它分佈於歐洲以及西亞和中亞的部分地區。如果看到一棵樹生長在某個看似乾旱的地方，就能肯定那裏有地下水源。如今，它在洪水頻發地區被越來越多地種植，這是為了加固潮濕土壤以控制水災，這個過程稱作「水樹籬建設」（hydro-hedging）。

它的名字（英文名為 white willow，與其中文名白柳同義——譯者注）取自覆蓋葉片的絲狀毛，雖然葉片本身呈深淺不一的綠色，但它們在微風的吹拂下看上去就像閃爍着明亮的白光，尤其是在每年的頭幾個月。花長成醒目的柔荑花序，與新葉在同一時間或者稍微提前出現。

白柳長期以來因其有彈性的嫩枝而受到重視，這些枝條很適合用於編織籃筐（包括熱氣球下面的吊籃）和製作柵欄。刺激柳枝生長的方式有 2 種：一種是將所有地上部分切除至地面高度（平茬）；另一種是讓樹幹生長數年，然後削去樹冠中的所有樹枝（截頂）。白柳的一些類型擁有鮮艷的紅色或黃色樹枝。

在歐洲，如果聖枝主日這天沒有海棗樹葉可用，人們會用白柳裝飾基督教堂，並將柳枝編織成十字架。在凱爾特人的信仰中，白柳還和月亮有關。白柳樹皮在醫學上一直被用作止痛劑。

其他物種

爆竹柳

Salix fragilis

最大的柳樹之一，樹枝很脆，容易在大風中折斷。

瑞香柳

Salix daphnoides

枝條呈紫紅色，幼嫩時覆蓋一層白霜。蓬鬆的雄柔荑花序引人注目。

▼ 秋葉

顫楊一般生長在冷涼氣候區，並在冬季降臨前落葉。樹葉上的積雪會導致樹枝斷裂。

顫楊的**葉柄**是扁平的，有兜風效果，這導致葉片在微風中顫抖

顫楊的**成熟葉片**近圓形，但新枝和根蘗條上的葉片是三角形的，而且尺寸是前者的 2 倍或者更大

類群：真雙子葉植物

科：楊柳科

株高：可達 25 米

冠幅：10 米

樹葉：落葉；近圓形；具圓齒；互生；在幼樹上可長達 20 厘米

雌柔荑花序：落葉樹；雌花綠色，無花瓣，生長在下垂的柔荑花序中

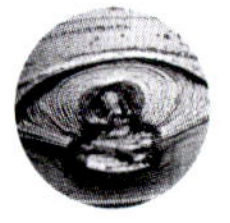

樹皮：白色或淺綠色；白堊質，光滑，有明顯的深色枝痕

顫楊

Populus tremuloides

作為北美洲分佈最廣泛的樹木，顫楊的分佈範圍從阿拉斯加腹地延伸至墨西哥中部的山區。一些樹林已有數千年的歷史。

顫楊的樹皮含有用於**光合作用**的綠色**葉綠素**，尤其是在生長季早期。

確定一棵活體樹木的年齡可能有困難。對於砍倒的樹，可以通過檢查木頭中的年輪計算這棵樹的年齡。在生長季的每一年，樹幹都會向外擴張，產生一層新的輸導組織，而這個過程會在樹幹中產生肉眼可見的年輪。活體樹木有時可以用年輪法測定年齡，只要它們擁有足夠寬的樹幹可供取出木芯樣本。然而，估計顫楊的年齡尤其困難。單棵樹幹可以砍倒，察看年輪後發現它們的年齡是 50－150 歲，北美洲西部的樹通常比北部的樹活得更久。顫楊是克隆生物，每棵樹都可以從樹根的芽上長出新的枝條（見第 133 頁）。隨着時間的推移，整座小樹林逐漸形成，其中的每棵樹都與「鄰居」相連，而且它們在遺傳上完全相同。較老的樹幹漸漸死去並被新的莖幹取代，於是整個生命體可以生存成千上萬年。位於美國猶他州的潘多（Pando）顫楊林佔地面積 40 公頃，擁有大約 48,000 棵樹，它們全都是同一生命體的一部分。樹木的年輪只能告訴我們單根莖幹的年齡，但是沒有準確的方法能夠確定這個群體的真正年齡，目前估計它至少已有 14,000 歲。

顫楊具有長成大片樹林的能力，它們在其佔據的生境中是重要的組成部分並不奇怪。它們有時被稱為關鍵種（keystone species），這個生態學術語指的是這樣一類生物，如果將其從生態系統中移除，

► 秋季樹葉

隨着氣溫下降，綠色的葉綠素分解，呈現出黃色的類胡蘿蔔色素，正是這些色素使顫楊具有燦爛秋色。有些顫楊在秋天還會呈現出紅色。

哀傷之樹

15 世紀意大利畫家安德烈亞・曼特尼亞（Andrea Mantegna）的這幅畫描繪了耶穌受難的場景。在基督教傳統中，釘死耶穌所用的十字架被認為是用顫楊木製作的。因此，顫楊樹葉在風中的顫抖據説是這些樹悲痛時的顫動。

會造成生態系統的崩潰。顫楊的樹葉和枝條是駝鹿、野兔、豪豬、松雞和黑熊等動物的重要食物來源，而且這種植物的快速生長和再發芽能力保證了供應穩定。顫楊上生活着多種昆蟲，微點擬斑蛺蝶（*Limenitis weidemeyerii*）將顫楊及其近親物種作為幼蟲的食物。河狸經常吃顫楊的樹幹和小樹枝，並用較大的樹枝築壩。和顫楊一樣，河狸也是關鍵種，因為它們通過築壩為許多其他動植物創造了賴以生存的棲息地。

種群和生存

自 20 世紀 90 年代以來，人們觀察到顫楊種群一直在減少，尤其是在北美洲西部。到目前為止，沒有任何病蟲害被確定為背後的原因，造成這種現象可能是人為因素，如火災、過度放牧以及氣候變化。其他樹種也可能在其中發揮了作用。顫楊無法在蔭蔽環境中生長，而隨着時間的推移，常綠針葉樹的幼苗可能會在顫楊林中站穩腳跟。這些樹形成的樹蔭最終會導致顫楊死亡；反之，森林火災會抑制這些樹苗的長勢。隨着棲息地被人類侵擾，食草動物（包括家畜）更多地採食顫楊，大大減少了其再生，並進一步促進針葉樹對顫楊林的侵蝕。模型研究發現，氣候變化將導致更多火災，和只危害針葉樹的害蟲如西黃松大小蠹（moutain pine beetle）的擴散一樣，這有利於顫楊。然而，如果非本土害蟲侵害顫楊林，那麼顫楊的克隆習性會讓它們容易遭受大規模損失。因此，顫楊的未來似乎處於不確定的狀態。

顫楊和人類

在顫楊廣泛的分佈範圍中，原住民以多種方式利用這個物種。木頭被用來製作獨木舟、框架

其他物種

黑楊

Populus nigra

原產自歐洲，以及北美洲和西亞部分地區；生長迅速，落葉樹，喜潮濕環境。

歐洲山楊

Populus tremula

與原產自北美洲的顫楊相似，也有顫抖的葉片，但邊緣鋸齒更粗。

加楊

Populus × canadensis

原產自歐洲的黑楊與原產自北美洲的美洲黑楊（eastern cottonwood）雜交的後代；可作為防風樹種。

和工具，有時用於建造原木小屋，儘管它在建築工程中並不受青睞。如今，它被廣泛用於生產造紙用的木漿以及建築用膠合板。它的內樹皮有甜味，可生食或烹飪後食用，或者加工成粉。外樹皮曾作藥用，治療痛風、發燒等病痛，而覆蓋樹皮的白色粉狀物被專門收集起來，用作除臭劑和止汗劑。根、葉和芽也各有用途，無論是對人類社群還是對自然群落，顫楊都十分重要。

這個物種還出現在各種神話和民間信仰中。曾有人相信，一個人要是戴上顫楊枝條做成的冠，就能造訪冥界並安然回歸，而且人們在一些歐洲古墳堆裏發現過顫楊冠。在凱爾特神話中，顫楊樹枝的擺動被認為是這種樹在與來世交流。

克隆群體

顫楊生成隨風飄揚的帶棉絮種子。這讓它能夠迅速佔據空蕩蕩的生境，如發生過火災的區域。然而，微小的種子含有的營養物質很少，不能長期生存。隨着母株根系上的芽長成新樹，克隆繁殖讓顫楊能夠實現在本地擴張。所有這些樹在遺傳上都是完全相同的。

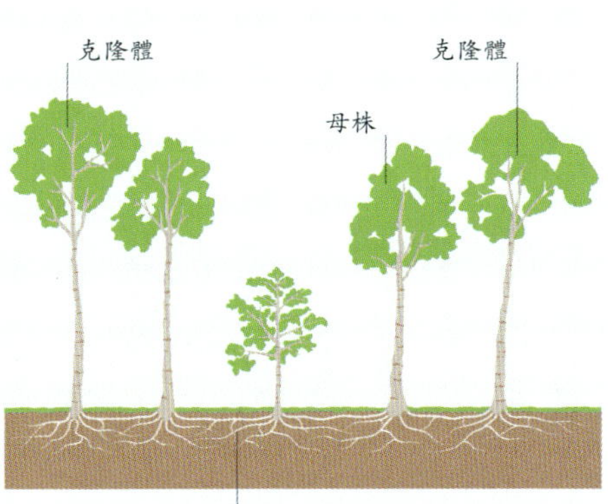

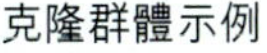
克隆群體示例

▼ 河狸的食物

河狸喜歡吃顫楊勝過任何其他樹木，但從樹根上萌發的克隆顫楊枝條會產生一種驅趕食草動物的化學物質，從而使自己得以發育成熟。

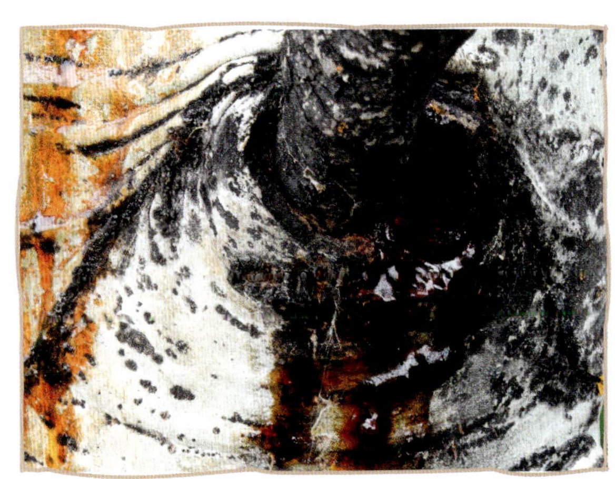

◀「流淚」的傷口

顫楊在樹幹受傷時會流出樹液以密封傷口，從而阻止昆蟲和真菌進入內部。

「顫楊，輕盈纖薄；風迅捷地掠過。」

帕特里克・漢內（Patrick Hannay），蘇格蘭詩人，1622 年

類群：真雙子葉植物

科：樺木科

株高：可達 30 米

冠幅：可達 10 米

樹葉：落葉；卵形，漸尖，邊緣有鋸齒；互生；長達 5 厘米

柔荑花序：雄柔荑花序呈圓柱形，下垂，長 2–5 厘米；雌柔荑花序相對較短，先直立後下垂

◀ 垂枝樺樹林

垂枝樺純林極為稀有，主要分佈在排水良好的輕質土壤上，如這片位於德國的樹林。這種樹獨特的銀色樹皮上點綴着瘤狀黑色鱗片和隆起。

垂枝樺

Betula pendula

作為北溫帶和北極地區的 60 個樺樹物種之一，垂枝樺是一種優雅的落葉樹，擁有銀色樹皮和細長、下垂的枝條。在歐洲各地，它與另外兩個物種形成生態混生關係。

作為一種樹形優雅的園景樹，垂枝樺被種植在歐洲和北美洲各地的公園、住宅區和市政綠化區，以及郊區街道兩側和家庭花園中。它在歐洲南部和低地、西西伯利亞、土耳其和摩洛哥等氣候較溫和的地區的輕質土上形成林地，而且分佈範圍北至挪威境內北極圈以北地區。依靠風力傳播的帶翅種子讓它很容易佔領歐石南叢生的荒野。然而，垂枝樺在此類生境中通常是壽命較短的早期先鋒樹種，隨着更高的櫟樹或松樹站穩腳跟，它最終會被悶死。老樹的上半部分樹冠的銀白色樹皮是其顯著特徵，而下半部分樹幹通常擁有碩大的鑽石形黑色瘤狀鱗片和隆起。然而，每棵樹的樹皮都有所差異，要想確認某棵樹的確是垂枝樺這個物種，必須檢查它的小枝和葉片，小枝應該是無毛的，

▶ 啄木鳥和樺樹

年幼的垂枝樺可能擁有紅棕色樹皮。在空氣潔淨的地區，這些樹皮很快會被地衣佔據。大斑啄木鳥撬開樹皮尋找甲蟲的幼蟲，並在更老的樹上挖洞築巢。

其他物種

楊葉樺

Betula populifolia

原產自北美洲東部，分佈範圍從新斯科捨省向南延伸至北卡羅來納州；擁有灰白色的樹皮，自 1750 年起就作為觀賞植物在歐洲種植。

紅樺

Betula albosinensis

來自中國西部山區的樺樹。株高可達 22 米；擁有多層連續且平行剝落的古銅色紙狀樹皮。

加拿大黃樺

Betula alleghaniensis

北美洲東部五大湖地區和阿巴拉契亞山脈北部地區潮濕林地的標誌性物種；樹皮剝落成薄而脆的小碎片。

葉片邊緣有兩排鋸齒，形狀稍不規則的較長鋸齒穿插在 2–3 個較短鋸齒中（見右圖）。

➤ 柔荑花序和葉片

垂枝樺的枝葉形態優雅，擁有細長、下垂的紫棕色小枝，閃閃發亮的綠色葉片在秋天變成燦爛的金黃色，而夏末則在枝頭掛滿大量正在結果的低垂柔荑花序。

樺樹三重奏

在包括英國在內的眾多歐洲地區，另外兩個樺樹物種更常見，但是常常被忽視。英國博物學家愛德華・斯特普（Edward Step）在 1904 年撰寫《路邊和林地樹木》（*Wayside and Woodland Trees*）時，認為對樺樹的鑒定容易得多，因為它們全都被視為一個內部存在變異的物種，即白樺（Betula alba）。他寫道：「樺樹的生長範圍遍及我們的不列顛群島，而且無論是生長在倫敦市區的公共用地上、郊區花園中，還是遙遠北方的蘇格蘭高地上，它似乎都同樣適應當地環境。它的蹤跡比任何其他樹都更深入北方，而且它的存在對拉普蘭地區的本地居民而言是一大福利。」

當時，整個歐洲的情況也可以用類似的話描述。然而，如今人們認識到他提到的生長在蘇格蘭的樹其實是毛樺（*Betula pubescens*）它是北歐和中歐最常見的樺樹物種。拉普蘭人的樺樹如今被命名為香樺（*Betula odorata*），它分佈在包括蘇格蘭和威爾士丘陵在內的西歐各地以及中歐山區，不過有些權威仍將它視為毛樺的 *tortuosa* 亞種。從特徵上看，這兩個物種都有帶絨毛的小枝，葉片上只有一排同樣大小的鋸齒。它們比較矮，樹形更像灌木，和垂枝樺相比沒那麼醒目，但中歐和北歐的大部分樺樹林是由毛樺組成的，

「那棵樺樹長着銀色樹皮，

樹枝如此低垂，如此美麗，在樹下……」

塞繆爾・泰勒・柯勒律治（Samuel Taylor Coleridge），
《黑衣女士的歌謠》（*The Ballad of the Dark Ladie*），1834 年

在**凱爾特神話**中，垂枝樺是**純潔和更新**的象徵。

塞繆爾・泰勒・柯勒律治
塞繆爾・泰勒・柯勒律治（1772–1834）是英格蘭詩人、哲學家。他非常熱愛英格蘭鄉村，鄉村為他創作詩歌提供了靈感。在 1802 年的詩《情人的決心》（*The Picture of the Lover's Resolution*）中，他寫道：「我發現自己 / 在一棵枝葉下垂的樺樹下（它是森林樹木中 / 最美麗的，樹林的淑女）。」「下垂」的枝葉說明他提到的是一棵垂枝樺。

而香樺主要生長在亞北極地區和海拔較高的丘陵上。讓情況更複雜的是，所有 3 個物種都可以種間雜交，形成一系列「難以分辨的樺樹」。

景觀樹木

這 3 種樺樹都是在相同的樹上長出雄性和雌性柔荑花序，通常先花後葉或花葉同放。低垂的雄柔荑花序長達 5 厘米，由眾多小花構成。這些小花釋放花粉，花粉乘風抵達雌柔荑花序。雌柔荑花序較短，一開始是直立的，但是隨着受粉後果實的發育，它們會變長並低垂。果實發育成熟後，它們開裂並釋放長度僅 2 毫米的小堅果，堅果被膜狀翅包裹，這有助於它們藉助風力擴散。

這 3 個物種都是重要的景觀樹木，春天萌發的新葉呈淺黃綠色，秋葉呈金黃色。垂枝樺的木材密度大且具有細膩的紋理，主要用於鑲嵌飾面薄板，用在室內裝修和家具上。然而，樺樹作為一種材用樹種的價值被低估了，它的木材可製成優質地板等產品。垂枝樺是芬蘭的國樹，它的嫩枝在傳統芬蘭浴中被沐浴者用來輕輕抽打自己的皮膚。

正在結實的柔荑花序膨脹起來，吊在短柄上；它們會開裂，傳播其中的種子

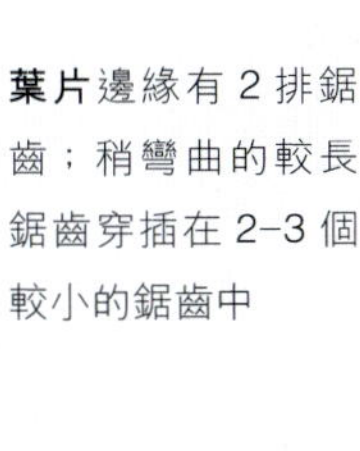

葉片邊緣有 2 排鋸齒；稍彎曲的較長鋸齒穿插在 2–3 個較小的鋸齒中

◀**《卡勒瓦拉》中的森林**
在芬蘭史詩《卡勒瓦拉》（*Kalevala*）的這張插圖中，智慧長者維納莫寧（Väinämöinen）坐在典型的北方寒帶林中，身邊是歐洲赤松（左）和垂枝樺（右）特色鮮明的樹幹。

紙樺

Betula papyrifera

紙樺擁有古銅色或白色的剝落狀樹皮和在秋天變成黃色或橙色的樹葉，是北美洲北部內陸地區潮濕林地中一道醒目的景致。它的樹皮和樹幹受到美洲原住民的極度重視。

▼ 純林

在原有森林被砍伐或燒毀的區域，紙樺會形成純林。它會從樹樁上迅速再生。紙樺通常只有一根樹幹，如果被食草動物啃食，則會發育出多重樹幹。

類群：真雙子葉植物

科：樺木科

株高：可達 20 米

冠幅：可達 6 米

樹葉：落葉；卵形，基部為圓形，銳尖，邊緣有鋸齒；互生；長 8–12 厘米

雄柔荑花序：春季長出，掛在枝頭末端；從綠色變成黃色；長 2–4 厘米

樹皮：古銅棕色，隨着年齡的增長變成白色；有黑色平行皮孔

獨木舟樺

樺樹皮被美洲原住民用作獨木舟的防水材料。美洲原住民、手工藝從業者和愛好者至今仍在製作樺樹皮獨木舟。

「該物種是重要的演替樹種，經常在火災、伐木或耕地拋荒後出現。」

《北美洲植物志》(*Flora of North America*)，第 3 卷，1997 年

紙樺 (又名獨木舟樺) 是北美洲的重要景觀樹種，生長範圍從加拿大拉布拉多延伸至阿拉斯加南部。在年齡較大的樹上，鮮艷的黃色秋葉與閃閃發光的白堊色樹皮形成鮮明的對比。它尤其常見於次生林中 (從砍伐或火災中恢復的樹林)。紙樺是風媒授粉植物，雄性和雌性柔荑花序生長在同一棵樹上。初夏授粉後，果實在秋季發育。微小的帶翅種子從柔荑花序中釋放，很容易被風吹散，讓這種樹能夠佔據新開闢的生境，該物種最容易通過樹皮辨認，它的樹皮呈紙片狀剝落，賦予了該物種「紙樺」的名稱。在其分佈範圍內，紙樺是原住民的重要樹木，他們將樹皮用作獨木舟的外防水層，用樹皮覆蓋屋頂或者用作書寫材料。他們用紙樺的樹枝編織籃子和搖籃，用它的木頭製作箭、雪鞋、長矛和雪橇。樹液和內樹皮可充當應急食品，而它的樹脂有醫藥用途。在其分佈的很多地方，至今仍有人收集紙樺的樹液，用於製作糖漿以及釀造自製啤酒和果酒。它的樹皮還可以用作引火物，即便是在潮濕狀態下。

樺樹皮是駝鹿越冬的主食。雖然它的營養價值較低，而且因為含有大量木質素 (一種有機聚合物) 而難以消化，但它仍然是這些動物的重要食物，因為當冬雪覆蓋大地時，樺樹皮不但數量豐富，而且十分易於採食。

裝飾精美的蓋子上嵌有豪豬刺和黃銅平頭釘

➤ 樺木盒

這個極具裝飾性的美麗木盒出自美洲原住民之手，長 23 厘米，製作於 1890–1910 年間。它展示了紙樺木用途的廣泛性。

其他物種

河樺

Betula nigra

來自美國東部潮濕樹林和溪邊的茂密樹木；薄如紙的樹皮捲曲成條狀剝落。

黃樺

Betula lenta

來自美國東部樹林的樺樹；有光澤的紅棕色樹皮讓它容易被誤認成櫻花樹。

類群：真雙子葉植物

科：樺木科

株高：可達 31 米

冠幅：可達 10 米

樹葉：落葉；倒卵形（末端更寬），邊緣有鋸齒；互生；長達 10 厘米

果實：木質化，毬果狀；幼嫩時綠色，成熟時深棕色；長約 2 厘米

樹皮：年幼時呈紫棕色，顏色隨着年齡的增長變深；裂成矩形鱗片

上一年的果實，形似球果。果實在秋天釋放種子，但是會在枝頭上保留到第二年春天

歐洲榿木

Alnus glutinosa

這個有用的落葉物種廣泛分佈於其原生地，有時作為河堤防洪或「再野化」項目的一部分而被種植。

榿木類一共有 35 個已知物種，它們與樺樹（見第 134–139 頁）的親緣關係極近，以至於歐洲榿木這個物種在被「分類學之父」卡爾・林奈首次命名時得到的竟是「*Betula alnus*」這個拉丁學名。主要區別在於榿木的果序，它被稱為「假毬果」，因為它不同於植物學上真正的針葉樹毬果。木質鱗片由花葉（苞片）癒合而成，而且裏面的果實嚴格地說是核果，它們可以漂浮在水中並沿着溪流傳播，在岸邊發芽。

歐洲榿木的自然分佈範圍包括除最北端和最南端之外的歐洲各地，以及西亞。因其木材的價值，歐洲早期殖民者將這種樹帶到了北美洲。如今在那裏，它有時被種植在沙丘和廢棄礦井周圍不穩定的或者剛剛清理過的土地上，以減少土壤侵蝕和增加土壤肥力。逸生植株遍佈五大湖區，而在其他地方，它作為觀賞樹種得到種植。

如今，歐洲榿木的主要價值是作為潮濕林地的景觀樹種，常與柳樹混生。由於這種特化生境，一

▲ 春天的柔荑花序
微小的花簇生在柔荑花序中，通常出現在 2 月或 3 月。風將雄柔荑花序的花粉傳播到同一棵樹或鄰近樹木的雌柔荑花序上。

➤ 榿木沼澤

歐洲榿木生長在湖泊和溪流旁邊的潮濕土地上。它常常是歐洲各處林地中沼澤和濕地的優勢樹種，並且與雪花草(waterviolet)長在一起。

柔荑花序在葉片萌發之前出現，這有利於風媒授粉

雌花生長在短柄末端短而粗硬的紫棕色柔荑花序中

雄花數量眾多，簇生於長達7厘米的下垂柔荑花序中，在春天散發一團團花粉

豐富的野生生命

對於生物多樣性而言，歐洲榿木是一種有着重要意義的樹。成年的歐洲榿木上生活着各種地衣、苔蘚、真菌，以及超過140個昆蟲物種，如幼蟲以葉片為食的樺三節葉蜂(birch sawflies)。黃雀(siskins)和小朱頂雀(lesser redpolls)等鳥類吃它的種子，而落入溪流中的葉片是水生昆蟲的食物。

歐洲榿木葉片上的樺三節葉蜂幼蟲

威尼斯的大部分地區由歐洲榿木的**防水木材**支撐，因為**撐起這座城市**的運河地樁就是用這種木材建造的。

▲ **梵高的木屐**
歐洲榿木的木材非常適合雕刻成木屐的鞋底，這種鞋子曾廣泛穿在工廠工人的腳上。圖中這雙木屐是梵高畫的。

些天然的林地得以在發達地區倖存。歐洲榿木的樹根含有中空的瘤，生活在瘤中的細菌利用空氣中的氮元素製造硝酸鹽，幫助歐洲榿木在貧瘠的土壤中生長，而且這個過程會讓周圍土壤變得更肥沃。

被削短的樹

雖然歐洲榿木可以長成高大的樹木，但它們在大多數情況下長得比較矮且擁有多根樹幹，這是因為它們曾經被平茬或截頂。在平茬中，樹幹被重複截短至接近地面的高度，以刺激多根莖幹的生長，這些莖幹可以作為木桿或小徑材使用。截頂與之類似，但樹幹在更高處被截短，以便樹木之間的空地能夠放牧牛羊而不讓它們吃到新萌發的枝條。

歐洲榿木的木材相對堅硬，容易加工，所以它曾被製成掃把頭、工具把手，以及木屐的鞋底。如今，它更多被用來製造膠合板、飾面薄板或木漿。得益於生活環境，歐洲榿木的木材耐水性好，於是被用在河岸打樁、輸水管和船隻中。

皮革和火藥

歐洲榿木的樹皮富含單寧，從前在製革業中很受重視，會產生一種濃郁的橙色。在過去，歐洲榿木的木頭還會被焚燒成焦炭，以充當火藥的主要成分。為了製造火藥，焦炭粉末會與硫黃和硝酸鉀（硝石）混合在一起，前者降低引燃火藥所需的溫度並增加燃燒速度，後者在燃燒時釋放氧氣，增加爆炸威力。

如今，很多歐洲榿木種群正在遭受赤楊衰退病原菌（*Phytophthora alni*）的侵害，這種類似藻類的病原菌是 20 世紀歐洲自然生態系統中出現的最具破壞力的病害之一，最終會殺死這種樹。

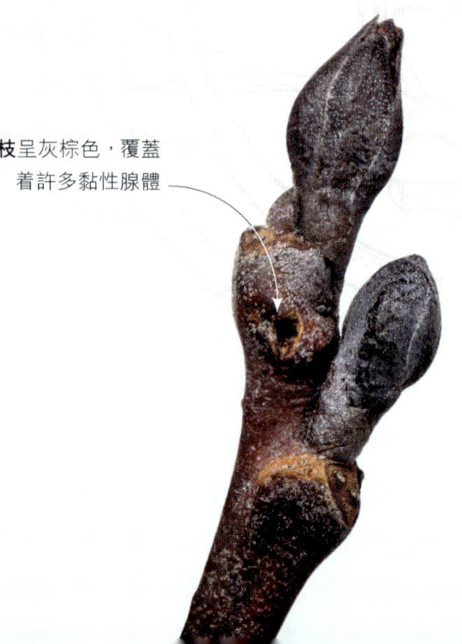

嫩枝呈灰棕色，覆蓋着許多黏性腺體

冬天的葉芽明顯具柄，被堅硬的橢圓形紅棕色鱗片保護，鱗片上有灰色斑點

➤ **在春天覺醒**
圖片依次展示了歐洲榿木的嫩葉從冬芽中萌發直到晚春的狀態，嫩葉是在柔荑花序出現很久之後才萌發的，這是榿木與樺樹之間的重要區別。

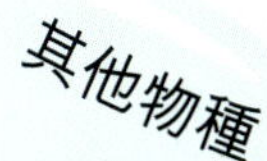

紅榿木

Alnus rubra

北美洲最大的本土榿木屬物種，分佈於從阿拉斯加至加利福尼亞州等西部各州；生長迅速，可以長到 25 米高。

灰榿木

Alnus incana

典型亞種擁有灰色樹皮，分佈範圍從斯堪的納維亞半島至阿爾卑斯山脈和高加索地區，在北美洲還有另外 2 個亞種。

意大利榿木

Alnus cordata

和其他榿木不同，它在乾旱的山區土壤中茁壯生長；分佈於意大利南部、科西嘉島和阿爾巴尼亞。在科西嘉島與歐洲榿木自然雜交。

「一旦領略過榿木沼澤之美⋯⋯
那原始天性的魅力將持續多年，經久不散。」

傑弗里・格里格森（Geoffrey Grigson），《英國人的植物志》（*The Englishman's Flora*），1996 年

新葉末端常常有小缺口

萌發中的葉片具有黏性，種加詞 *glutinosa* 就是這樣來的

芽鱗保護着發育中的樹葉

葉柄呈黃綠色，無毛

雙子糾纏

生長在英格蘭德比郡一個山坡上的這兩棵夏櫟（*Quercus robur*）擁有方向幾乎完全一致的扭曲樹幹，這種形態可能是它們對該地區強風環境的對抗結果。這兩棵樹的分枝點較低，樹上有苔蘚，為蕭索的冬天增添了一抹顏色。

森林蘋果

Malus sylvestris

美麗的粉白色花讓這種落葉小喬木在花期特別醒目。它結出的小果實是許多哺乳動物的寶貴食物來源。

在全世界栽種的**7,500 個蘋果品種**中，有 2,500 個在美國。

森林蘋果也被稱作野蘋果（wild apple、crab apple）或酸蘋果（sour apple），它冠形寬大，原產於高加索地區和伊朗北部。雖然它最常見於古老的林地和老樹籬中，但它的花和果實在開闊環境中生長得最好。這種樹在林地環境中可能擁有單根樹幹，並且能夠長到 15 米高。然而，它通常在一定程度上長成灌木狀，從基部伸出數根莖幹。它的矮穹頂形樹冠非常茂密，樹枝形狀扭曲，在春天開滿成簇的略帶香味的花朵，在秋季則掛滿一串串果實。

森林蘋果的新枝一開始有些許毛，長到夏天就會變得光滑無毛。葉片邊緣排列着細密的小圓

▼ 春天的花

在春季，森林蘋果的花與更小的嫩葉一起萌發。醒目的白色花朵可能暈染有粉色斑點。

每簇花有 4–7 朵花和 2–4 片葉

橢圓形或卵形樹葉的末端有一個短尖，基部則呈圓形或楔形

花有 5 片花瓣和 20 枚雄蕊

類群：真雙子葉植物

科：薔薇科

株高：可達 10 米

冠幅：可達 6 米

樹葉：落葉；卵形；正面深綠色，有光澤，背面白綠色；互生，3–7 厘米

樹皮：光滑，深棕色，老樹的樹皮長出裂紋並裂成小方塊

鋸齒，葉片上的側脈構成環形，但不延伸到葉片邊緣。當葉片半展開時，花在上個生長季的短枝上形成傘狀花序，所有花都從同一點伸出花梗。接下來它們會結出球形或扁圓形的果實，這些果實直徑2-4 厘米，長在短果柄上。成熟的果實呈有光澤的綠色並帶有一些鏽色斑紋，頂端長着 5 枚顯眼的萼片。奶油白色的果肉多汁，但味酸且質感堅韌。每個果實有 5 個小室，每個小室內有 1-2 粒淺棕色的卵形種子。在秋天，成熟的果實可能散落在樹下的空地上，彷彿一顆顆兩端有空洞或凹陷的黃綠色彈珠。雖然很多動物以森林蘋果為食，但它們不適合人類食用，因為它們的味道很酸，但是可以將

「一棵開花的蘋果樹就像一條從天堂傳送到人間的訊息……一條關於純潔和美的訊息。」

亨利・沃德・比徹（Henry Ward Beecher），美國牧師，約 19 世紀

▼ **森林蘋果樹**
在開闊環境中，這種樹會形成圓形樹冠，但是在林地中，它們會長得更高，通常只有一根主幹。

花朵短暫地遮住葉片，為蜂類提供大量覓食機會

宗教傳說

在《聖經》的《創世記》中，講述了亞當和夏娃是如何在毒蛇的引誘下吃了禁果——常被說成是一個蘋果。

其製成可食用的果醬。這種樹的木材極為堅硬致密，因此很適合用於雕刻，或者加工成類似國際象棋棋子那樣的小物件。

文學和民間傳說

從詩歌到散文，蘋果出現在很多文學作品中。英國劇作家威廉・莎士比亞曾在《仲夏夜之夢》和《李爾王》（*King Lear*）中提到野蘋果，許多神話和民間傳說中也提到了蘋果。在北歐神話中，蘋果與青春相關。森林蘋果在凱爾特民間傳說中象徵愛情和婚姻，它的種子被用來在儀式中佔卜信息。在《聖經》的《創世記》（*Book of Genesis*）第 2 章第 1 節，上帝告誡亞當和夏娃不要去吃善惡智慧樹上的禁果——常被說成是蘋果。然而這種聯繫並無依據，因為在這段敘述中，唯一真正被提到的樹是無花果樹。

▼ 樹葉和果實

在秋天，森林蘋果的果實成熟，球形或扁圓形的果實多汁，有酸味，質地有彈性。

「有時我扮作一顆烤熟的野蘋果，躲在老太婆的酒碗裏。」

威廉・莎士比亞（WIlliam Shakespeare），《仲夏夜之夢》（*A Midsummmer Night's Dream*），約 16 世紀

著名親屬

森林蘋果在外表上與栽培在果園中的蘋果（*Malus pumila*）非常相似。然而，它的果實比栽培的蘋果小。這兩個蘋果屬（*Malus*）近親之間的另一個關鍵區別是，野蘋果的枝條和葉片成熟後基本上是光滑無毛的，而蘋果的枝條、葉片和花一直都有毛。

儘管二者存在許多相似之處，但森林蘋果並不是蘋果的直系祖先。不過，這兩個物種可以雜交，而且森林蘋果在某些用於釀酒的蘋果品種的刺激性味道或澀味培育方面發揮了重要作用。

▼ 麂

亞洲的這些小型或中型鹿是少數幾種將森林蘋果的果實作為秋季重要食物的鹿之一。

五裂花萼（萼片）
宿存於果實頂端

成熟葉片的大小是花周圍葉片的 2 倍

蘋果的起源

生長在天山的一片野生蘋果林，天山是坐落在中國、哈薩克斯坦和吉爾吉斯斯坦三國邊境的山脈。在這裏，栽培蘋果的野生祖先——新疆野蘋果（Malus sieversii）據說會基於樹木的授粉方式結出不同的蘋果。這片森林被認為是現代蘋果品種的起源。

天山蘋果林

其他物種

蘋果

Malus pumila（異名 *Malus domestica*）

落葉小喬木，枝條和葉片有毛；果實完全成熟時味甜，花比森林蘋果的花大。

多花海棠

Malus halliana（異名 *Malus floribunda*）

小喬木；春季開花，花蕾呈玫紅色，開放後變成淡粉色，花量很大，可遮擋樹枝；結直徑 2 厘米的黃色果實。

花環海棠

Malus coronaria

來自北美洲東部的小喬木；5 月或 6 月開花，4–6 朵白花簇生，散發紫羅蘭香味；結直徑 2–4 厘米的黃綠色果實，味道很酸。

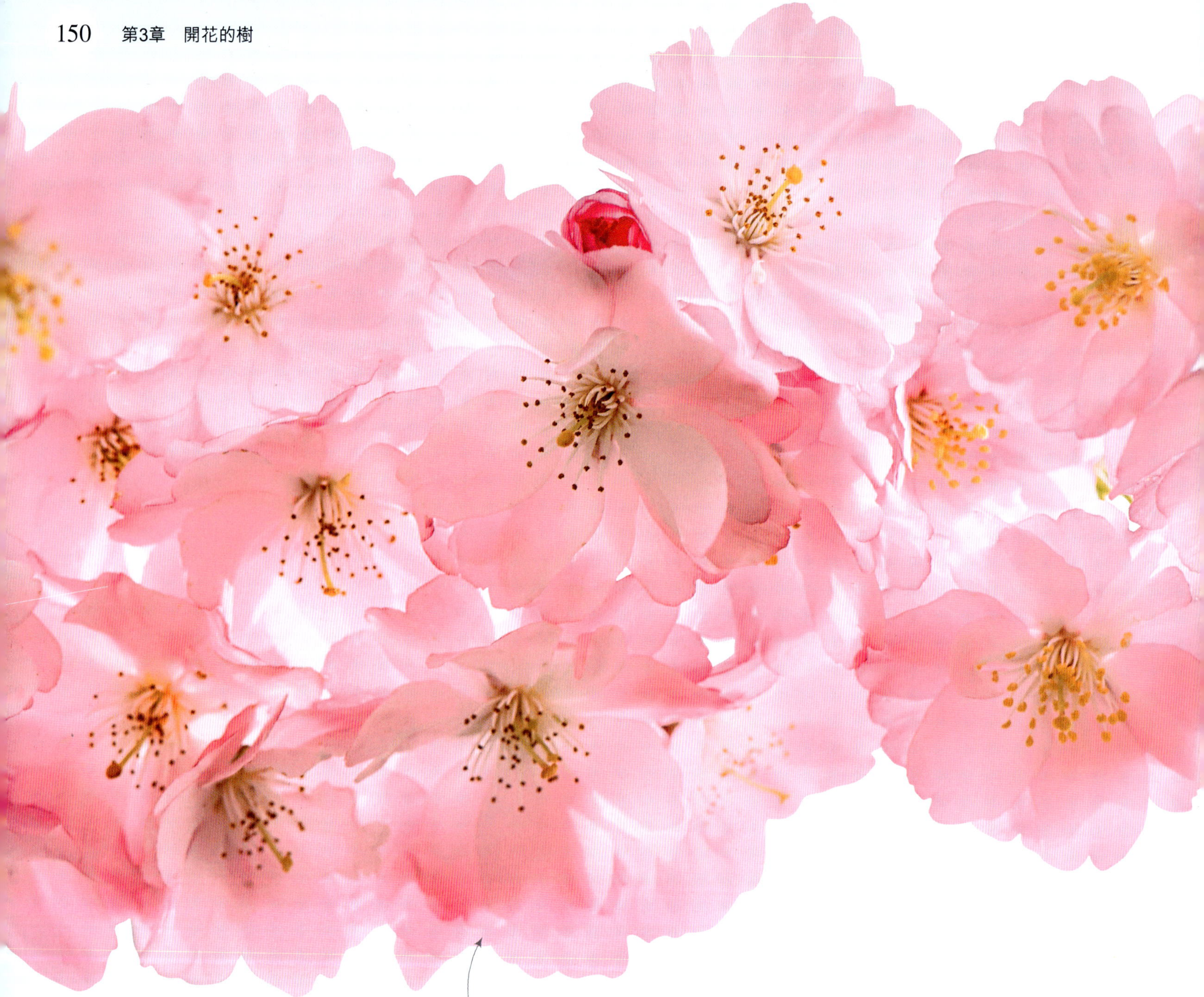

野櫻花有 5 片花瓣，不同於某些栽培品種有更多片花瓣

▲ 櫻花

櫻花樹是落葉喬木，葉片在冬季脫落。在春天，花早於葉出現，營造出一派純粹的繁花盛景。

類群：真雙子葉植物

科：薔薇科

株高：可達 5 米

冠幅：可達 5 米

樹葉：落葉；邊緣呈鋸齒狀，落葉前呈黃色和紅色；互生；5–13 厘米

樹皮：光滑，灰棕色，有水平排列的皮孔；嫩枝呈泛紅的綠色，有奶油色皮孔

「櫻花樹下，沒有陌生人。」

小林一茶（Kobayashi Issa），詩人，約 19 世紀

▲ **鳥和花**
櫻花是日本繪畫中常見的圖案。葛飾北齋（Katsushika Hokusai）所作的這幅木刻版畫描繪了一隻歐亞鴬（bullfinch）落到正處花期的垂枝櫻花上的場景，這種鳥會以櫻花為食。

山櫻桃

Prunus serrulata

一種樹的花讓一國的國民暫停下來，這種情況並不常見，但山櫻桃（俗名櫻花或山櫻花）的春花做到了。

櫻花在日本是一種文化現象，每年春天，它的盛開備受人們期待，而且花期預報會和天氣預報一起播報。賞花為日本全國國民所痴迷，吸引着各個年齡段的人群，老一輩人遵循名為「花見」（hanami，意為賞花）的延續數百年的傳統，坐在樹下的毯子上啜飲清酒，而青少年們則手舉自拍桿，為將要發佈在社交媒體上的照片擺姿勢。櫻花樹常種植在學校四周，因為盛花期與學期開學的時間重合，學生們在進入教室後能夠沉浸在這樣的植物美景中。櫻花還被日本越來越多地用來推動國際旅遊業，以及向國外推廣日本文化。2020 年東京殘奧會的吉祥物「染井吉」（Someity）就是以一個櫻花品種命名的。

傳統和現代

「花見」傳統起源於公元 8 世紀，起初的焦點是梅花，但櫻花很快就取代了它的地位。這項傳統始於宮廷貴族，但後來逐漸傳播開

櫻花用鹽和醋**醃製**後可用在**糕點糖果**和**花茶**中。

➤ 備受歡迎的節日

觀賞櫻花的傳統名為「花見」，有數百年的歷史。在這張拍攝於約 1890 年的照片上，人們聚集在東京上野公園（Ueno Park）賞櫻，如今的賞櫻人群仍然會去那裏。

來，如今是日本社會各個階層的共有傳統。櫻花在日本有很多象徵意義。它們的出現非常短暫，盛花期只有 3 天，讓人意識到生命轉瞬即逝的本質。相比之下，古老的「花見」傳統被尊崇為日本文化中備受重視的部分。櫻花圖案出現在 100 日元的硬幣上、日本紋身藝術（刺青）中，以及日本國家橄欖球隊的徽標上。第二次世界大戰期間，日本政府用櫻花挑動日本國民的民族主義情緒，並將它們種植在日本帝國主義佔領的國家，包括朝鮮和中國。

幾個櫻花物種

櫻花樹的野生起源並無定論。山櫻桃（*Prunus serrulata*）原產於日本、朝鮮半島以及中國大部分地區。雖然它會結櫻桃果，但果實小且味酸。花呈粉色或白色，每朵花有 5 片花瓣。櫻花似乎是幾個原產於日本的野生櫻類物種雜交產生的，特別是大島櫻（*Prunus speciosa*）和日本山櫻（*Prunus jamasakura*），前者是原產於大島和本州伊豆半島的白花樹種，後者開粉花，來自日本中部和南部。這兩個物種被一些植物學家視作山櫻的兩種形態，而最近的 DNA 研究發現，其他野生櫻類物種也參與了現代櫻花品種的培育。

➤ 陶瓷上的櫻花

這個帶有櫻花圖案的陶瓷茶壺製造於 17 世紀初的日本。它是日本傳統茶藝的一部分。

圖案設計呼應了在傳統「花見」儀式中用來圍起野餐區域的**布簾**

其他物種

東京櫻花

Prunus × yedoensis

廣泛栽培的櫻花樹；雜交的開白色或淺粉色花的櫻花樹；它真正的親本如今仍有爭議。

富士櫻

Prunus incisa

原產於日本；灌木或小喬木，開白色或淺粉色花，秋葉火紅。適宜盆栽。

細齒櫻桃

Prunus serrula

來自中國西部的物種，開白花；以其有光澤的古銅色樹皮而聞名。

櫻花的花期可持續 1–2 周，但盛花期只有 3 天。

轉瞬即逝

因為賞花期很短，所以賞櫻花必須抓緊時間，正如這幅印刷版畫所展示的那樣。櫻花的轉瞬即逝也是它們如此受追捧的部分原因。如今，為了便於安排「花見」，天氣預報和應用程式會幫助人們預測盛花期。

海報上的**風格化櫻花**

▲ 最受喜愛的花

這張印於 20 世紀早期的日本政府鐵路旅遊海報上畫了一座標誌性的寶塔和一些盛開的櫻花。

在日本，人們根據顏色、花瓣數量和株型對櫻花進行分類。典型櫻花的每朵花有 5 片花瓣，但是重瓣花的花瓣多於 5 片，被稱為千重櫻。垂枝櫻是枝條下垂的櫻花，包括一些有記錄以來最古老的品種。位於福島縣的一棵名為「三春瀑布櫻」(Miharu Takizakura) 的垂枝櫻據說有千年歷史。大部分櫻花是粉色或白色的，但是黃花和綠花類型也被培育了出來。人們仍在不斷培育新的品種，一家育種商利用輻射培育出了「仁科乙女」(‘Nishina Otome’) 這個全年開花的變異品種。

19 世紀下半葉，隨着日本開放各個港口、更廣泛地開展對外貿易，日本櫻花樹被引入歐洲。它們很快就成為歐洲城市街道、花園和公園的時尚點綴，並為當時的許多畫家提供了靈感，包括梵高和克勞德・莫內 (Claude Monet)。

櫻花在 20 世紀

櫻花一直是日本最高等級的「外交名片」，而櫻花樹長期以來被用作加強和其他國家關係的外交禮物。1912 年，日本向美國贈送了 3,000 棵櫻花樹，作為送給美國人民的禮物。從美國第一夫人海倫・塔夫特 (Helen Taft) 和日本大使的妻子珍田子爵 (Viscountess Chinda) 夫人主持的種植典禮開始，它們被種在了華盛頓特區。這些樹為這座城市持續至今的國家櫻花節 (National Cherry BlossomFestival) 打下了基礎。1910 年，曾有一批櫻花樹從日本運往美國，然而它們因感染了病害而被銷毀，1912 年的這些樹將它們取而代之。

英國園藝家、鳥類學家科林伍德・英格拉姆 (Collingwood Ingram) 是著名的日本櫻花權威學

者，他曾前往日本，並且於歸國後在自己位於英格蘭南部肯特郡的家中種下很多櫻花品種。1926 年，他受邀前往日本櫻花協會發表演講，在此期間，他看到一幅畫，畫上是一種被認為已經滅絕的白色櫻花。他曾在英格蘭見過這種櫻花，並將它重新引進日本。科林伍德被親切地稱為「櫻花」英格拉姆。

花期

在日本，每年的櫻花季都有着重要的文化意義。保留在京都的歷史記錄可追溯到 1,200 年前，而且這些記錄表明櫻花的花期直到 19 世紀都沒有出現顯著變化，而在 19 世紀之後，櫻花的開放時間開始提前。城市化水平提高形成的熱島效應導致了這一發展趨勢，而全球變暖也加劇了這種變化。

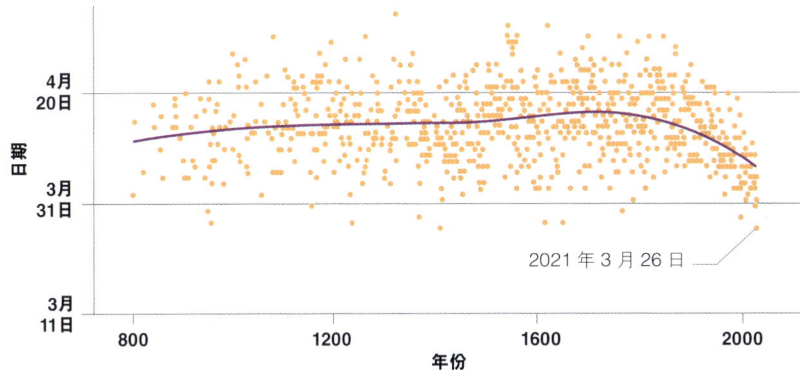

▼ 交錯的花期

奈良縣的吉野山（Yoshino Mountain）以其 4 座櫻花林聞名，它們分佈在不同的海拔高度，所以櫻花可以連續開放。

◄《巴布爾納瑪》中的插圖

數百年來，扁桃一直是重要的貿易商品。這幅 16 世紀的插圖來自《巴布爾納瑪》(*Baburnama*)——蒙兀兒 (Mughal) 帝國的統治者巴布爾 (Babur) 的回憶錄。圖中展示了扁桃在運送前稱重的場景，發生在撒馬爾罕 (今烏茲別克斯坦境內) 附近的一座村莊。

西班牙探險家在 **18 世紀**將**第一批扁桃**引入今天的**加利福尼亞州**。

扁桃

Prunus dulcis

扁桃是大約 5,000 年前人類最先栽培的堅果樹種之一。如今，全球每年的扁桃產量達 135 萬噸，大部分產自美國和歐盟國家。

扁桃[國內將扁桃 (*Prunus dulcis*) 作為歐洲李 (*Prunus domestica*) 的異名，這與國外的分類和命名有所不同 —— 譯者注]很可能原產於東南亞國家，是體型相對較小的落葉物種，以其美麗的花和可食用的種子聞名。它被廣泛種植，並在地中海盆地和西亞歸化。扁桃生長在氣候溫暖且供水充沛的地區，但寒冷天氣很容易破壞其生長。它還被種植在其他氣候較溫暖的地區，包括美國加利福尼亞州、南非和澳洲，其中加利福尼亞州是全球扁桃產量最大的地區。2019-2020 年，美國收獲了超過 100 萬噸扁桃，接下來排列在產量榜單上的依次是歐盟 (13.7 萬噸)、澳洲 (11.1 萬噸)、中國 (4.5 萬噸) 和土耳其 (1.5 萬噸)。

扁桃的果實 (巴旦木) 就像一個俄羅斯套娃：可食用的種子在表面有小坑的堅硬果核中發育，果核被包裹在綠色肉質外皮中。外皮不適合人類食用，不過會被嚙齒動物和鳥類 (如烏鴉和喜鵲) 吃掉。在此過程中，這些動物將果核散佈到各處，而

堅硬的外皮保護可食用的種子

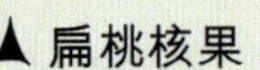

▲ **扁桃核果**

在植物學中，扁桃果屬於核果——擁有 1 粒或多粒種子的肉質果實，每粒種子都被包在堅硬致密的果核中。扁桃果在成熟時裂開。

類群：真雙子葉植物

科：薔薇科

株高：4–10 米

冠幅：可達 7.5 米

樹葉：落葉；披針形，正面深綠色，背面顏色較淺，有細鋸齒。長達 12 厘米

種子：綠色肉質果實包裹着乾燥的木質外殼，其中含有可食用的扁桃種子

樹皮：深灰色或棕色；幼年光滑，隨着成熟而長出裂紋和縫隙

➤ 開花的扁桃

扁桃有很多品種，具體取決於所處的地理區域和每個區域的氣候條件。圖中這個正在開花的品種會在 3–4 月開漂亮的粉色花。

種子會從中萌發出來。扁桃的花呈白色，或由粉色逐漸變為白色。它們在早春葉片尚未展開時出現在樹上，有時早至2月就已現身，並由昆蟲授粉。

各種風味

扁桃有3種類型。第1種是可食用的甜仁型扁桃（*P. dulcis var. dulcis*），它的種子可以生食或烹飪後食用。種子含有40%–60%不飽和油脂以及20%的蛋白質。從種子中提取的油脂可用於製作糕點、糖果和化妝品。第2種是苦仁型扁桃（*P. dulcis var.amara*），它很可能是最初的野生類型。它有強烈的苦味，苦味源於一種名為苦杏仁苷的化學物質，這種化學物質會釋放致命的有毒氰化物。苦仁扁桃油用於食物調味（微量使用）和化妝品行業。第3種是雜交型扁桃（*P. dulcis var. persicoides*），因其醒目的粉色花而聞名。

▲ **美妙滋味**

在這張宣傳法國食品的海報（1900年）上，一位女士正在品嘗使用普羅旺斯地區出產的扁桃製作的餅乾。

「扁桃是最原始且精緻的一種調味香料，遺憾的是……如今用它調味的菜餚非常少。」

德魯熱蒙（G. M. De Rougemont），《英國和歐洲作物圖鑒》（*A Field Guide to the Crops of Britain and Europe*），1989年

◀ **扁桃園**

很多扁桃品種需要和其他品種雜交授粉才能結實。位於美國加利福尼亞州的龐大商業果園需要140萬個蜂箱的蜜蜂為這些樹授粉。

其他物種

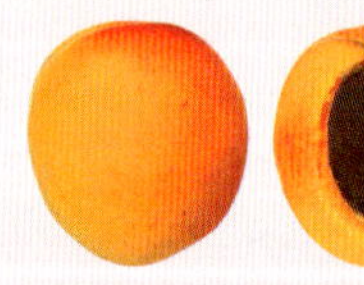

杏

Prunus armeniaca

落葉樹，原產於亞洲；果實由可食用的果皮（果實的肉質外層）和裏面的一顆果核組成。

歐洲李

Prunus domestica

人工栽培的落葉樹；櫻桃李（Cherry Plum）和黑刺李（Sloe）的雜交後代；因味甜的外層果肉而被廣泛種植。

類群：真雙子葉植物

科：薔薇科

株高：可達 8 米

冠幅：可達 6 米

樹葉：落葉；呈有光澤的深綠色；細長的披針狀，邊緣有細鋸齒；互生；長 5–15 厘米

花：淡粉紅色，有時為白色；在葉片展開之前開放；單生或對生；直徑 2.5–3.5 厘米

樹皮：灰棕色；隨着樹齡的增加而長出細裂紋和縫隙

桃

Prunus persica

壽桃

這幅畫繪在乾隆時期（1736–1796）的一個花瓶上，畫中的桃在中國文化中是長壽的象徵。

桃產自中國山區，在中國栽培了數千年，後經由古代絲綢之路被帶往波斯，並被古羅馬人種植。

桃樹是落葉樹，株型低矮，向四周伸展的分枝易於修剪，從而令果實更容易採摘。桃樹的壽命通常為 10–20 年。幼嫩的樹苗常常從丟棄的果核中長出，出現在垃圾填埋場和居民住所四周，但它們極少能長到成年，而重瓣品種經常被種在花園中供人觀賞。

因可結出可食用的果實，這個物種從 13 世紀起在歐洲較溫暖的地區進行商業種植，而如今已栽培於世界各地的溫暖地區。2018 年，桃的全球年產量據估計為 2,450 萬噸，其中的幾乎 2/3 來自中國。在美國，大部分國內產量來自佐治亞州，該州素有「桃州」之稱。新鮮果實的儲存時間只有幾周，所以大部分的桃被裝罐、乾製，或者加工製作成果凍、果醬、果汁或果酒。桃的含糖量約為 8%，且大部分是蔗糖。

桃的果實擁有表面多毛的可食果皮，而與之親緣關係緊密的物種 —— 油桃則擁有光滑且有光澤的果皮。這種區別源自一個單基因突變，它令果皮光滑的油桃出現在一棵桃樹的枝條上，這棵樹本來結的是果皮帶毛的桃。

嫩葉一開始緊緊折疊在葉芽中，隨着植株生長而逐漸展開

花芽在春天先於葉片在枝頭綻開

► 桃花

桃花在春天開放。它們可能較小並呈淡粉紅色，或者較大但呈更淺的粉色或白色。大多數品種是自花授粉。

類群：真雙子葉植物

科：薔薇科

株高：可達 15 米

冠幅：可達 12 米

樹葉：落葉；卵形或橢圓形，具短尖或圓尖；互生；長達 12 厘米

果實：倒卵球形，基部淺凹並具宿存花萼，表面點綴小皮孔

樹皮：棕色或黑色，表面形成小鱗片

「蘋果木會讓你的房間充滿香味，梨木聞起來就像盛開的花。」

西莉亞・康格里夫（Celia Congreve）夫人，詩人、第一次世界大戰時期的護士，《柴火詩》（*The Firewood Poem*），1930 年

7–9 朵**花簇生**，形成寬 5–8 厘米的花團，開放在可能呈尖刺狀的短枝上

西洋梨

Pyrus communis

西洋梨是一種大型的長壽樹木，主要生長在果園中。除了其果實，人們栽種西洋梨的原因還有它在春天會開放覆蓋整棵樹的美麗花朵。

西洋梨據説起源 2,000 多年前的西亞，如今在全世界都有栽培。它的葉片正面呈有光澤的中綠或深綠色，背面呈較淺的啞光綠色。葉片起初有毛，生長到秋季時變成無毛。葉片中間的主脈很明顯，但側脈小而多。樹葉通常沒有秋色，葉片在秋季變黑後脱落，但是在某些樹上或者某些年份的樹上，樹葉會變成漂亮的黃色或紅色。西洋梨擁有致密、堅硬的木材，這讓梨木適合製作雕塑和櫥櫃，此外它還有其他用途。

風味十足的水果

西洋梨因風味十足的果實而被栽種，果實成熟時味甜且帶有類似花香的氣味，而且有多種形狀和大小。在西洋梨的某些類型中，果實幾乎呈圓形，而不是典型的梨形——從果柄末端開始變大，最寬處位於果實頂端。

歐洲的西洋梨可以通過果實頂端宿存的花萼（萼片）鑒別。亞洲的梨源自另一個不同的物種，

梨在採摘後放置，令其繼續成熟，讓它們變得更軟、更甜

◀ 果酒榨汁機

這幅 17 世紀的插畫展示了蘋果和梨如何變成果酒：先將它們壓榨出果汁，然後用從果皮上提取的酵母菌處理。梨果酒稱為梨酒（perry）。

雖然它們看上去和西洋梨相似，但它們的表面通常有更多的「點」，即皮孔。此外，它們的果實末端沒有花萼，這是因為花萼早已脱落而留下了一個圓形凹陷。這兩種梨樹結的烹飪用梨有相同之處，那就是它們在成熟時非常多汁，而且果肉中含有少量沙礫感的石細胞。在未成熟的果實中，石細胞令果肉無法食用，除非加以烹飪；當果實成熟時（成熟得非常迅速），果肉有着牛油般的質感，很好吃。這些果肉還被壓榨並發酵，釀成梨酒。

➤ 西洋梨品種

已有數百個西洋梨品種被命名，它們的果實呈現一系列形狀、顏色和大小，包括鐘黃色圓形和綠色倒卵球形。

每朵花有 5 裂花萼、5 片邊緣皺縮的花瓣、18–20 枚雄蕊，以及 3–5 枚離生花柱

◄ 西洋梨的花

西洋梨有 1,000 多個品種。法國品種「世紀梨」（'Doyenné du Comice'）的花富含花蜜，吸引大量授粉昆蟲，如蜂類和蛾類。

葉片在花期處於半展開狀態，呈有光澤的綠色，邊緣有小鋸齒

其他物種

豆梨

Pyrus calleryana

常作為行道樹種植；枝葉與西洋梨相似；果實直徑 2 厘米；花萼盤在果實成熟前脱落。

柳葉梨

Pyrus salicifolia

葉片上覆蓋着銀灰色絨毛，正面的毛在夏季脱落。大多數植株長成垂枝形態。

卵形或圓形的深紅色肉質果實在夏末至初秋成熟

筆直或曲折的枝條上有尖刺

鈍裂葉山楂的樹枝常被鳥類用來築巢，如圖中這隻麻雀

鈍裂葉山楂

Crataegus laevigata

作為一種原產於歐洲西部和中部的常見落葉樹籬植物，鈍裂葉山楂對於任何旨在吸引野生動物的混合樹籬而言都是至關重要的，而且在需要一棵小樹的花園中，它已經成為頗受歡迎的選擇。它的果實可供野生動物和人類食用。

類群：真雙子葉植物

科：薔薇科

株高：可達 10 米

冠幅：可達 8 米

樹葉：落葉；近末端處淺裂，有光澤；互生，長達 5 厘米

樹皮：在成年樹木上，灰色樹皮長出縫隙，並裂成鱗片狀小塊

◀ 鈍裂葉山楂樹枝上的麻雀

在冬天，鳥類以山楂果為食。小型鳥類被密集糾纏的枝條保護，免受惡劣天氣和捕食者的傷害。

這種株型緊湊且多刺的灌木狀樹分佈於歐洲各地，常作為古老樹林的一部分，它還生長在北非地區。鈍裂葉山楂很容易和近緣物種單柱山楂（*Crataegus monogyna*）雜交，以至於真正的鈍裂葉山楂物種已經變得很稀有。鈍裂葉山楂仍然以樹籬的形式在農業中發揮重要作用，可以限制牲畜的活動範圍並為它們提供遮擋，尤其是在多風地區。群體種植時，它們會形成幾乎無法穿透的屏障，即便是在冬天沒有葉片時。為了達到這個目的，定期進行修剪有助於防止鈍裂葉山楂樹發育出無分枝的樹幹。樹籬鋪設（hedge-laying）是一項實踐了數

「我發現整條小路瀰漫着一陣陣山楂花的香味。」

馬塞爾・普魯斯特（Marcel Proust），《在斯萬家那邊》（*Swann's Way*），1913 年

百年的傳統技術。每棵樹在地面以上的部分幾乎被切斷，使樹幹的上半部分可以折成銳角，然後像編織籃子一樣將側枝編入相鄰的樹中。這些樹儘管受到損傷，但仍會繼續生長，而這樣做可以保持低矮的頂部輪廓。

信仰和傳統

鈍裂葉山楂長期以來被認為擁有魔力，這些魔力既有好的也有壞的。按照傳統，它與死亡和葬禮相關，因此室內裝飾要避免使用帶花的枝條。根據傳說，將由山楂木製成的木樁穿透吸血鬼的心臟就能殺死它；鈍裂葉山楂的花被割傷時會散發出難聞的氣味，這種氣味聞起來像黑死病。

也許是因為花期在復活節前後，所以鈍裂葉山楂在基督教中被賦予象徵意義，如耶穌的荊棘王冠。在一個關於聖經人物亞利馬太的約瑟（Josephof Arimathea）的故事中，他曾來到英國，並在位於西南部的格拉斯頓伯里（Glastonbury）將自己的手杖插入地裏。手杖萌發出枝葉，並長成格拉斯頓伯里山楂樹，這棵樹每年開 2 次花，時間分別是春天和聖誕節前後。

鈍裂葉山楂的木材非常堅硬，常用於製作工具把手，而它結出的山楂果長久以來被用於製作食品和飲品，如果凍、山楂酒和蜜餞。

其他物種

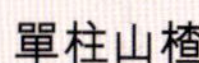

單柱山楂
Crataegus monogyna
分佈範圍與鈍裂葉山楂相似，可通過葉片分裂程度區分二者 —— 單柱山楂的樹葉裂得很深。

雞距山楂
Crataegus crus-galli
原產於北美洲；擁有極為尖利的刺；在秋天，葉片變成鮮艷的橙色、鮮紅色或紫紅色。

荊棘王冠

《聖經》中有 3 篇《福音書》提到耶穌在受難時佩戴着一頂荊棘王冠，其中的荊棘被很多人認為是廣泛分佈在基督教世界西部地區的鈍裂葉山楂。一件據說正是此王冠的物品自公元 5 世紀以來就是備受尊崇的聖物。後來的各個聖骨匣中都有荊棘的存在。

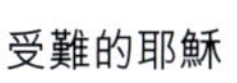

受難的耶穌

北歐花楸

Sorbus aucuparia

無論是從高山上的岩石裂縫裏萌發出來，還是被種在城鎮裏，北歐花楸都是一種適應性很強的堅韌樹木，在維持野生動物生存方面發揮着寶貴作用。

北歐花楸（又名歐亞花楸）很受園丁和景觀設計師的歡迎，因為它可以保持較小的株型、擁有漂亮的花和鮮艷的秋色，而且其果實是鳥類在冬季重要的食物來源。然而，北歐花楸在山區原產地最引人注目。它的自然分佈區十分廣闊，從冰島和英國向東延伸至遙遠的俄羅斯，而且它是山區矮化植被中唯一的落葉樹種。雖然能夠在崎嶇的地形中茁壯生長，但北歐花楸也生長在低海拔的平原和林地。它之所以能夠成功適應多種生長環境，部分原因在於其果實是深受一些鳥類和哺乳動物青睞的食物。對於鶇和太平鳥等在冬季遷徙的鳥類而言，一旦寒冬降臨它們的繁殖區域，這些果實就會越發重要。在果實被這些鳥類吃下之後，北歐花楸的種子會被帶到和母株有一定距離的地方，從而擴大其種植範圍。

▲ 鮮艷的果實
北歐花楸的果實可以長到約 8 毫米寬，它們是鳥類的食物來源，而且可以用在烹飪中，如為飲品調味以及製作果凍。

北歐花楸的果實可能並不像它們表面上看起來那樣。通常，果實和種子是同一物種的兩棵植株進行有性繁殖產生的，但是北歐花楸可以和花楸屬（Sorbus）的其他物種[如白花楸（whitebeam）和棠楸（service tree）]雜交，產生葉片呈中間狀態的雜交物種。雜交物種一般不育，但花楸會利用名為無融合生殖的過程令不育植株結籽。因此，光是在不列顛群島就有超過 45 個花楸屬物種，它們中的大多數都是在其他地方找不到的。

顏色由黃轉橙，最終變成紅色。果實常在夏末出現，早於其他結果樹木

從植物學上說，**果實**是梨果，它們像蘋果和梨一樣，中央有一個堅韌的核

簇生果實，一根枝條上可能包含 80 個或更多的梨果

➤ 北歐花楸仙子

北歐花楸常被種植在住宅附近，或者其樹枝常被掛在牆上充當裝飾物，這是因為人們相信它能夠驅趕女巫或邪靈。英國插畫家西塞莉・瑪麗・巴克爾（Cicely Mary Barker）筆下的北歐花楸仙子是對它的奇幻化描繪。

「花楸樹，紅絲線，女巫看到跑不見！」

蘇格蘭諺語，托馬斯・戴維森（Thomas Davidson），《花楸樹和紅絲線：故事、傳說和民謠中的蘇格蘭巫術雜記》（*Rowan Tree and Red Thread; A Scottish Witchcraft Miscellany of Tales, Legends and Ballads*），1949 年

其他物種

棠楸

Sorbus domestica

樹葉與北歐花楸相似，但果實大小與櫻桃相彷。原產於歐洲和北美洲，但在野外很少見；被廣泛種植。

白花楸

Sorbus aria

與北歐花楸不同的是，白花楸的樹葉不裂成小葉，而且背面呈明顯的白色。原產於歐洲和北非。

糖槭

Acer saccharum

這種落葉樹原產於北美洲東部，它在那裏是天然闊葉林的主要成員和楓糖的主要來源，並賦予新英格蘭地區聞名遐邇的壯觀秋色。它的樹葉還是加拿大的國家象徵，並以風格化的樣式出現在加拿大國旗上。

類群：真雙子葉植物

科：無患子科

株高：35 米

冠幅：可達 15 米

樹葉：落葉；掌狀，質地如紙；對生；寬 8–15 厘米

果實：種子對生於有兩片翅的翅果中，在秋季脱落

樹皮：有小凹槽；成年樹的樹皮有溝痕且呈灰色

▲ 秋季色彩

北美洲的糖槭森林在秋天是很受歡迎的旅遊目的地，城市居民很樂意長途駕車去觀賞層層疊疊的樹木爆發出濃郁的色彩。

糖槭的壽命很長，可以生長 300 年甚至更久。它們會自發形成茂密的圓形樹冠，不過在擁擠的森林環境中它們會長得更高，而樹冠則較窄。它們的秋色可能每年都不一樣，屆時樹葉變成黃色、橙色或鮮紅色，而且不同顏色可能會在同一時間呈現在同一棵樹上。

糖槭適宜在冬季寒冷的地方生長，因為它們需要經歷氣溫驟降才能產生甜蜜樹液，所以將這種樹引入其自然分佈範圍之外進行商業生產的嘗試基本上都沒有成功。全球幾乎所有楓糖漿都產自加拿大和美國，在那裏，一棵樹每年可以產生多達 60 升的樹液。魁北克省是楓糖漿的主要生產和出口地區。也可以從紅花槭（*Acer rubrum*）提取樹液，但這個物種的生產期較短，因此不是種植商的首選。雖然佛羅里達糖槭（*Acer saccharum subsp. floridanum*）可以在更溫暖的地區生長，但它沒有被大量商業種植。目前還不明確這種樹的樹液是在甚麼時候被人類首次獲得的，但考古證據表明，在歐洲殖民者到來之前很久，原住

40 公斤的樹液最終能產出 **1 公斤的楓糖漿**。

葉片通常有 5 枚裂片，上部 3 枚裂片帶有一些缺刻

葉片質地較薄，脫落前變脆

民就已經能夠熟練地提取它了。他們將導出樹液的方法教給了殖民者，楓糖漿由於簡便易得而很快成了殖民者的主要甜味劑。糖槭的木材也有重要的經濟價值，是保齡球館和籃球場的地板材料，它還被用來製作棒球棍和樂器，尤其是弦樂器和鼓。某些糖槭木材擁有裝飾性的波浪狀紋理，很受櫥櫃製造商的青睞。糖槭在 19 世紀常作為行道樹種植，但後來被發現不耐城市污染，此後被挪威楓（*Acer platanoides*）大面積取代，不過後者是入侵物種，應謹慎種植。

▲ 秋葉

糖槭樹葉在秋天的變色並不同步，黃色、橙色和紅色會同時出現在同一棵樹上。葉片可能不會同時變色。

其他物種

挪威楓

Acer platanoides

這個物種生長迅速，原產於亞洲西南部和歐洲，如今在美國部分地區歸化。

大葉槭

Acer macrophyllum

最大的槭樹，原產於北美洲；葉片也是最大的，寬度可達 30 厘米。

紅花槭

Acer rubrum

引人注目的槭樹，早春開醒目的紅色花，葉片在秋天變成鮮紅色。

價值 10 億美元的產業

楓糖漿始於樹液。在生長季，樹木通過光合作用產生澱粉，這些澱粉在冬天被儲存在樹幹和樹根裏。到春天，隨着水從根系運輸到枝條和葉片，這些澱粉會被轉化成糖並留在樹液裏。樹液的採集時間是早春（此時地面仍有積雪），樹木仍處於休眠狀態，但氣溫剛剛超過冰點。按照傳統做法，將一根管子插入樹幹，然後樹液沿着管子流進綁在樹上的一個大桶裏。如今，管道網絡連接一大片樹木，並將樹液轉運到一個大缸裏，然後人們在缸中熬煮樹液，蒸發掉多餘水分，使其濃縮成糖漿。進一步的加工以去除其中的雜質，再對糖漿進行巴氏消毒以保持其風味和顏色。瓶裝楓糖漿的保質期通常長達 4 年。

撫慰人心的食物

楓糖漿有一種獨特、複雜的味道，帶有一抹焦糖風味。作為一種天然產品，它的顏色取決於採集樹液的時間，可能是淺金黃色與深棕色之間的任何顏色。樹液的顏色在生產季早期較淺，並隨着春季氣溫的上升而加深。樹液顏色越深，得到的楓糖漿味道越濃烈。和蜂蜜相比，楓糖漿沒那麼黏稠，更易於倒出，多年以來一直是廣受歡迎的甜味劑，用於給薄煎餅、華夫餅、麥片粥等調味。

▲ **楓糖廣告**

糖槭被用來製造楓糖，它是北美洲部分地區的一種傳統甜味劑。這張約 1880 年的交易卡上是一個大品牌的廣告。

酸雨是造成糖槭種群減少的主要因素。

楓糖園

這幅 1941 年的畫出自美國民俗美術家「摩西奶奶」(Grandma Moses)——安娜・瑪麗・羅伯森・摩西 (Anna Mary Robertson Moses) 之手，畫面中展示了一座簡單的新英格蘭民居，孩子們在一片糖槭樹林之間的雪地上玩耍，還有幾個成年人在採集樹液。

類群：真雙子葉植物

科：無患子科

株高：8–15 米

冠幅：可達 10 米

樹葉：落葉；纖細；裂成 5–7 枚（有時 9 枚）裂片；長約 12 厘米

果實：帶翅對生翅果；種子成對生長

樹皮：灰棕色；多個品種擁有紋理明顯的樹皮

葉片質感纖薄、秀雅，裂片的末端是尖的，形如伸出的手指

春花很小，形成鬆散的花序

➤ 葉片和花

雞爪槭的花不如葉片名氣大。花近看還算漂亮，但並不十分顯眼，而葉片在剛萌發時和凋落之前都十分動人。

雞爪槭

Acer palmatum

這些秀麗的落葉樹深受園丁喜愛，它們可以長成令人過目難忘的形狀，迸發絢麗的色彩。

雞爪槭的英文名是 Japanese maple，字面意思是「日本槭」，但它不只分佈於日本。在日本，它生長在涼爽的林地中，並構成更高樹木的下層林木，而在中國、朝鮮半島、蒙古國及俄羅斯東部的部分地區，雞爪槭也生長在類似生境中。它們喜歡涼爽的地方，在腐葉土中茁壯生長，被體型更大的「鄰居」保護着，免受霜凍、風吹和日曬的傷害。

該物種的英文名有時也應用於另一個物種——羽扇槭（*Acer japonicum*），它的一個顯著特徵是變異性。和很多其他樹不同，雞爪槭的基因不穩定，使得樹木個體之間在葉片大小、形狀和顏色方面產生差異。這導致如今我們擁有眾多園藝品種，很多品種有着令人神往的名字。它們全都擁有同樣的雅致形態：葉片形成寬大、輕盈的樹冠，由一根或多根樹幹支撐，樹幹優雅地顯露出歲月的痕跡，扭曲多瘤的分枝長成越來越有趣的形狀。這種屬性或許是盆景愛好者如此喜愛該物種的原因之一。即便不像盆景要求的那樣加以

◀ 藝術感染力

這幅描繪雞爪槭葉片的木刻版畫繪於 1760–1764 年，被用作 11 世紀《源氏物語》（*The Tale of Genji*）的插圖。

➤ 秋景

一些雞爪槭在秋天迸發燦爛的色彩——紅色、橙色或黃色，呈現出一派無與倫比的美麗景象。

樹皮通常隨着樹木的成熟而變粗糙

大幅度整枝，雞爪槭也能成為令人過目難忘的盆栽植物。它們的葉片有 5 枚或更多裂片，這是槭樹的典型特徵，但是這些裂片細長且尖，有時本身再次細裂，彷彿精緻的羽毛。除了典型的綠色，它們還可以是鮮艷的橙黃色、黃綠色或者深紫紅色。有些品種的葉片擁有奶油白色邊緣；有些品種在春季萌發的新葉呈鮮艷的蝦粉色，容易被誤認成花。無論它們的春季新葉多麼有趣，通常都不如燦爛的秋色引人入勝，隨着樹木進入冬季休眠期，葉片會在脱落前變成鮮艷的紅色、橙色或黃色。

其他物種

金葉白澤槭

Acer shirasawanum 'Aureum'

落葉喬木或大灌木；葉片黃色，花深紅色。原產於日本；以植物學家白澤保美（Homi Shirasawa）的名字命名。

羽扇槭

Acer japonicum

又名日本槭。原產於日本和朝鮮半島南部，在美國和歐洲有栽培。可長到大約 10 米高。

奇異分枝

紅細葉雞爪槭（*Acer palmatum* 'Ornatum'）擁有漂亮的圓形株型，這讓很多園丁喜歡將它種在花園裏。隨着樹木的成熟，它的分枝開始捲曲。這種美麗的分枝方式在冬季尤其顯眼，此時這種耐寒樹的樹葉落盡，以令人難忘的優雅氣質度過寒冬。

歐洲七葉樹

Aesculus hippocastanum

歐洲七葉樹的種子是鹿和其他哺乳動物的**寶貴食物來源**。

歐洲七葉樹是公園和大型花園中的壯觀樹木，漂亮的花朵在春季或初夏盛開，形成碩大的「蠟燭」，在秋天它會結出閃閃發亮的果實。

歐洲七葉樹是一種落葉大喬木，原產於巴爾幹半島，如今已廣泛種植於歐洲和美國。自 17 世紀以來，它在公園和花園裏成為大受歡迎的觀賞樹種(種在小花園裏時，它可以被截頂，但對園丁而言，更明智的選擇是使用尺寸較小的近親物種)。

它還出現在很多城鎮的街道上。在近代歷史中，正是一棵種在城市裏的歐洲七葉樹鼓舞了猶太小女孩安妮・弗蘭克(Anne Frank)，通過她的日記很多人知道了她的故事。當時納粹德國佔領了荷蘭，她和家人躲藏在阿姆斯特丹。後來人們花費了很多精力維持這棵樹的生命，但是在 2010 年，衰老、腐爛以及一場風暴終結了它的生命。不過，用這棵歐洲七葉樹的種子培育出的樹苗被廣泛種植，象徵着對安妮・弗蘭克的紀念。

關鍵識別特徵

可以通過粗壯的枝條辨認歐洲七葉樹，枝條上有一個碩大的頂芽，並伴隨若干對生側芽。芽帶尖，呈棕色，有黏性或含有樹脂。一片樹葉包括 5–7 枚尺寸較大的小葉，全部着生於一根長

▼ 分泌黏性樹液的芽

以下圖片依次展示了歐洲七葉樹的芽在春天萌發的過程。枝條上可能有小而圓的月牙形疤痕，它們是連接葉柄的維管組織留下的。

冬芽呈卵形，受富含樹脂的芽鱗保護

芽開始膨大。深棕色的芽鱗在這個階段黏性最強，可以困住闖入的昆蟲

葉片萌發出來，但仍然受到黏性芽鱗的保護，免遭昆蟲侵害

黏性樹脂在這一階段仍然存在

➤《開花的歐洲七葉樹》
（*Chestnut Tree in Blossom*）
法國印象派畫家皮埃爾 - 奧古斯特・雷諾阿（Pierre-Auguste Renoir）的這幅畫展現了春天一棵歐洲七葉樹的美。雷諾阿在他的職業生涯中畫過好幾種樹。

花蕾將在幾天內展開，形成開花「蠟燭」

新葉表面覆蓋着柔軟的長毛，這些毛之後會脱落

「為了祈求好運氣，你在右邊口袋裏放了一顆歐洲七葉樹的種子和一隻兔子腳。」

歐內斯特・海明威（Ernest Hemingway），《流動的盛宴》（*A Moveable Feast*），1964 年

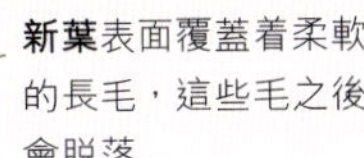

類群：真雙子葉植物

科：無患子科

株高：可達 30 米

冠幅：可達 15 米

樹葉：落葉；寬闊；在長葉柄上生長 5–7 枚小葉；長達 20 厘米

果實：蒴果，多刺外皮內含有 1–2 顆種子

樹皮：紅棕色或灰棕色；幼樹的樹皮光滑；隨着年齡的增加而長成鱗片狀且有淺裂紋

其他物種

天師栗（印度七葉樹）

Aesculus chinensis var. wilsonii
（異名 *Aesculus indica*）

落葉大喬木，來自喜馬拉雅山脈西北部，小葉帶尖，有光澤。

北美紅花七葉樹

Aesculus pavia

英文名為 red buckeye，字面意思是「紅鹿眼」，因為它的花（有 4 片花瓣）是紅色的，而且種子基部像鹿的眼睛。小型或中型落葉喬木。

紅花七葉樹

Aesculus × carnea

中型落葉樹。歐洲七葉樹和北美紅花七葉樹的人工雜交種。

葉柄的末端，而總葉柄緊抱新枝。小葉本身無柄，呈倒卵形（末端最寬），與總葉柄連接處呈楔形。

這種樹在早春萌發新葉，此時枝條上的芽膨大且黏性增加，芽鱗能夠困住小飛蠅。從 4 月底到 5 月末，花開在樹冠中的枝條末端。它們構成長達 30 厘米的碩大圓錐花序，白色、黃色和紅色花瓣相間。在一個圓錐花序中，成功受精的花很少超過 2 朵，而這些花會發育成多刺的綠色蒴果。它們在秋末成熟，沿着 3 條縫開裂，露出有光澤的淺棕色種子，種子的直徑可達 5 厘米。

這個物種的英文名（horse chestnut，字面意思是「馬栗」）據稱因其種子與歐

蜜蜂是歐洲七葉樹的重要授粉者

總花柄上的**葉片**比典型葉片小且更細

➤ 圓錐花序

眾多單花簇生成長蠟燭狀花序（圓錐花序），每朵花在奶油白底色中顯現不同的紅色和黃色暈斑。

花中的蜜源標記在授粉後變成深紅色，因為蜜蜂看不到紅色

經典的傳統

歐洲七葉樹的種子——英文名為「康克」(conker)——被一代又一代的英國和愛爾蘭兒童拿來玩同名遊戲。玩這個遊戲需要在種子上鑽透一個孔，再將一根線從孔中穿過。參與者輪流用自己的康克擊打對手的康克，誰的康克堅持到最後，誰就是勝利者。

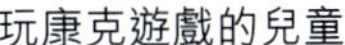

玩康克遊戲的兒童

洲栗（見第 182–183 頁）種子相似而得名。然而，它們儘管同樣表面有光澤且顏色相似，但不可食用，對人和其他動物（包括馬）有輕微毒性。這是因為歐洲七葉樹的種子和小枝中含有生物鹼，主要種類是七葉素（即七葉皂苷），這種生物鹼因可增加靜脈張力、具有消炎作用而被使用，此外，它還被用在一些化妝品中。

地理起源

歐洲七葉樹原產於希臘北部的一小塊區域和毗鄰的阿爾巴尼亞，數量並不多。在上一次冰期之後，它未能從這一有限的區域向外擴散，是因為沉重的種子需要依賴動物才能傳播到較遠的地方。在日本部分地區分佈着一個與其非常相似的物種——日本七葉樹（*Aesculus turbinata*），而且該物種很可能曾在三疊紀形成了一個橫跨歐亞大陸的種群。分佈更廣泛的是一個包括天師栗（印度七葉樹）在內的亞屬，屬於該類群的物種遍佈西起阿富汗、東至中國和越南（這裏的七葉樹種子直徑可達 10 厘米）的亞洲大片地區，而且在美國加利福尼亞和墨西哥下加利福尼亞還有兩個灌木狀物種。以北美紅花七葉樹為代表的「鹿眼」(buckeye) 類群僅分佈於美國東部，花的 4 片花瓣形成細細的管狀結構。在美國東南部還有一個完全灌木化的物種，屬於另一個完全不同的亞屬。

數百年來，歐洲七葉樹的種子在英國、北歐和美國的民間信仰中都有特殊意義，如人們相信將它們放進口袋可以帶來好運、保證財務安全甚或增強男性性功能。傳統說法認為將它們放置在家中可以驅趕蜘蛛。

◀ 潛入葉片的幼蟲

歐洲七葉樹潛葉蛾（*Cameraria ohridella*）的幼蟲會潛入歐洲七葉樹薄薄的葉片，吃掉葉片上表面和下表面之間的組織，然後變成小蛾子。葉片被挖空的部分會枯死並變成棕色。

類群：真雙子葉植物

科：殼斗科

株高：可達 40 米

冠幅：可達 20 米

樹葉：落葉；春季呈淡綠色，之後顏色逐漸加深；互生；長達 9 厘米

果實：外殼有剛毛；隨着成熟從綠色變成棕色；成熟時開裂並釋放出種子

種子：栗棕色，通常有 3 個面；可食用；通常被稱為水青岡堅果（beechnut 或 mast）

◀ 森林裏的「巨人」

歐洲水青岡常常是森林的主導者，它們的落葉在樹下形成厚厚的「地毯」。圖為英格蘭的第二大和第三老歐洲水青岡，生長在格洛斯特郡的萊茵歐弗樹林（Lineover Wood）。

► 歐洲水青岡的花

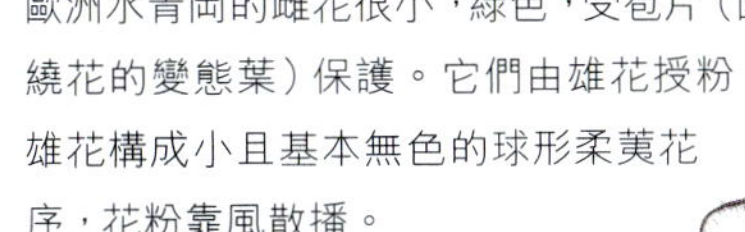

歐洲水青岡的雌花很小，綠色，受苞片（圍繞花的變態葉）保護。它們由雄花授粉，雄花構成小且基本無色的球形柔荑花序，花粉靠風散播。

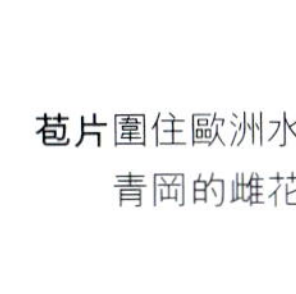

苞片圍住歐洲水青岡的雌花

歐洲水青岡的苞片被**毛**覆蓋

歐洲水青岡

Fagus sylvatica

很少有森林像歐洲水青岡林那樣讓人難以忘懷。它光滑的銀灰色大樹枝像飛拱一樣伸展，寬大、高聳的樹冠向四周延伸，遮天蔽日。

歐洲水青岡林具有強大的感染力，林冠之下沒有其他植物生長，這進一步增強了這種感染力。林地基本沒有植被，只被歐洲水青岡的落葉覆蓋着。相比之下，其他落葉林擁有豐富多樣的植物群，其中溫帶林中的物種多樣性主要體現在草本植物而不是樹木上。歐洲水青岡林的地面裸露，是因為成年歐洲水青岡樹擁有濃密的樹冠和淺而廣佈的根系，前者隔絕光照，後者有力地與周圍植物爭奪水和養分。它的葉片富含木頭的主要成分木質素，這使它們的降解速度很慢，而每年脱落的歐洲水青岡葉片對森林地被植物群可產生很大影響。厚厚的落葉層抑制了草本植物的生長並使土壤酸化，抑制喜中性或鹼性土壤的林地草本植物生長。

和其他落葉樹相比，歐洲水青岡的葉片不易脱落。這種樹擁有凋存葉片，意思是葉片在秋天變成棕色，但在冬季的大部分時間裏仍然掛在樹枝上。凋存現象不是歐洲水青岡獨有的，鵝耳櫪、幾種

▲ 藥用植物

這是 19 世紀《藥用植物》（*Medicinal Plants*）一書中的插圖，展示了歐洲水青岡的各個部位。歐洲水青岡被用作解酸劑和祛痰止咳劑。

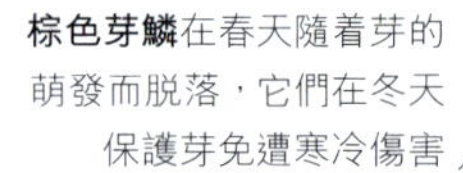

棕色芽鱗在春天隨着芽的萌發而脫落，它們在冬天保護芽免遭寒冷傷害

嫩枝呈棕色，形狀細長

➤ 歐洲水青岡的春天

新萌發的歐洲水青岡葉片呈鮮綠色，是漫長、寒冷的冬季結束時的一道宜人的景致。這些葉片的顏色隨着時間的推移而變深，而且葉片的革質程度也會加大。

柳樹以及某些櫟樹也會表現出這種特性，而且這種現象可以為它們帶來一些優勢，例如減少食草動物（如以樹上的嫩芽為食物的鹿）對其造成的損害，因為難吃的枯葉會讓它們望而卻步。帶葉片的樹冠還會積雪，在春天積雪融化時向樹木提供更多水分。留在樹上的老葉接受更多光照，這會加速降解過程。當這些葉片最終落下時，它們會在土壤中迅速分解，釋放有利於樹木的養分。

著名樹籬

歐洲水青岡在冬天保留葉片的能力讓它成為建造花園樹籬的熱門材料。在春天長出的新鮮綠色葉片充滿活力，對園丁也很有吸引力，而且它還有許多顏色類型，如紫葉歐洲水青岡。全世界最高、最長的樹籬正是位於蘇格蘭村莊

◀ 黑暗歐洲水青岡

北愛爾蘭由歐洲水青岡構成的獨具特色的「黑暗樹籬」(Dark Hedges）是許多電影和電視劇的取景地。

水青岡堅果豐收和貂

歐洲水青岡每年都結種子，但不同年份的結實數量差異很大。大量結實的年份稱為水青岡堅果豐收年（masting year），通常發生在夏季乾旱後的第二年。大量結實既為當地以種子為食的動物提供了充足的食物，也令另一些種子萌發。水青岡堅果豐收年還有益於捕食者，如西起西班牙東至喜馬拉雅山脈都有分佈的石貂（*Martes foina*），因為以種子為食的獵物也會增多。

石貂

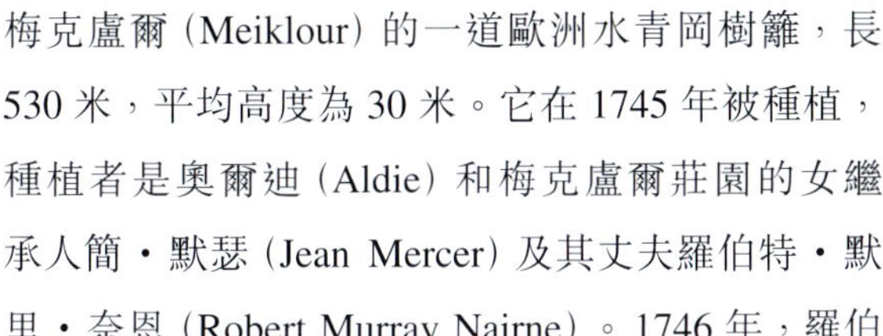

梅克盧爾（Meiklour）的一道歐洲水青岡樹籬，長530米，平均高度為30米。它在1745年被種植，種植者是奧爾迪（Aldie）和梅克盧爾莊園的女繼承人簡・默瑟（Jean Mercer）及其丈夫羅伯特・默里・奈恩（Robert Murray Nairne）。1746年，羅伯特死於卡洛登戰役（Battle of Culloden）。據説簡任由這些樹朝着天空生長，以此悼念那些在這場戰役中喪生的士兵。

位於北愛爾蘭安特里姆（Antrim）郡的黑暗樹籬（見對頁）也是由歐洲水青岡組成的，約在1775年種植於格雷斯希爾莊園（Gracehill House）的車道兩側。和位於蘇格蘭的那道修剪整齊的樹籬不同，這條大風肆虐的林蔭大道由扭曲的樹木組成，充滿雕塑感和張力。這些魅力十足的樹已經開始衰老，最初的150棵樹如今只剩不到90棵還活着。這條林蔭大道如今禁止車輛通行，因為根系較淺的歐洲水青岡很容易被重型車輛壓傷。

氣候變化

歐洲水青岡的淺根系還令它容易遭受乾旱的影響或者在暴風雨中傾倒。氣候變化很可能導致更廣泛的乾旱和越來越強烈的暴風雨，而歐洲水青岡將承受這些後果。

絲狀毛覆蓋着歐洲水青岡未成熟葉片的邊緣，保護它們免遭食草動物的侵害

「歐洲水青岡高大、挺拔，威風凜凜，但在任何時刻都有可能轟然倒塌。」

理查德・梅比（Richard Mabey），《尋找水青岡：樹木的敘事》（*Beechcombings: the Narratives of Trees*），2008年

其他物種和品種

北美水青岡
Fagus grandifolia
原產於北美洲東部；可通過帶鋸齒的葉片和多刺殼斗對其加以區分。

「垂枝」歐洲水青岡
Fagus sylvatica 'Pendula'
歐洲水青岡的垂枝形態；所有部位均與野生歐洲水青岡相似，垂枝習性除外。

「紫葉」歐洲水青岡
Fagus sylvatica f. purpurea
歐洲水青岡的紫葉變種；數百年前發現於野外，此後一直有栽培。

葉片細長，葉脈深，末端銳尖，邊緣有粗鋸齒

長條形黃色柔荑花序在夏天長出，花序上同時有雄花和雌花

果實在秋季寬約 6 厘米，擁有多刺的綠黃色外殼，開裂後通常釋放出 1-3 顆栗子

▲ 歐洲栗的果實

歐洲栗的果實擁有淺綠色多刺外殼，很容易被發現。雖然果實的外表相似，但如今認為歐洲栗和歐洲七葉樹（見第174-177 頁）之間的親緣關係很遠。

歐洲栗

Castanea sativa

這種漂亮的落葉樹常見於公園、街道、田野和林地。在夏天，它被黃色柔荑花序覆蓋着，而在冬天，它可提供一種最簡單的著名季節性「暖心」食物。

類群：真雙子葉植物

科：殼斗科

株高：可達 30 米

冠幅：可達 20 米

花：小，有麝香氣味，單性花；簇生於直立柔荑花序上

種子：堅韌且有光澤的棕色外皮保護較柔軟的白色種仁

賣栗子的人

1694 年，荷蘭的父子畫家揚・盧伊肯（Jan Luyken）和卡斯帕・盧伊肯（Caspar Luyken）出版了一系列描繪地方工匠和商販的雕版印刷畫。在這幅畫上，一位顧客將她的手放在冒煙的火盆上取暖，而商販正在給剛烤好的栗子稱重。

氣宇不凡的歐洲栗是一種生長迅速的落葉樹，它原產於地中海周邊和亞洲西南的溫暖地區，並被古羅馬人引入歐洲北部。這種樹可以活幾百年，老樹擁有多瘤的虬狀樹幹和分枝，令人過目不忘。全世界已知的最古老栗樹是位於西西里島的「百騎大栗樹」(Hundred-Horse Chestnut)，它之所以叫這個名字是因為曾有一位傳奇的阿拉貢女王帶着自己的 100 名騎士在該樹下躲避暴風雨。它的樹幹直徑超過 57 米，據估計有 2,000–4,000 年的歷史。

在文藝復興時期，歐洲栗在歐洲作為遮陰樹被廣泛種植，如今在全球溫帶地區都有種植，主要是為了獲得它的可食用種子，種子收穫後既可以作為人類的食物，也可以充當動物飼料。果實中只有 1 粒種子且易於保存的品種更受商業種植者的青睞。

冬日小食

栗子可以帶殼烤熟充當零食，在歐洲、亞洲和北美洲都是很受歡迎的街頭食物。它們還被用在一系列甜味和咸味正餐菜餚中。在歐洲，栗子和仲冬盛宴的關係尤其緊密，被用來釀肉、製作湯羹或者用作伴菜。栗子更受歡迎的烹飪方式是做成栗子泥並添加甜味劑，用在蒙布朗 (Mont Blanc) 等甜點中，或者用作聖誕原木蛋糕 (bûche de Noël) 的填料。糖漬栗子 (marron glacés) 是路易十四在凡爾賽宮非常喜愛的奢侈甜品。去殼後，栗子可以被研磨成一種不含麩質的粉，在意大利烹飪中有着悠久的歷史。還可以將這種栗子粉加入普通麵粉中用來烘焙麵包。古希臘學者曾在著作中提到它的藥用價值，而英格蘭博物學家尼古拉斯・卡爾佩珀 (Nicholas Culpeper) 在《英格蘭醫師》(*The English Physitian*) 一書中建議將栗子磨成粉與蜂蜜混合，用以治療支氣管疾病。

「……蘋果和柑橘放在桌上，堆滿栗子的鐵鍬在火上烤着。」

查爾斯・狄更斯 (Charles Dickens)，
《聖誕頌歌》(*A Chrismas Carol*)，1843 年

其他物種

栗

Castanea mollissima

原產於中國，外表與其近親歐洲栗相似；因其可食用的種子而擁有悠久的栽培歷史。

美國栗

Castanea dentata

高大壯觀，如今由於易感染病害而在其位於北美洲的自然分佈區成了瀕危物種。

秋季盛宴

這幅約 1490 年的畫描繪了一個農奴在櫟樹林裏趕着一群豬吃落在地上的橡子的場景。以這種方式養豬是一種名為「林地養豬」(pannage) 的傳統權利，至今仍在歐洲部分地區實行。

類群：真雙子葉植物

科：殼斗科

株高：可達 30 米

冠幅：可達 25 米

樹葉：落葉；輪廓呈寬卵形；3-6 對裂片；互生；長達 12 厘米

果實：典型的橡子，成熟時從淺綠色變成棕色，長 15-40 毫米

樹皮：灰綠色，幼樹樹皮光滑，隨着年齡的增加而長出脊紋和裂縫

► 老櫟樹

這棵美麗的老櫟樹生長在萊茵哈特森林 (Reinhardswald) 裏，一座位於德國黑森州 (Hessen) 的前皇家森林。這棵樹展示了夏櫟典型的伸展樹冠。一場暴風雨曾折斷了它的樹幹，但新枝從樹體殘餘的部分重新長了出來。

夏櫟

Quercus robur

夏櫟以高大、強壯和堅韌著稱，並且擁有一種神話般的氣質，在英國非常受歡迎。它的英文名為 English oak，意為英格蘭櫟。實際上，這個物種的分佈範圍遍及整個歐洲以及更遠的地方。

夏櫟和英格蘭（以及更廣泛的英國）在歷史上有着各種聯繫。它為英國執行國防、殖民和帝國擴張政策的主要機構——皇家海軍提供建造艦艇的木材。它是英國那些偉大的歷史建築以及其中的華麗家具所使用的主要木材。這種樹曾經被視為神聖之物，並以詩歌和歌曲的形式被贊頌。18 世紀的英格蘭劇作家大衛・加里克（David Garrick）在詩歌中將這種樹和自己的祖國聯繫在一起：「櫟樹的心是我們的船，櫟樹的心是我們的人。」

夏櫟的長壽（它可以活數百年）也是其力量和

有裂片的樹葉，這是櫟樹的典型特徵

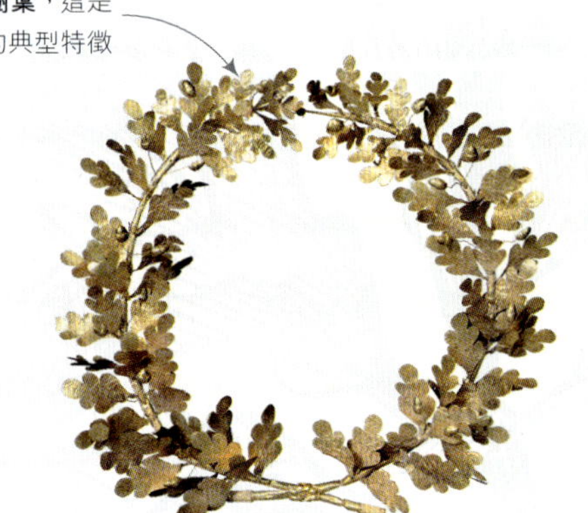

▲ 神聖的葉片

在古希臘神話中，櫟樹是眾神之王宙斯的聖樹。這頂公元前 350-前 300 年間的黃金櫟葉花環就是佐證。

如今全世界有 **450 個已知櫟樹類物種**，主要生長在**北半球**和**熱帶高山**地區。

神祕感的一部分，正如 19 世紀初詩人詹姆斯・蒙哥馬利（James Montgomery）所說：「高大的櫟樹，聳立參天，抵抗風的怒吼。世世代代堅守高尚的品性，巍然屹立，忍辱負重。」

英格蘭櫟的叫法被廣泛使用，但是從地理角度來看有些不合適，因為這個物種長期以來都是歐洲大部分地區的重要木材樹種。它的生長範圍從英國向東至土耳其和高加索地區。它在英格蘭的支配地位是數百年的林地管理造就的：很多樹是商業種植，而且常常使用來自歐洲大陸的品種。實際上，夏櫟甚至不是唯一原產於英格蘭的櫟樹。

兩種本土櫟樹

相比英格蘭櫟，從植物學的角度來看，這個物種更準確的名字應該為有梗櫟（pedunculate oak）這個名字使它有別於另一個英國本土物種——無梗櫟（*Quercus petraea*，英文名為 sessile oak，中文名為無梗花櫟）。這兩個名字與櫟樹的橡子或花有關，有梗櫟的橡子和花生長在梗（peduncle）上，而無梗櫟則無梗（sessile）。這些名字可能會令人困惑，因為有梗櫟的葉片沒有梗，而無梗櫟的葉片則有梗，即葉柄（兩個物種都是落葉樹）。

在英國，夏櫟生長在喬林（high forest）、得到良好管理的（平茬）林地以及古老的林間牧地中。

「房屋和船隻，城市和海軍，都是用它建造的。」

約翰・伊夫林（John Evelyn）對櫟樹木材的描述，
《森林志，又名林木論》（*Sylva, or A Discourse of Forest-Trees*），1664 年

➤ **造船**

16 世紀的西班牙木匠正在為弗朗西斯科・德・奧雷利亞納（Francisco de Orellana，西班牙探險家，首次完成了亞馬遜河的全程航行）建造一艘小型雙桅帆船。

皇家櫟樹

1649 年，英王查理一世被處決，他的大兒子未被承認為王位繼承人。查理二世組織了一支軍隊，但是於 1651 年在伍斯特（Worcester）被擊敗。他逃走的當晚藏身在博斯科貝爾樹林（Boscobel Wood）的一棵老櫟樹裏，這棵樹至今仍被稱為「皇家櫟樹」（Royal Oak）。1660 年，查理二世流亡結束返回英國，奪回英格蘭、蘇格蘭和愛爾蘭的王位（如圖所示）。

描繪查理二世的刺繡畫

扇形尾巴有助於在飛行中控制方向

◀ 櫟樹林中的捕食者

在櫟樹林中，縱紋腹小鴞捕食以橡子為食物的小鼠和松鼠。老櫟樹樹幹中的背風樹洞還為它們提供了築巢場所。

它在相對黏重和肥沃的土壤中生長得最好，可以應對一定程度的澇漬，但是由於在林地和樹籬中被廣泛種植，它的自然分佈範圍如今已模糊不清，難以判斷。它基本不會在最遙遠的北方。另一方面，無梗花櫟在商業化林業種植中的受歡迎程度遠遜於夏櫟，因此它的分佈範圍更符合自然規律。在英國北部和西部，它在排水良好的中等酸性或強酸性淺土上形成林地。它是高地樹林的典型物種。

在歐洲的擴散

兩種櫟樹在歐洲的分佈也是類似的模式，兩個物種分佈範圍的北部邊界都位於斯堪的納維亞半島南部。夏櫟更常見，無梗花櫟的分佈範圍與夏櫟類似，但是主要生長在更貧瘠的土壤上。在歐洲各地的商業林中，夏櫟的種植數量多於無梗花櫟，因為人們認為它生長得更快，木材也更結實。然而，真實情況是夏櫟主要生長在更肥沃的土壤上。當夏櫟被種植在貧瘠土壤上時，它的生長速度和木材的耐用程度都不如無梗花櫟。

這兩個物種在毗鄰生長時很容易雜交，這令它們的分佈範圍難以分辨。二者的雜種後代（拉丁學名 *Quercus* × *rosacea*，尚無中文名）很難和它的雙親區分開，因為它的特徵全都處於二者的中間狀態。有時，它可以生長在附近沒有任何夏櫟的地方，而在一些地方，它可以在任一親本都不存在的情況下形成純林。

其他物種

無梗花櫟

Quercus petraea

另一種常見的歐洲櫟樹；可以長得比夏櫟更高。2012 年，一株生長在法國貝爾賽森林（Forêt de Bercé）的無梗花櫟的測量高度是 48.4 米。

柔毛櫟

Quercus pubescens

自然分佈範圍為從法國西部經中歐至高加索地區；這種樹要矮得多，葉片幼嫩時有毛，且葉裂片末端尖鋭。

匈牙利櫟

Quercus frainetto

分佈於意大利南部、巴爾幹半島、羅馬尼亞，以及匈牙利部分地區；高大、穹頂狀的櫟樹物種，識別特徵是樹葉有 7–9 對深裂裂片。

➤ 春季萌發

夏櫟的葉片在 4 月或 5 月與柔荑花序一起萌發。雌柔荑花序不顯眼，和雄柔荑花序生長在同一棵樹的新枝末端。

夏櫟是長壽物種。它需要生長 50 年才會結出第一批橡子，生長 100 年才會完全長高。然而，如果任其生長，它可以繼續存活 300 年。如果將它截頂（見第 141 頁），樹幹基部可以在接下來的 800 年裏繼續長出樹枝。英國最高的夏櫟生長在約克郡的鄧科姆樹林（Duncombe Wood），2014 年測得的高度為 41 米。在英國以外，最高的夏櫟生長在波蘭的比亞沃維耶扎國家公園（Białowieża National Park），2011 年測量的高度為 43.6 米。

生命之樹

這兩種櫟樹對於依靠它們生存的一系列其他物種而言都很重要。根據已有的記錄，超過 500 種無脊椎動物以櫟樹葉片為食，如櫟艷灰蝶（purple

葉片在秋天變成熠熠生輝的金色；少數葉片在整個冬天都掛在樹上

hairstreak butterfly)，它們的幼蟲依賴櫟樹葉才能存活。數種昆蟲將卵產在櫟樹葉片中，刺激它們產生保護性的蟲癭，將昆蟲的幼蟲圍住。其中最著名的是一種名為 *Biorrhiza pallida* 的癭蜂，它將卵產在葉芽中，這會刺激葉芽發育成一種圓形蟲癭——櫟五倍子（oak apples）。櫟樹的樹幹和樹枝上生活着很多地衣和苔蘚，而森林地面上的櫟樹落葉令許多真菌從中受益。松鴉和松鼠在夏末吃橡子，而禿鼻烏鴉、林鴿和小鼠在橡子落地後也會吃它們。大量的橡子在樹上或者在森林地面上被吃掉，以至於櫟樹的繁殖幾乎完全依賴松鼠或松鴉，它們會將橡子當作冬季的食物埋藏起來，之後被它們遺忘的橡子就會發芽並長出新的櫟樹。

用途和傳統

夏櫟的木材堅硬、結實，而且天然耐用。數百年來，它都是建造船隻、華麗宅第和教堂屋頂的首選木材。它可以加工成精美家具，或者用來製作屋頂木瓦。平茬櫟樹長出的樹枝被製成木炭，而幼嫩樹皮用於製革。櫟樹還被用在農業中：在歐洲的許多地區，當地人仍然在積極地守護着他們「林地養豬」的傳統權利，這項權利允許他們秋天在櫟樹林裏養豬，此時這些動物可以痛快地享用落在地上的橡子。

除了出現在古希臘宗教中（見第 184 頁），櫟樹在凱爾特宗教中也是神聖的。在歐洲，德魯伊祭司在櫟樹林中舉行儀式，而且十分敬畏這些樹。

「在我看來，任何樹林都沒有生長着許多老櫟樹的樹林更能激發人的敬畏之心。」

愛德華・斯特普（Edward Step），《路邊和林地樹木》（*Wayside and Woodland Trees*），1904 年

2014 年尚存於世的**體型最大的夏櫟在瑞典**。

富含木質素的櫟樹心材呈飽滿的深棕色，拋光效果好，用它製造的家具更具吸引力

◀ 櫟木家具

在歐洲，櫟木是門窗、鑲板、家具和櫥櫃製造業使用最廣泛的硬木之一。這個華麗的嵌花櫟木箱被收錄在 1904 年的《英國家具史，櫟木時代》（*A History of English Furniture, the Age of Oak*）一書中。

弗吉尼亞櫟

Quercus virginiana

類群：真雙子葉植物

科：殼斗科

株高：12–20 米

冠幅：可達 45 米

樹葉：常綠；橢圓形或略呈卵形；革質，有光澤，邊緣光滑；互生；長達 13 厘米

樹皮：深紅棕色，擁有垂直溝紋，表面裂成小塊

弗吉尼亞櫟的英文名是 live oak（活櫟）或 southern live oak（南方活櫟），這種壯觀的常綠樹是「舊南方」(Old South)——美國建國之初 13 個殖民地中的南方各州的象徵。

弗吉尼亞櫟分佈於美國東南部各州和墨西哥東北部，主要生長在沿海地區，並從分佈的南部地區向內陸擴展。它是一個抗逆性較強的物種，在乾旱和潮濕氣候下都可以生長（本身更喜濕潤土壤），但不能在嚴重的霜凍下生存。分枝從樹幹上較低的位置水平伸出，形成寬大的圓形樹冠，而一棵成年樹的冠幅常常超過其株高。在春季，不起眼的黃綠色花開在彼此分離的雄柔荑花序和雌柔荑花序中，然後雌花會長出典型的櫟樹橡子。它並不是完全常綠的，因為老葉會在春天長出一批新葉時立即脫落。

◀ 被「苔蘚」覆蓋

在晨霧籠罩下，這棵生長在美國路易斯安那州的楓丹白露州立公園（Fontainebleau State Park）的莊嚴的弗吉尼亞櫟老樹上掛滿了松蘿菠蘿（*Tillandsia usneoides*），雖然它的英文名意為「西班牙苔蘚」（Spanish Moss），但它並不是苔蘚植物，而是一種空氣鳳梨，即生長所需的全部養分都是從空氣中獲得的。

典型的櫟樹種子（橡子）單生或簇生於帶鱗片的杯狀結構（殼斗）中

葉片的正面呈有光澤的綠色，背面的顏色淺得多，覆蓋着細小的軟毛

弗吉尼亞櫟可以活很久，而且老樹非常壯觀，尤其是當松蘿菠蘿裝飾着形似燭台的樹枝時。美國南方腹地至今還生長着很多古老的弗吉尼亞櫟，在過去，這種樹常被種在種植園中的道路兩旁。美國路易斯安那州的「七姊妹櫟樹」（Seven Sisters Oak）據估計已經存活500–1,000年，它是最大的弗吉尼亞櫟，其樹幹周長約12米。

橡子大致呈橢圓形，長2.5厘米，有光澤，呈深棕色或近黑色

強壯的樹枝

除了松蘿菠蘿之外，弗吉尼亞櫟伸展的樹枝還支撐着其他植物，如球青苔（*Tillandsia recurvata*）和槲寄生，並為幾種哺乳動物和鳥類提供庇護。原住民會從橡子中提取一種油，並在醫藥和印染中使用這種樹的其他部位。它的木材密度高，所以是很好的燃料。

因為強度大且堅硬，弗吉尼亞櫟的木材還是造船的材料。例如，用於建造美國軍艦「憲法號」（Constitution）。這艘重型護衛艦在1812年的美英戰爭中發揮了決定性作用，而且是目前仍然漂浮在水面上的最老的船。弗吉尼亞櫟木的密度和韌性讓這艘船經受住了敵方炮火的打擊，還讓它得到了「老鐵甲」（Old Ironsides）的綽號。

▲ 橡子

和其他一些櫟樹物種不同，弗吉尼亞櫟的橡子在第一年秋天很早就成熟了。它們是多種野生動物的重要食物來源。

「它獨自站在那裏，枝條上垂掛着青苔……」

沃爾特・惠特曼（Walt Whitman），《在路易斯安那，我看見一棵弗吉尼亞櫟在生長》（*I Saw in Lousiana A Live-Oak Growing*），摘自詩集《草葉集》（*Leaves of Grass*），1860年

其他物種

美國絨毛櫟

Quercus velutina

體型相對較小、生長迅速的落葉物種，很容易和該屬其他成員雜交。

紅槲櫟

Quercus rubra

北美洲最大且分佈最廣泛的落葉樹之一，在歐洲也有種植。葉片深裂。

美國白櫟

Quercus alba

分佈於美國東部各州的落葉樹，樹葉在掉落前變成橙色或酒紅色。

類群：真雙子葉植物

科：殼斗科

株高：可達 20 米

冠幅：20 米

樹葉：常綠，卵形，邊緣起皺，正面綠色，背面灰色且有毛，長 3–7 厘米

果實：橡子，長 3 厘米，基部半包裹在殼斗中，夏末成熟

樹皮：厚，粗糙，有深裂縫；深灰色，被剝去後露出紅色內樹皮

◄ **植物學視角**

這幅雕版印刷畫描繪了一棵理想化的歐洲栓皮櫟，它擁有寬闊的圓形樹冠。畫中還展示了這種樹的葉片、橡子、下垂的雄柔荑花序，以及小小的芽狀雌花。

歐洲栓皮櫟

Quercus suber

作為原產於地中海西部地區的物種，歐洲栓皮櫟如今的分佈模式是人為干預後的結果，因為人們想要獲得它的海綿狀防火樹皮。栓皮產品包括瓶塞、體育裝備等。

歐洲栓皮櫟的樹皮被用作**板球**和**羽毛球**的內層材料。

地中海地區的氣候炎熱、乾燥，易發生火災，當地植被對此已經適應。很多地中海植物會在森林火災後從根系或種子中重新萌發，歐洲栓皮櫟卻不同。死去的栓皮櫟外層樹皮是由充滿空氣的微型小室形成的蜂窩狀結構。雖然外層樹皮會被點燃，但可起到隔熱作用，保護裏面的活體組織，使歐洲栓皮櫟能夠在火災中倖存下來並很快重新萌發。

葡萄酒和野生動物

人類應用栓皮已有 5,000 多年的歷史。歐洲栓皮櫟生長在從葡萄牙到意大利東部和北非的森林中，在這個區域，特別是在西班牙和葡萄牙，栓皮櫟種植園是人們從天然林中清理或人為種植出來的。這些樹之間的空地有着豐富的地被植物，常常存在綿羊或豬的輕度放養，而樹木之間有夜鶯的身影。葡萄牙和西班牙的歐洲栓皮櫟林中還生活着瀕危物種——伊比利亞猞猁（Iberian lynx）。

栓皮櫟的前 25 年無法收穫栓皮，不過歐洲栓皮櫟的壽命長達 200 年，在此期間可收穫 20 次栓皮。從樹上剝下的大塊栓皮被製成葡萄酒瓶的軟木塞，或者經壓縮和黏合後製成木地板或保溫磚。葡萄酒行業越來越多地使用塑料的瓶塞和螺旋蓋，這威脅了栓皮行業的未來，也威脅了靠這個行業支撐生物多樣性的林地，不過栓皮仍是一種有用的可再生材料。

▲ 工作中的栓皮切割工
如今，由機器從歐洲栓皮櫟的樹皮上切割葡萄酒瓶的軟木塞，但是在從前，這是一項由專人使用鋒利的刀子完成的手工活。

死去的外樹皮被小心去除，這個過程使用的是特製的斧子和鋸子

➤ 收穫栓皮
在有人管理的歐洲栓皮櫟樹林中，大約每 9 年收穫一次栓皮。人們將完整的外栓皮層從活體樹木上大塊剝下，露出裏面的紅色內樹皮。

內樹皮外立即重新長出新的外樹皮

其他物種

土耳其櫟
Quercus cerris
生長在歐洲東南部各地的灌木叢和樹林中，它的木材只能用作葡萄的支撐架或者柴火，因為很容易褪色風化。

栓皮櫟
Quercus variabilis
原產於東亞地區，包括中國、日本和朝鮮半島。在中國，有時是為了收穫栓皮而種植，不過它的產量比歐洲栓皮櫟低得多。

類群：真雙子葉植物

科：木樨科

株高：可達 10 米

冠幅：可達 8 米

樹葉：常綠，革質；對生；長 10 厘米，寬 3 厘米

花：小，白色，開在圓錐花序上，有香味，擁有 4 枚花瓣和萼片

樹皮：銀灰色或更深的灰色，有細裂紋，常帶凹槽和交錯的脊紋

➤ 綴滿木樨欖果的枝條

木樨欖葉片的末端有短尖，基部呈楔形。它們對生於有鱗片的銀灰色枝條上，隨着年齡的增長，枝條變成棕色。每簇花通常只結 1 個果實。

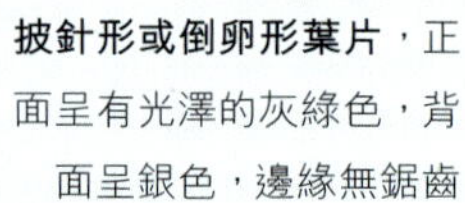

披針形或倒卵形葉片，正面呈有光澤的灰綠色，背面呈銀色，邊緣無鋸齒

木樨欖

Olea europaea

木樨欖（俗名油橄欖）是一種樹形寬闊的小喬木，因可食用的果實和風味十足的橄欖油而被種植。作為一種古老的樹，它出現在很多神話傳説中，並被賦予象徵意義。

木樨欖的栽培可以追溯至 5,000 年前，它是最早被人類種植的樹木之一。這個物種很可能原產於地中海東部地區，而且很可能是在上萬年之前從其野外生長的變種野生木樨欖（*Olea europaea subsp. europaea var. sylvestris*）演化而來的，後者的分佈範圍遠至沙特阿拉伯。從那以後，從東邊的以色列到西邊的西班牙，木樨欖被廣泛種植於整個地中海地區的南北兩岸。也許意大利的龐大種植園最有名氣，在那裏它成為主導性的景觀特徵，但是在更往東的伊朗可以找到更古老的樹木，有些古樹的年齡大到 2,000 歲。木樨欖很早在印度、印度尼西亞和中國被種植，後來又擴展至澳洲、新西蘭和撒哈拉以南的非洲。它很可能是被西班牙征服者帶到美洲去的。

《聖經》中的諾亞的故事是有關木樨欖的最早記錄。洪水趨於平靜後，諾亞先後派出一隻渡鴉和一隻鴿子去尋找陸地。渡鴉高飛而去，但鴿子因找

➤ 和平的象徵

木樨欖枝在很多文化中都是持久和平的象徵。在基督教神話傳説中，一隻銜着木樨欖枝的鴿子象徵着大洪水的結束，和平時光到來。

這塊 4 世紀墓碑上的**銘文**寫有拉丁文短語「*in pace*」，意為「和平地」

卵形果實長 3.5 厘米，在長達 12 個月的生長期裏逐漸成熟，從綠色逐漸變成黑色或棕色

不到可以落腳的地方而回到了方舟上。一周後，諾亞再次派出鴿子，這一次它銜着一根木樨欖枝回到了方舟上（《出埃及記》第 8 章第 11 節）。這隻鴿子帶回了陸地生命的跡象，這是希望的象徵，標誌着洪水的結束以及和平歲月的降臨。

希臘的標誌

在古希臘神話中，戰爭、智慧女神雅典娜和海神波塞冬爭奪一座城市的控制權，方法是各自向這座城市的居民贈送一樣禮物。雅典娜送給這座城市的居民一棵木樨欖樹，而波塞冬用他的三叉戟打破一塊石頭，創造出一口鹽水泉。人們接受了木樨欖樹，因為它為人們提供了豐富的食物、油脂、木

➤ 木樨欖果園
在一座典型的木樨欖果園中，人們通過頻繁的截頂（修剪掉樹木的頂端）管理這些樹。這會刺激短而茁壯的結果枝生長，令這些樹的樹冠呈現出典型的蚪狀形態。

◀ **壓榨木樨欖果以獲取橄欖油**

從前，人們使用大磨盤壓榨木樨欖果。在這個過程中產生的液體被慢慢倒入另一個容器，等到其中的油上升到表面，再將其分離出來，如這幅古羅馬鑲嵌畫所示。

材及庇護所。作為勝利者，雅典娜用自己的名字為這座城市命名，雅典就這樣誕生了。木樨欖至今仍是希臘文化中的核心部分。

木樨欖果是核果，這種果實在植物學上的定義是擁有一顆堅硬的果核，而果核被由子房壁發育而來的肉質或革質外層結構包裹。正是這層肉質結構賦予了木樨欖樹重要的商業價值：它既是人類的食物，也是生產橄欖油的原料。在這兩個產業中，橄欖油的規模更大。

橄欖油富含單不飽和脂肪酸，被認為有益於心臟。想要製造最高等級的橄欖油，必須在木樨欖果成熟時採摘並在 24 小時之內壓榨。按照傳統做

▼ **木樨欖樹種植園**

木樨欖樹能夠適應炎熱、乾燥的環境條件，如這些生長在意大利托斯卡納鄉村地區的木樨欖樹。它在更冷的氣候下也可以生存，但很少結果實。

「木樨欖樹確實是上天所賜最珍貴的禮物。（吃了木樨欖果）我簡直就不想再吃麵包了。」

托馬斯・傑斐遜（Thomas Jefferson, 1743–1826），美國第三任總統

法，人們會用大石磨壓榨木樨欖果，並且帶核一起壓榨。更現代的工廠採用錘擊的方法或者先除去果核。油脂存在於果肉細胞內，而研磨果實的目的就是獲得其中的油脂小液滴。接下來壓榨果漿，因為油不溶於水，它會懸浮於果漿表面，接下來就可以將其舀出了。第一次壓榨可以獲取 80%–90% 的油，第二次壓榨還可以再獲取一些。冷榨技術可以獲得口感最好的橄欖油，這種橄欖油被稱為特級初榨（extra virgin）橄欖油，但是加熱或者使用化學添加劑可以得到更多橄欖油，這種橄欖油的價格則更便宜。

2020 年，**歐盟的橄欖油**產量佔全球產量的 **69%**。

油脂、食物和木頭

果實一旦提取出橄欖油，固體殘渣（果渣）可用作供工業和農業使用的生物質燃料。它還可以拿來餵養牲畜，尤其是木樨欖果在壓榨前去除了果核。70%–90% 的木樨欖果用於榨油，剩下的用於食用；烹飪用的木樨欖果可將果核去除，並常常在其中填餡食用。木樨欖樹的木材也很寶貴，它質地堅硬、色彩優美、紋理豐富，可以被製作成木雕、打磨成器具把手，以及車削成木碗。

成熟木樨欖果經過冷榨後得到特級初榨橄欖油

◀ **橄欖油**
大部分木樨欖果用來生產橄欖油。除了烹飪用途之外，這種油還可以用在油燈裏，或者用作受膏油（在宗教儀式上使用）、按摩油。

其他物種

美國流蘇樹
Chionanthus virginicus
落葉小喬木，葉片長 5–20 厘米；花白色，有香味，花瓣絲帶狀，4–5 片，生長在鬆散的圓錐花序中；深藍色果實長 2 厘米。

流蘇樹
Chionanthus retusus
落葉灌木或喬木，卵形葉片長 2.5–10 厘米；花雪白色，有香味，有 4 片絲帶狀花瓣，開在垂直的圓錐花序中。

總序桂
Phillyrea latifolia
常綠小喬木，葉片呈色調不一的深暗綠色；綠白色花簇生在葉腋短花序中；結小而圓的藍黑色果實。

猴麪包樹大道

這條偏僻的土路位於馬達加斯加西海岸，路旁排列着 20 多棵雄偉的大猴麪包樹（*Adansonia grandidieri*），其中一些據説已經活了上千年。這些樹是一座森林被大部分清除後遺留下來的。這條大道如今已經成為熱度很高的旅遊景點。

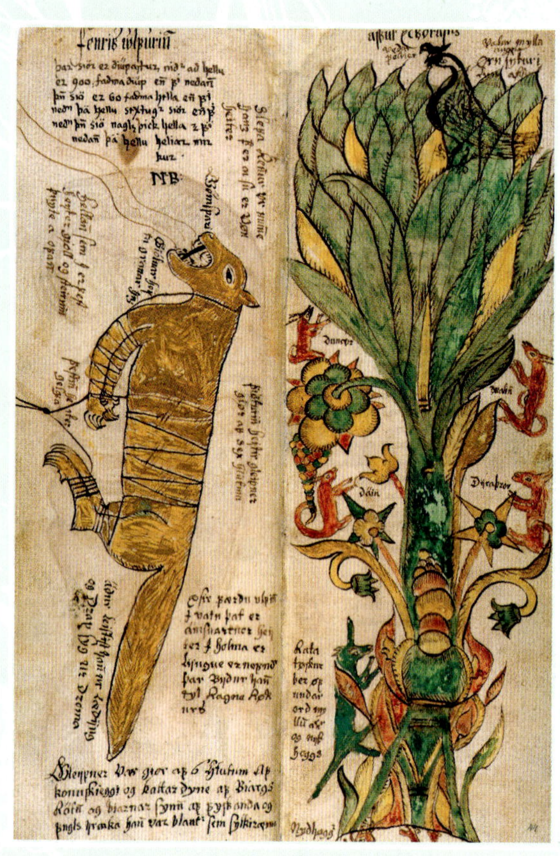

▲ 神聖的樹

在北歐神話中，一棵名叫「尤克特拉希爾」（Yggdrasil）的歐梣位於宇宙中央。上面這幅插圖來自冰島語手稿，尤克特拉希爾和巨狼芬里爾（Fenrir）被畫在一起，芬里爾是洛基之子。

類群：真雙子葉植物

科：木樨科

株高：可達 40 米

冠幅：可達 20 米

樹葉：落葉；羽狀復葉，葉片邊緣有鋸齒；葉對生；長達 12 厘米

果實：翅果，簇生成一大串，每個翅果帶有一片長長的綠色翅

樹皮：淺灰色；有裂紋，嫩枝光滑且呈灰綠色，有落葉後留下的葉柄痕

歐梣

Fraxinus excelsior

隨着病害對歐梣（俗名歐洲白蠟）生存的威脅加劇，科學家和林務官們正在致力於保護這種應用廣泛的重要樹木。

歐梣生長在歐洲、亞洲部分地區以及非洲，是一種高大、優雅的落葉樹，常常成群生長，形成圓形林冠。1992 年，波蘭的歐梣大面積死亡，原因是患上了未知病害。深棕色或橙色病變出現在葉片上，而枝條上出現鑽石形病變，樹冠失去了葉子。這種病害不斷向西蔓延，在 2012 年抵達不列顛群島，人們的擔憂也隨之加劇。這種病害後來被稱為白蠟樹枯梢病（ash dieback），它威脅着這種個性十足的景觀樹木的生存，令人聯想起 20 世紀 70–80 年代荷蘭榆樹病使榆樹遭受的災難性損失。

▶ 寬廣的樹冠

歐梣的葉片被用作家畜飼料，但它也具有藥用價值，用於治療便祕、風濕病和痛風，還可用於控制體重。

➤ 花

歐梣的花在春天先於葉片出現在一年生枝條上。花可能是雄花、雌花或者兩性花，而且一棵樹可以只開雄花或者只開雌花。有些樹第一年開雄花，第二年開雌花。

歐梣的花是風媒授粉的，不需要吸引授粉昆蟲，所以缺少醒目的花瓣

歐梣的葉片是對生的，所以它的小枝很容易通過像這樣的成對葉痕辨別

在花粉尚未散落的雄花中，**花藥依然飽滿**

這些雄花已經將花粉散入風中，所以花藥看起來像縮小了一樣

擬白膜盤菌（*Hymenoscyphus fraxineus*）是引發產生白蠟樹枯梢病的真菌。它源自亞洲，傳播至歐洲的路線尚不明確，不過真菌病害會通過活體植物或木材等產品的航運跨越大陸之間的邊界。它至今仍會導致野生和栽培的歐梣較高的死亡率。被感染樹木的落葉在被分解時，表面會長出這種真菌的繁殖結構，並釋放出孢子。它們乘風傳播，令白蠟樹枯梢病迅速蔓延至新的區域。在亞洲，這種真菌也出現在本土白蠟樹上，但不會產生歐洲那樣的災難性枯梢病，也許是因為亞洲的白蠟樹物種和這種真菌共存的時間更長，已經具備了一定的免疫力。人們希望歐洲的野生白蠟樹種群能夠發展出抗性，但研究表明，只有不到 10% 的樹表現出不同程度的免疫力。再加上正在入侵歐洲和北美洲的對白蠟樹危害極大的害蟲白蠟窄吉丁（*Agrilus planipennis*），歐梣正面臨前所未有的重大威脅。

歐梣的小枝在冬天很容易辨認，因為它們的**芽是黑色的**，看起來就像**被火燒過**一樣。

強度和柔韌性

在愛爾蘭式曲棍球中，兩支競爭隊伍通過使用一根名為曲棍的棍子將一個小球打進球門柱之間的方式得分。按照傳統，曲棍是用歐梣的木材製作的。在全球各地，它們的撞擊聲——被稱為「白蠟樹的碰撞」——會激起所有愛爾蘭式曲棍球迷的共鳴。歐梣木材的幾項物理特性使其備受曲棍製造商的青睞，這些特性包括天然強度、柔韌性、輕盈及吸震性能。隨着這項運動越來越受歡迎，愛爾蘭曲棍製造商不得不從歐洲大陸進口白蠟木以滿足需求。歐梣木材還是製造斯諾克球桿和棒球棍的優質材料，而且在被鋁和合成材料（如玻璃纖維）取代之前，它還是製造網球拍的優選原料。在體育領域之外，歐梣木材也有廣泛的用途，尤其是製作工具把手，包括錘子和斧頭的把手。在歷史上，它曾用於建造房屋、汽車和飛機的框架，還被用來製作拐杖和蟹籠。

「木製奇跡」

第二次世界大戰期間，英國的防禦依賴飛機的穩定供應，但當時原材料緊缺，於是傑弗里・德・哈維蘭（Geof frey de Havilland）設計並製造了一種木製框架的新型飛機。DH.98 蚊式飛機用歐梣木材製作結構件，並在英國皇家空軍一直服役到 20 世紀 50 年代。

建造DH.98蚊式飛機

生長和壽命

除了許多物理特性外，歐梣木材受歡迎的另一個原因是它的生長速度相對更快，平茬後的 10 年內其木材就能用於製造房屋框架。生長迅速是先鋒物種的常見特徵，先鋒物種指的是最先侵殖新領地的植物，而這些物種很少有壽命長的。有記錄的最古老的歐梣約 850 歲，但它們很少能活過 250 歲。

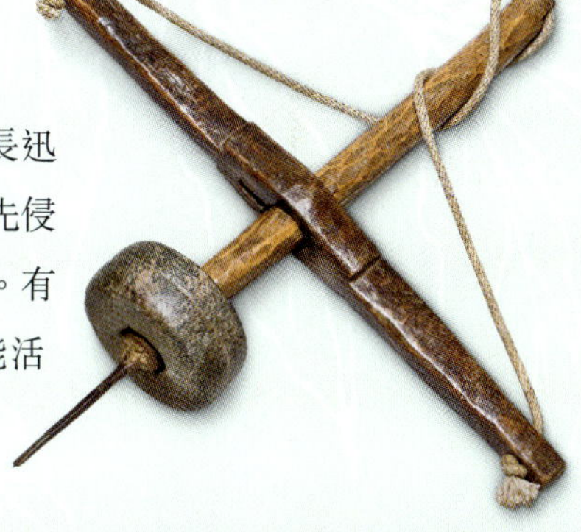

▲ 白蠟木泵鑽

歐梣木材非常適合製造工具的把手，如圖中的這個泵鑽，這件工具使用抽送動作鑽出小孔或生火。

> 「歐梣無疑是我們所有本土樹種中經濟價值最高的。」
>
> 亨利・埃爾威斯（Henry J. Elwes）和奧古斯汀・亨利（Augustine Henry），《大不列顛和愛爾蘭樹木》（*The Trees of Great Britain & I reland*），1906 年

其他物種

花梣

Fraxinus ornus

原產於南歐和西亞；之所以叫花梣是因為它開的有香味的白色花會形成碩大、醒目的花序。

窄葉梣

Fraxinus angustifolia

原產於西班牙和摩洛哥至伊朗；葉片比歐梣的窄，而且冬芽呈棕色而不是黑色。

美國白梣

Fraxinus americana

常見於北美洲東部；可通過其獨特的「C」形葉痕區分。葉片背面呈白色。

光葉榆

Ulmus glabra

光葉榆是一種引人注目的落葉大喬木。從地中海地區到斯堪的納維亞半島以及更遠的地方，它與人類有着歷史悠久的聯繫，並且在森林生態中發揮着重要作用。然而，最令它聞名的大概是一種致命病害。

▲「植物學美人」
在英國斯塔福德郡巴格特公園（Bagot's Park）的磨坊，佇立着一棵「其美麗比其大小更容易辨認」的光葉榆。上面這張描繪它的插圖出自雅各布・斯特魯特（Jacob Strutt）之手。

荷蘭榆樹病的源頭並不在荷蘭，而是在亞洲。它由 3 個真菌物種引起，20 世紀初首次出現在歐洲，殺死了一些樹木，但造成的損失很小。然而，在 20 世紀 60 年代，一個毒性更強的株系出現在歐洲，使歐洲大陸各個地方的榆樹遭受了損失。這種真菌是由甲蟲傳播的，它們刺穿樹皮，將卵產在裏面。一旦感染，樹木會通過阻斷部分維管系統的方式防止真菌進一步擴散，這會導致個別枝條枯死。這種病害還會通過互相連接的根系或者修剪時使用被污染的工具傳染。

在英格蘭，英國榆（*Ulmus procera*）遭到了這種病害的毀滅性打擊，倖存下來的成年樹寥寥無幾。荷蘭榆樹病不會殺死樹根，而英國榆通過從樹幹基部重新萌發枝條倖存至今。當新枝條長到一

➤ 翅果
榆樹依賴風為花授精和傳播種子，種子可以隨風飛到距離母株 100 米的地方。

類群：真雙子葉植物

科：榆科

株高：可達 30 米

冠幅：可達 25 米

樹葉：落葉；有粗毛，末端有額外裂片；互生；長達 17 厘米

樹皮：灰色或棕色；有裂紋，基本無毛；嫩枝粗壯，略有毛

榆樹的果實由風媒授粉後的花發育而來，花在春季早於葉片出現

果實是翅果，每個果實中央有 1 粒種子

《佩恩條約》簽署雙方旁邊那棵樹的後代至今還活着。

佩恩的和平

1683 年，在如今的賓夕法尼亞州境內，英國殖民者威廉・佩恩（William Penn）和美洲原住民部落倫尼萊納佩人（Lenni Lenape）在一棵美國榆（光葉榆的近親）樹下就和平達成了協議。

芽受到有毛葉鱗的保護，葉鱗在春季葉片萌發時脱落

定的大小時，攜帶真菌的甲蟲會再次侵害它們，令它們再次被感染。在這種情況下，光葉榆具有一項優勢：雖然它對這種病害沒有免疫力，但是它的樹皮中含有一種名為蒲公英帖醇的化學物質，傳播病害的甲蟲並不喜歡它。然而，光葉榆基本上沒有從樹根重新萌發枝條的能力，所以一旦感染，通常是致命的。

蝴蝶、樹節和樹瘤

任何物種從其生長地消失都會引發連鎖反應，令曾經依賴它生存的其他物種受到不利影響。隨着英國的榆樹變少，烏灑灰蝶（Satyrium w-album）的數量也隨之減少，這種蝴蝶只在榆樹上產卵，而且更喜歡光葉榆。為了確保這種蝴蝶能夠繼續存活，保育工作者開展了種植非本土榆樹的試驗，結果是蝴蝶種群的數量有所增加，這也挑戰了保育項目只使用本土物種的觀念。

光葉榆的英文名是 wych elm，其中的 wych（與 witch 同音）讓人聯想到巫術，但它其實來自一個盎格魯 - 撒克遜語單詞，意為柔韌的，而它的柔韌枝條適合製造弓。光葉榆的木材還耐腐蝕，常用於建造船隻、橋梁基礎和車輪。榆木有漂亮的紋理，適合製作木雕。樹幹通常長出膨大的木質疣突，其中帶枝條的稱為樹節（burrs），不帶枝條的稱為樹瘤（burls），利用它們可以製造出精美的飾面薄板。

「最高貴的本土樹種之一。」

比恩（W. J. Bean），《不列顛群島耐寒喬灌木》（*Trees & Shrubs Hardy in the British Isles*），1914 年

其他物種

榔榆

Ulmus parvifolia

原產於東亞；生命力頑強，已被證實可替代歐洲的榆樹。對荷蘭榆樹病有抗性。

荷蘭榆

Ulmus × hollandica

光葉榆和歐洲野榆（*Ulmus minor*）的雜交種；天然分佈於歐洲各地，但各地的形態有所差異。

類群：真雙子葉植物

科：木棉科

株高：可達 24 米

冠幅：可達 30 米

樹葉：落葉；深綠色，有光澤；5–7 枚指狀小葉；互生；長達 15 厘米

花：吊掛生長；有 5 片白色花瓣；直徑長達 20 厘米；散發甜香氣味

果實：綠色的卵形蒴果；表面覆蓋顏色發黃的毛；長達 35 厘米

樹皮：灰棕色，光滑；老樹的樹皮有褶皺；厚 5–10 厘米

猴麵包樹
蠟防印花
猴麵包樹的標誌性形狀為很多藝術家提供了靈感。圖中所示的來自莫桑比克的蠟防印花展示了這種樹獨特的膨大樹幹，樹幹的輪廓裏充斥着人和動植物的形象。

◀ 收穫果實
在非洲的塞內加爾共和國，婦女正在使用一種特製工具從一棵猴麵包樹上摘取可食用的果實。猴麵包樹是塞內加爾的國樹。

「智慧就像猴麵包樹，沒有人能夠獨自擁抱它。」

非洲諺語

猴麵包樹

Adansonia digitata

由於冬季葉片落光時樹枝看上去像樹根一樣，猴麵包樹有時被稱為「上下顛倒樹」。這個標誌性的物種會在膨大的肉質樹幹中儲存水分。

猴麵包樹是體型巨大的落葉樹，龐大的樹幹和高高的樹冠會形成一道壯觀的景致，決定着周圍的風景。從非洲西北部的佛得角群島到東北部的蘇丹，南至南非的林波波省，儲存在桶狀樹幹裏的水讓猴麵包樹能夠生存在非洲熱帶乾旱地區的排水順暢的沙質土中。此外還有 6 個僅分佈於馬達加斯加島的猴麵包樹類物種，以及 1 個分佈於澳洲內陸地區西北部的物種。

猴麵包樹通常生長在夏季降水適中、冬季乾旱的地區。葉片在旱季剛開始時脱落，以減少蒸騰作用造成的水分損耗。在非洲的傳説中有關於這種樹葉片脱落後光禿禿的輪廓的描述。據説，創造

其他物種

大猴麵包樹
Adansonia grandidieri
僅分佈於馬達加斯加的 6 個猴麵包樹物種之一；瀕危物種，巨大的樹幹沒有分枝，頂端有傘狀樹冠。

世界的大神 (Great Spirit) 賞給每種動物一種樹。鬣狗得到的是猴麪包樹，它很討厭這個獎賞，直接將猴麪包樹丟掉了。它在落地時上下顛倒，此後就一直這樣生長。

命名

1749 年，法國探險家、植物學家米歇爾・阿當松 (Michel Adanson) 在西非塞內加爾之旅中率先發現了猴麪包樹。回國後，他發表了對這種樹的學術性描述，後來瑞典植物學家卡爾・林奈命名了 *Adansonia*（猴麪包樹屬）這個屬名以紀念阿當松。它的種加詞 *digitata* 來自小葉的形狀，它們很像人類的手指 (digits)。

最近的研究提出，非洲山區的一些猴麪包樹可能屬於一個完全不同的物種——小花猴麪包樹 (*Adansonia kilima*)，但這一觀點並未被廣泛認可。

紀錄保持者

猴麪包樹的樹幹令人過目難忘。株高的紀錄保持者生長在塞內加爾，2013 年測得的高度是 24.8 米，然而它最令人印象深刻的是龐大的樹幹基部。另一棵生長在塞內加爾的猴麪包樹，它距地面 1.3 米高處的幹圍在 2021 年的測量結果是 28.7 米。

猴麪包樹的樹齡通常難以確定。很多樹的樹幹是中空的，而且用來估計樹齡的年輪在猴麪包樹上幾乎看不見。科學家們轉而使用放射性碳年代測定法確定它們的年齡，有一棵生長在納米比亞的猴麪包樹被認為已經活了大約 1,275 年。

人們有時會給猴麪包樹種子着色、裹上糖衣，將其作為糖果出售。

花和果實

猴麪包樹的繁殖始於初夏。綠色球形花蕾生長在長且下垂的花梗上，花梗從葉片和莖的連接點長出。傍晚時分，這些花蕾開成垂吊的白色花朵，並釋放出一種甜香氣味。這種花只能維持 24 個小時，很快就會變成棕色並散發令人不悅的氣味。在夜晚，這種氣味將果蝠吸引過來，果蝠將花粉從一朵花帶到另一朵花，為它們授粉。這種氣味也會吸引許多夜行性昆蟲，以這些昆蟲為食的蝙蝠也會在授粉中發揮一定作用。

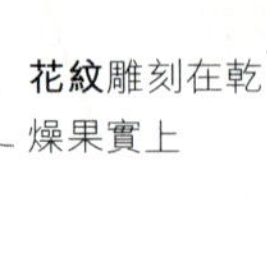

花紋雕刻在乾燥果實上

➤ 用途廣泛的種莢
果實的外殼堅硬且防水，被用來製作碗、魚漂和瓢。乾燥的果實被搖晃時種子敲擊外殼，發出與撥浪鼓類似的聲音。

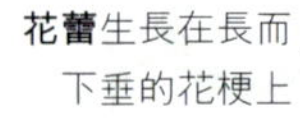

花蕾生長在長而下垂的花梗上

▲ 短命的花

猴麪包樹的花在傍晚開放，散發出甜香氣味以吸引蝙蝠。它們會在 24 小時內衰敗。花蕾和花的這種排列方式在野外很難找到。

重要的授粉者

北非果蝠（*Rousettus aegyptiacus*）分佈於中東至南非。它們主要吃柔軟的果實，但在肯尼亞曾被觀察到吃猴麪包樹的果實。它們從下方飛到花上，抓住它的中柱，然後吊在那裏吃花蜜。灑落在背上的花粉讓它們看上去呈黃色。

北非果蝠

這些花用長達 6 個月的時間發育成甜瓜大小的果實，果實有堅硬的外殼，表面覆蓋着泛黃的棕色毛。在果實內部，許多深棕色腎形種子被包裹在白色粉狀果肉中，果肉味甜且富含維生素 C。果實吊掛在樹上，直到被猴子吃掉，或者被風吹落到地上再由其他動物取食果肉。在這個過程中，被動物丟棄的種子得以傳播。

猴麪包樹的樹幹可以儲存超過 5,400 升水，這讓樹的 80% 都是液體。

在適宜的土壤中，種子的萌發速度很快。幼苗的外形和成年樹木大有不同：葉片無裂片，莖幹也不顯眼。它們的發育速度很慢，需要 8-23 年才能開出第一批花。因此，這個物種從未得到栽培，不過農藝學家們正在測試各種嫁接體系，看能否加快結果實的速度。

人類和猴麪包樹

猴麪包樹對於生活在其自然分佈範圍的土著居民而言有着重要的社會和經濟價值，它的每個部位幾乎都被利用。在人來人往的傳統交通路線兩旁，成年樹木常常作為地標。來自喀拉哈里（Kalahari）沙漠的土著居民使用中空的禾草莖稈從樹幹中吸水作為應急水源。果肉可直接食用、加入粥中，或者浸泡在水或牛奶中製成清爽的飲品。種子用來為湯羹增稠，而且據説烘焙後的種子是咖啡豆的良好替代品。嫩葉可作為蔬菜烹飪食用。

纖維狀樹皮可以被剝下，而內層組織會繼續長

▼ **加水站**
大象用它們的象牙鑿穿猴麪包樹的樹幹來喝裏面的水。在嚴重乾旱時期，它們甚至會推倒一整棵樹然後把它吃掉。

▶ 懸掛的果實

猴麪包樹下是非洲鄉村的活動中心，為人們提供宜人的蔭涼之處。在被引入加勒比海地區後，懸掛在空中的果實讓它在那裏獲得了「鼠尾樹」的名稱。

出新鮮樹皮，取代老樹皮。樹皮被搗碎以產生纖維，這些纖維可以用來製作繩索、地磚或籃子，或者編織成布匹。樹根可用於生產一種染料。樹皮、樹葉和果實都是有用的藥材。據説用種子煎煮的湯劑甚至能保護人們免遭鱷魚的傷害。

千百年來，樹幹天然中空或者被人為挖空的大型猴麪包樹有多種用途，包括用作房屋、監獄、酒館、馬廄和公交候車亭。有一棵樹甚至被改造成了配備沖廁設備的廁所。

突然死亡

近些年來，一些最老和最大的猴麪包樹或者它們最老的莖幹開始逐漸消亡。研究人員認為，這種非洲最長壽樹木的突然減少可能是氣候變化導致的。更高的氣溫和更長久的乾旱可能正在讓這些樹變乾，令那些較大的樹無法支撐其龐大樹幹的重量。它們的死亡還會影響生態系統和依賴它們生存的動物。

「……猴麪包樹之美……引誘我將我的小帳篷扎在它旁邊。」

西爾維斯特・梅納德・澤維爾・高貝里（Silvester Meinard Xavier Golberry），《非洲之旅》（*Travels in Africa*），1808 年

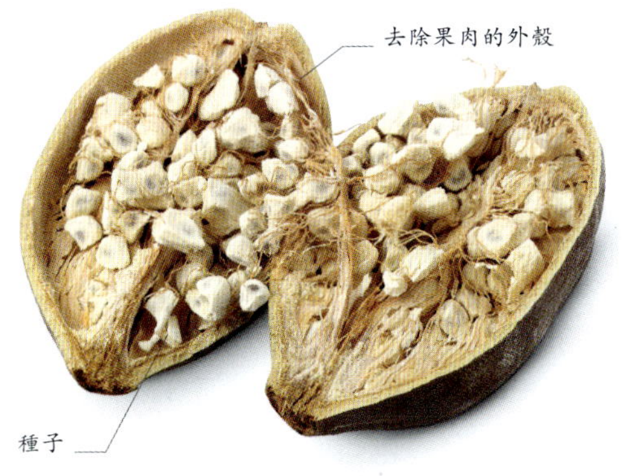

有益健康的果實

猴麪包樹和榴槤屬於同一個科，榴槤（也寫作榴蓮）是有名的氣味難聞的水果，但是味道清爽且富含維生素 C。猴麪包樹的果實同樣可食且營養豐富，從湯羹到清爽的飲品，它在其分佈範圍內被人們以各種方式食用。這種果實的維生素 C 含量是柑橘的 6 倍，還富含維生素 B1（硫胺素）和 B9（葉酸）。它的鈣含量是牛奶的 2 倍，還富含鉀、錳和鐵，這些都是健康飲食所需的重要礦物元素。

類群：真雙子葉植物

科：錦葵科

株高：可達 70 米

冠幅：可達 60 米

樹葉：落葉；裂成掌狀小葉，每片葉有 5–9 枚小葉；長達 8 厘米

花：小，白色或粉色，香味濃烈，先於葉片出現

樹皮：年幼時呈綠色，有大刺；成年後光滑，呈灰色

➤ 獨自佇立的吉貝

人們砍伐森林時，並不會對每棵樹都下手。這幅插畫描繪了蘇里南的一座村莊，村莊裏保留了一棵擁有寬大板狀根的吉貝，它為人們提供蔭涼之處和吉貝木棉。

吉貝

Ceiba pentandra

吉貝是雨林中的「巨人」，高於大多數熱帶樹木，所以當它產生帶絲毛的種子時，種子可以飄到距離母株很遠的地方。

吉貝野生於中南美洲、加勒比海和西非的熱帶森林。這種外形雄偉的樹有時能長到大約 70 米高，它以所結的種子而聞名，種子的絲狀纖維可用作填充物、製造隔熱層。

吉貝的生長環境充滿挑戰。在熱帶低地溫暖、濕潤的森林中，落葉等生物質不會保持原狀太長時間。真菌、細菌等微生物會迅速分解這些生物質，而且因為降雨有規律且猛烈，所以土壤通常比較貧瘠。生活在這類森林中的樹木必須廣泛延伸自己的根系，尋覓必需的營養物質。然而，寬廣而淺薄的根系無法承受大樹的重量，因此包括吉貝在內的很多雨林物種都會在樹幹基部附近長出寬大扁平的結構，名為板狀根。它們就像建築物中的扶壁一樣，以支撐樹木的重量。

▲ 多刺的樹幹

吉貝樹幹上短而粗的刺是令人生畏的自然防禦機制，起到阻止動物啃食樹皮的作用。

西洋椴

Tilia × europaea

西洋椴的樹形大體呈圓柱狀，綻放受蜜蜂青睞的散發甜香氣味的花朵，長期以來都是林蔭大道和大莊園中常見的樹種。

▲ **葉片、花和種子**
一旦受粉，椴樹花就會結出果實。每個果序都有一枚葉狀苞片，讓種子能飄得更遠。

作為天然形成的雜種，西洋椴源自寬葉椴（*Tilia platyphyllos*）和心葉椴（*Tilia cordata*）的雜交。它野生於數個歐洲國家，並在許多其他國家都有栽培。椴樹（lime tree）與英文名同為「lime」的柑橘類水果（來檬）並無親緣關係，它的英文名稱其實來自「linden」，即椴屬（*Tilia*）的另一個英文名。

西洋椴的花產生大量花蜜，對於正在覓食的蜜蜂來說是很受歡迎的食物來源。據記錄，大量死亡的蜜蜂曾幾次出現在椴樹下面。發生這些奇怪事件的原因仍然不得而知。可能是這些樹被噴灑殺蟲劑以防治蚜蟲，而蜜蜂成了無意中的受害者；或者是椴樹上常常生活着大量吸食樹液的蚜蟲，它們分泌的蜜露會變得十分黏稠，可能會黏住蜜蜂；另一種可能性是，蜜蜂對椴樹的花蜜十分依賴，一旦花蜜枯竭，它們就會餓死。

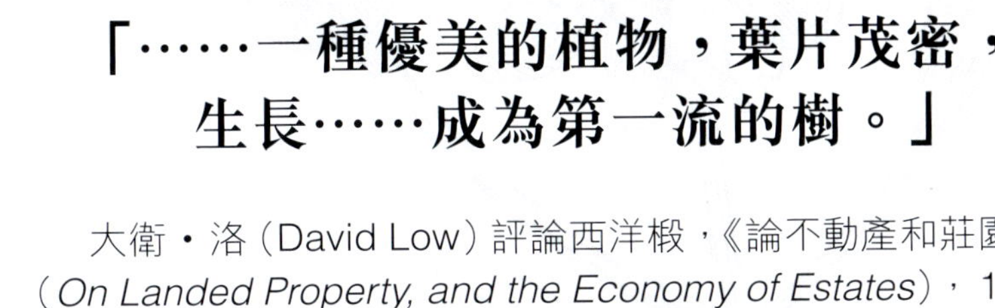

「……一種優美的植物，葉片茂密，生長……成為第一流的樹。」

大衛・洛（David Low）評論西洋椴，《論不動產和莊園經濟》（*On Landed Property, and the Economy of Estates*），1844 年

➤ **花上的蜜蜂**
多種昆蟲會被西洋椴的花的香味和大量花蜜吸引。圖中這樣的蜜蜂喜食椴樹花蜜，並在樹木之間傳遞花粉。

類群：真雙子葉植物

科：錦葵科

株高：15–50 米

冠幅：可達 15 米

樹葉：落葉；基部不對稱，邊緣有鋸齒；大小介於兩個親本之間，長達 10 厘米

果實：球形蒴果；通常不育，內部沒有種子；簇生

樹皮：光滑，呈灰色，有脊紋；嫩枝呈紅色或棕色

可可樹從第 4 年開始結實。

類群：真雙子葉植物

科：錦葵科

株高：4–8 米

冠幅：4–6 米

樹葉：常綠；卵形，有光澤，革質；互生；長 15–50 厘米

樹皮：深棕色；殘留有死去的花或果實脫落時留下的柄

◀ 樹幹上的果實

可可樹的花和肉質果實直接從樹幹和老枝上長出，而不是長在側枝上（這種適應性特徵被稱為「老莖開花現象」），這在樹木中是很少見的。

僕人為顯貴人物端上一碗食物

白色食物可能是可可種子，即可可豆

▲ 瑪雅傳統

這件器皿來自大約 1,300 年前，上面的繪畫被認為展示了一座瑪雅宮殿中的場景。像這樣的瑪雅飲用器皿是他們用來喝可可熱飲的。

可可

Theobroma cacao

可可很可能原產於安第斯山脈東部亞馬遜河源頭附近的山地森林，但被瑪雅文明和阿茲特克文明傳播到中南美洲各地。

這種常綠小喬木的樹幹細長。橢圓形葉片幼嫩時呈紅色，然後變成深綠色。碩大的果實就是備受珍視的可可種莢。至少從公元前 1750 年起，可可在中美洲和墨西哥就被用來製作飲品。作為該地區第一個文明的創造者，奧爾梅克人（Olmecs）將它們從原產地安第斯山脈東部帶到這裏。後來，瑪雅人和阿茲特克人進一步發展了當地農業。這種樹（他們稱其為「Cacau」，英文寫作「Cacao」）對他們的精神生活有着重要意義，並為他們提供食物和飲品。可可豆被用作貨幣，還被當作貢品獻給掌權者，他們會將收到的可可豆儲藏在巨大的倉庫裏。他們將烤熟的可可豆與玉米、辣椒粉和香料混合在一起，製作湯羹和醬汁，但大多數時候他們將可可豆放在一種起泡沫的飲品中，這種飲品被他們稱作 *xocoatl*［這裏的「x」發音是「sh」，「chocolate」（巧克力）這個英語詞就是這麼來的］。

廣為流行

當歐洲人來到這片土地時，他們並沒有被這種奇怪飲品的苦味吸引。出口到歐洲後，巧克力熱飲一開始只供貴族飲用，但是隨着糖的普及，它變得更加流行。從 17 世紀中期起，牛奶被加入巧克力飲品中，但是直到 19 世紀初，兩種現代主要產品才開始大規模生

瑪雅人相信可可是**神靈發現**的，並在**每年 4 月**慶祝這一事件。

◀ 果實

嚴格地説，可可的果實屬於漿果，裏面有 20–40 粒種子，種子周圍被味甜可食的果肉包裹。果肉會吸引猴子和松鼠，它們啃咬果實內部，釋放並傳播種子。

品種

克里奧洛（CRIOLLO）

最先由奧爾梅克人種植；淺色或白色可可豆風味柔和，據説可以製作最優質的巧克力。抗病性弱於其他品種。

特立尼達（TRINITARIO）

很可能源自其他 2 個品種的雜交；擁有厚而堅硬的外殼。可可豆的形態不一，香氣不如克里奧洛可可豆濃烈。

法里斯特羅（FORASTERO）

適應力強的品種，來自亞馬遜森林低海拔地區；主要種植在西非，全球大部分產量出自那裏。其可可豆發酵所需時間比克里奧洛可可豆長得多。

產，它們是可可粉和板狀巧克力（「cocoa」這個詞只是瑪雅名字的錯誤拼寫）。

可可種植在開放式果園中，生長在更高的遮陰樹下面，通常修剪成便於採摘的高度。它仍廣泛栽培於中南美洲，但如今的主要生產國是兩個西非國家。2019 年和 2020 年，科特迪瓦的可可產量佔全球產量的一半以上，高達 419 萬噸，而加納的產量佔全球產量的 19%。

從樹上到全世界

人們將收穫的果實劈開，挖出裏面的可可豆，堆在香蕉葉上或者放進木製「發汗箱」。白色果肉中的細菌和酵母使可可豆發酵，被耗盡的果肉漸漸枯竭。5–6 天後，將可可豆取出，放在太陽下曬一周。乾燥的可可豆被出口到國外的工廠進行加工，這些工廠主要位於美國和歐洲。在工廠，可可豆被烤熟並去除種皮，內部的種仁被磨成名為可可漿的糊狀物。擠壓可可漿以去除大部分脂肪（可可脂）就能製造出可可粉。在可可漿中加入額外的可可脂和糖就可以得到巧克力，大部分配方中還包含奶粉。如今，全世界每年消耗超過 650 萬噸巧克力，市值約 2,080 億美元。

昆蟲授粉

花單生或簇生在樹幹上。花朵直徑約 1.5 厘米，有 5 片白色或粉色花瓣，每片花瓣的基部有一個小小的杯狀結構，托住一根產生花粉的雄蕊。某些品種可以自花授粉，但其他品種必須由微小的搖蚊授粉，它們對於很多商業可可作物至關重要。

可可花和搖蚊

◀ **法國的巧克力熱飲海報**
這幅 20 世紀初的海報旨在推銷巧克力熱飲。它直接使用巧克力製作，與使用可可粉製作的熱可可相比，它的可可脂含量高得多。

鐮莢金合歡

Vachellia drepanolobium

類群：真雙子葉植物

科：豆科

株高：6 米

冠幅：6 米

樹葉：常綠；小葉沿着逐漸彎曲的中脈排成兩列；對生；長 5 毫米

果實：種子結在窄小的莢果中；人類可食

這種多刺且有時呈灌木狀的豆科常綠物種與相思樹屬有親緣關係，原產於東非的熱帶草原地區。那裏的環境條件最適合它生長，使它可以在植被中佔據優勢地位而形成森林。

鐮莢金合歡的短分枝從中央樹幹呈輻射狀伸展，形成寬闊的樹冠。枝條上有刺，一些刺的基部合生並膨大，長成大致呈球形的癭。癭被螞蟻用作庇護所——在癭中挖洞然後鑽進去。這種樹的英文名是 whistling thorn，意為「哨聲荊棘」，指的是風吹過這些洞時會發出口哨聲，長期以來都被當地人認為是一種超自然現象。花呈白色或奶油色，由蜂類授粉。這個物種在所謂的黑棉土中茁壯生長，這種土壤的黏土含量高，因此排水狀況不佳。樹木可以承受洪水衝擊，甚至可以在森林火災後從高於地面的低矮樹樁上重新萌發，就像某種天然平茬過程一樣。儘管生命力如此頑強，但是除了專門收

葉片被各種食草動物啃食

分枝通常較短，但可以向外延伸成寬大的樹冠

➤ 常見株型
鐮莢金合歡的標誌性傘狀株型是東非部分地區稀樹草原上的常見景致。它的木材在當地被用來製造工具和柵欄。

集之外，鐮莢金合歡在其自然分佈範圍之外極其罕見。在環境條件適宜的地區，它可以快速繁殖，甚至成為入侵植物。

螞蟻的家

已發現有數個螞蟻物種生活在鐮莢金合歡中，不過一棵樹通常只能容納一個物種。這些螞蟻不僅將刺的膨大基部當作庇護所，還吃葉片基部附近的腺體分泌的甘露。作為回報，這些螞蟻可以保護植物免遭侵襲，包括來自其他螞蟻物種的侵襲。樹上的螞蟻會切除枝條末端的芽以抑制樹木的伸展，從而令樹木不容易接觸被其他螞蟻物種佔據的樹。它們還保護這種樹不受其他動物的傷害，如吃嫩枝的長頸鹿，而這些螞蟻往往聚集在嫩枝上。長頸鹿的角對螞蟻的叮咬特別敏感，年齡較大的動物耐受力較強。如果沒有螞蟻的保護，哺乳動物會將樹啃光。

合生的刺形成中空的球形膨大結構，直徑約 2.5 厘米

長刺的長度可達 7.5 厘米

▲ **多刺枝條**

鐮莢金合歡的防禦能力非常強大。枝條上生長着又長又尖的刺和內部生活着螞蟻的球狀膨大結構，保護其免遭其他動物的傷害。

在當地，鐮莢金合歡是食物來源之一，因為幼嫩的癭可食（被螞蟻挖洞之前），幼嫩的種莢類似蔬菜。內樹皮有甜味，不過常常略微發苦，可代替口香糖。在商業上，這種樹的樹膠會被人們收集後加工成阿拉伯樹膠。

「……風從這些洞吹過，聽起來像由 1,000 枝長笛吹奏出的音樂。」

海倫・考徹（Helen Cowcher），《鐮莢金合歡》（*Whistling Thorn*），1993 年

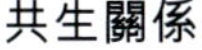

共生關係

鐮莢金合歡屬於一個名為適蟻植物（ant plants 或 myrmecophytes）的植物類群，而螞蟻和植物的關係已經得到廣泛研究。螞蟻和這種樹的生存都不完全依賴對方，而是從雙方的關係中獲得競爭優勢。這種樹為螞蟻提供庇護所和食物，而螞蟻幫助這種樹抵禦外界傷害。

鐮莢金合歡上的螞蟻

其他物種

牛角金合歡

Vachellia cornigera

生長在墨西哥和中美洲，膨大的刺像閹公牛的角。

阿拉伯金合歡

Vachellia nilotica

來自非洲、中東地區以及印度的物種，從樹幹裏流出阿拉伯樹膠。

◀ 花海

在地中海地區和其他氣候溫和的溫帶地區，樹形優雅、輕盈的銀荊是重要的行道樹和花園觀賞樹種。

銀荊

Acacia dealbata

這種常綠植物的英文名是 silver wattle（意為「銀色相思樹」），被北半球的園丁和花藝師稱為聖誕花或澳洲白粉金合歡。它的冬花預示着甜美春季的到來。

銀荊是**先鋒物種**——它的種子最先在被火災清理的土地上**發芽**。

在其位於澳洲東南部和塔斯馬尼亞的自然分佈範圍，銀荊可以迅速長至很大的尺寸，並分佈於從高地到深谷的各種地形。它在水道沿途長成喬木狀，長在較乾旱的環境條件中時往往更像灌木。英國博物學家約瑟夫・班克斯（Joseph Banks）隨探險家詹姆斯・庫克（James Cook）在 18 世紀末的澳洲遠航之旅中採集了這個物種，後來它在 19 世紀初被引入歐洲。在有些地區，它成功存活並傳播，以至於被認定為入侵植物。銀荊通常很少活過 40 歲。

柔軟的二回羽狀復葉（嚴格地說是葉狀柄，或者相對寬的葉柄）賦予這種樹柔軟的羽毛狀外觀。圓形花呈淺硫黃色，開在長達 10 厘米的鬆散圓錐花序中，而且有強烈的香味。廣泛使用的英文名 mimosa 也是分佈於熱帶的另一個屬（含羞草屬）的植物學名字，該屬包括幾種一年生植物和多年生植物。

▼ **燦爛的樹冠**
銀荊幼樹直立且細長，擁有三角形樹冠，樹冠隨着年齡的增長向外伸展。在花園裏，它們很少能夠長到野外植物的大小。

從計時到木材

銀荊對土著居民來說用途有很多：製作藥物、肥皂、食物、燃料，以及工具和武器。對於烏倫傑里（Wurundjeri）人，生長在墨爾本東部雅拉（Yarra）河兩岸的銀荊樹是重要的日曆植物。當它們的花開始落入水中，就是釣鰻魚的時候，因為它們會聚集在一起，吃寄宿在花裏的昆蟲幼蟲。

除了受到手工藝人的普遍喜愛，它的木材用途有限。木材有時被打成木漿，然後和其他材料結合，製成木質複合產品。它還可用於生產一種可食用樹膠，作為食品添加劑。

其他物種

黑木相思
Acacia melanoxylon
原產於澳洲東南部沿海地區；常綠物種，深綠色或黑色樹皮呈鱗片狀出現在較老的樹上。

有象徵意義的樹

在許多東歐國家及美國，堅韌的銀荊是國際婦女節的標誌。澳洲在每年 9 月 1 日慶祝國際銀荊日。除了預示春天的降臨，這一天還用來紀念本土銀荊，以及它們歷年來對澳洲人而言所象徵的民族自豪感和多樣性。

國際銀荊日，悉尼，1935年

➤ 紅額金翅雀和二球懸鈴木種子
雖然不是野生動物的主要食物來源，但二球懸鈴木的果實會被一些城市鳥類如紅額金翅雀吃掉。作為一個雜交物種，二球懸鈴木的種子很少能夠充分發育。

類群：真雙子葉植物

科：懸鈴木科

株高：可達 48 米

冠幅：15–21 米

樹葉：落葉；有 3–5 枚裂片，邊緣有尖鋸齒；互生；寬達 25 厘米

花：2–6 個球形花序簇生在一根花梗上；雄花和雌花生長在不同的樹枝上

樹皮：棕色，鱗片狀；片狀剝落（主要是上半部分樹幹）後露出下面的奶油白色木頭

二球懸鈴木

Platanus × hispanica

二球懸鈴木遍佈全球的城市，在嚴酷的人工環境中生存，它是最成功的城市樹種之一，本身也是人造的產物。

生活在**南非約翰內斯堡**的**二球懸鈴木**種群正遭受**甲蟲**的威脅。

二球懸鈴木的準確起源已無從查證。人們認為它是一球懸鈴木（American sycamore）和三球懸鈴木（oriental plane）的雜種，這兩個物種的自然分佈範圍不重疊（見第 225 頁）。它在 1666 年被首次記錄，位於英格蘭牛津的植物園中，當時被描述為其雙親的中間類型，而兩個親本物種在該植物園中都有種植。然而，因為三球懸鈴木在不列顛群島不耐寒，一些專家提出這個雜種更有可能首先起源於法國或西班牙，然後再被引入英國，因為在 1650 年左右，這些地方同時生長着兩個親本。拉丁學名中的「× *hispanica*」反映了它被假定的西班牙起源。

通常情況下，DNA 分析這一現代遺傳學技術應該能夠確認這種雜交物種的身份，但最終得到的證據有些模稜兩可。某些分析技術支持雜種起源；另一些技術則認為它與三球懸鈴木的遺傳關係更緊密，可能是該物種的突變類型。雜種植物通常不育，因為它們含有兩套分別來自雙親的不同染色體，這兩套染色體在減數分裂過程中無法恰當地分

➤ 伸展的樹冠
二球懸鈴木是落葉樹，粗壯的樹幹和濃密的葉片沿着城市街道提供宜人的樹蔭。它可以使城市景觀變柔和，幫助降低交通噪聲。

「儘管倫敦有煙霧、石板和瀝青等污染源，但它（二球懸鈴木）為這座城市的生活增添了許多色彩。」

愛德華・斯特普（Edward Step），《路邊和林地樹木》（*Wayside and Woodland Trees*），1940 年

▲ **球形果實**

風媒授粉後，雌花發育成帶刺的頭狀果序。果序在冬天緩慢分解，釋放出種子。每一枚種子都有一簇硬毛，有助於它在風中飄散。

離。然而，二球懸鈴木有時可育，即它自身就可以繁殖，有時還會在新的地點自播。另一方面，樹上很多果實的種子裏沒有能夠發育的胚胎，這與它作為雜交物種是相符的。有可能自 17 世紀以來，兩種類型都得到人類的種植，而它們的分佈情況混雜到難以分辨。

無論這種樹的真正性質如何，人們都知道它非常長壽，首批種植的部分樹木至今還在枝繁葉茂地生長。在 17 世紀 60 年代，兩棵二球懸鈴木被當作禮物送給林肯教區主教，它們至今仍然生長在劍橋郡的巴克登（Buckden）塔。還有一棵生存至今的樹是在 1680 年種下的，位於伊利（Ely）的主教宮（Bishop's Palace），也是在劍橋郡。在活着的所有二球懸鈴木中，最高的樹生長在英格蘭多塞特郡的布萊恩斯頓學校莊園（Bryanston School Estate），最近一次測量是在 2015 年進行的，測出的高度是 49.67 米。它是 1749 年種植在一條林蔭大道上的其中一棵，當時建這條林蔭大道是為了紀念 1649 年英國國王查理一世被處決 100 週年。其中的所有樹木仍然生長良好，沒有任何衰老的跡象，所以這種樹的最長壽命可能仍然有待考證。

適應力強的「城市居民」

1811 年，二球懸鈴木已經在倫敦這座迅速擴張的城市成為一種廣受歡迎的行道樹，因此它的英文名叫 London plane（倫敦懸鈴木，中文又稱英國梧桐），它通常比兩個親本長得都高，樹冠高懸於

二球懸鈴木作為一種很受歡迎的遮陰樹被種植在澳洲的主要城市。

污染最嚴重的街道上方。它的根系可以應對緊緊壓實的土壤、石板路面、柏油碎石路面，以及城市街道上受污染的雨水徑流。它能忍耐定期截枝和修剪，樹枝很少脱落，而且可以承受大多數等級的狂風。它在20世紀最嚴重的倫敦煙霧（充滿煙和煤煙灰的霧）中倖存，因為它的葉片在冬季煙霧散去很久之後才萌發，而且光澤的葉片表面很容易被雨水沖刷乾淨。它的樹皮大片剝落，這能夠防止樹幹上的皮孔（呼吸孔）被煤煙灰堵塞。它的葉片還吸收微小的碳顆粒，從而幫助減輕空氣污染。

在倫敦，二球懸鈴木將種子撒播到河邊的牆壁和橋上，但是從未形成純林。工業和城市生活製造的熱量可能有助於它的生存，因為它在英國的其他地方不太常見。它的金棕色木材有顏色較深的斑點，稱為「拉斯木」(lacewood)，從前被用作飾面板。

➤ 剝落的樹皮

在樹幹的上半部分，樹皮在秋天呈條狀剝落，賦予樹木表面一種斑駁的外觀。這可以防止苔蘚和煤煙灰積累。

因具有耐污染的特性，二球懸鈴木作為一種用於林蔭大道兩側以及公園和花園中的遮陰、觀賞樹被廣泛種植在許多南歐城市、澳洲主要城市以及南非約翰內斯堡的郊區。在紐約的行道樹中，二球懸鈴木超過1/10；紐約市公園與娛樂管理局的標識就是交叉的一枚二球懸鈴木葉片和一枚槭樹葉片。

全球性的樹木家族

各種懸鈴木在很多國家都作為鄉村的標誌性景觀受到贊賞，如在印度畫家阿布・哈桑（Abu'l Hasan）於1610年畫的這幅畫中，一名男子正在捕捉一棵三球懸鈴木上的松鼠。

其他物種

一球懸鈴木

Platanus occidentalis

原產於北美洲東部；雜種二球懸鈴木的親本；葉片有3–5枚邊緣呈波浪狀的淺裂片。樹皮呈細條狀剝落。

三球懸鈴木

Platanus orientalis

二球懸鈴木的另一個親本，原產於歐洲東南部和西亞。葉片有5枚細長的三角形裂片；樹皮呈大塊片狀脱落。

冬日奇景

克里米亞的德梅爾吉（Demerdzhi）山大霧瀰漫，使它籠罩於神祕環境之中。岩石遍佈的山坡不但啓發了大量民間傳説，還是櫟樹、紅豆杉等多種樹木的家園。這棵歪脖子的歐洲赤松（*Pinus sylvestris var. hamata*）在滄桑歲月中彎曲伸展，和霧氣背景形成了鮮明對比。

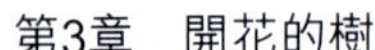

➤ 歐洲枸骨葉片
作為歐洲林地中為數不多的闊葉常綠樹之一，歐洲枸骨長着有光澤的葉片，與其鮮豔的紅色漿果形成鮮明的對比。

每片樹葉都覆蓋着有光澤的角質層，它可以減少從葉片氣孔流失的水分

刺生長在樹葉的邊緣，而且葉片呈堅硬的革質，這都有助於抵禦飢餓的食草動物，如鹿

歐洲枸骨

Ilex aquifolium

歐洲枸骨的深綠色葉片和鮮紅色漿果與西方的聖誕節聯繫緊密，而且它的枝條和類似物品被廣泛用於節日裝飾。然而，人類開始使用歐洲枸骨的時間比基督教的誕生早得多。

類群：真雙子葉植物

科：冬青科

株高：可達 20 米

冠幅：可達 15 米

花：白色，有香味，4 片花瓣；雄花和雌花開在不同的樹上

樹皮：灰色，表面光滑或起皺；嫩枝呈綠色

歐洲枸骨果實成熟時變成紅色

歐洲枸骨的深綠色葉片即便在風雪交加的冬季森林中也能生存。在歐洲枸骨位於西歐的自然分佈範圍內，這種展現持久生命力的動人場景引起了人們的廣泛共鳴，很多早期基督教的神話和傳説中都有這種樹的身影。在古羅馬，歐洲枸骨花環是農神節（Saturnalia）期間的禮物，這個冬至節日紀念的是古羅馬神話中的農業和植物神薩杜恩（Saturn）。在凱爾特傳統故事中，四季更替是由「冬青之王」和他的兄弟「櫟樹之王」之間的戰爭引發的。他們勢均力敵，「櫟樹之王」在夏天佔據優勢，但是隨着天氣變冷，「冬青之王」戴上了王冠。隨着基督教在歐洲傳播，異教節日開始受排擠，但仍然很流行，並最終被吸收到基督教傳統中。在冬天用來裝飾住宅的歐洲枸骨還有特殊的意義：帶刺的葉片據説象徵荊棘王冠（耶穌受難時所戴的冠冕——譯者注），而紅色漿果代表鮮血。

樹籬和花園

歐洲枸骨是一種廣受歡迎的花園植物。它適合用來建造樹籬，多刺的樹葉可以趕走闖入者。它的樹葉以刺狀鋸齒聞名，但並不是所有葉片都帶刺。歐洲枸骨的葉片容易被飢餓的動物（如鹿）啃食，尤其是在冬天樹葉稀少時，所以最靠近地面的葉片往往是最多刺的。相比之下，最上面的葉片是大型食草動物夠不着的，因此基本上沒有刺。這並不意

全緣葉片來自樹木頂端

多刺葉片來自地面附近

➤ 形態各異的葉片
這些葉片都來自同一棵歐洲枸骨。和那些食草動物夠不着的葉片相比，最容易暴露在它們面前的葉片往往有更多的刺。

歐洲枸骨樹可以活500年之久，但大多數樹早早就會死亡。

歐洲枸骨和節日

和常春藤以及槲寄生一樣，常綠的歐洲枸骨長期以來被人們用來在冬季裝飾住宅。漂亮的葉片和漿果據説會帶來好運，有時被視為永恆生命的象徵，甚至據説是精靈的庇護所。

▲ 女子和獨角獸

這是以感官為主題的 6 件套佛蘭德掛毯中的一件，掛毯上的畫面關注的是視覺，而且描繪了多種植物，包括一棵歐洲枸骨（右）。

味着它們完全安全，冬青植潛蠅（*Phytomyza ilicis*）的幼蟲會在歐洲枸骨的葉片中挖洞，損傷葉片。野生歐洲枸骨通常多刺，但很多栽培品種沒有刺，而刺蝟歐洲枸骨（*Ilex aquifolium*‘*Ferox Argentea*’）甚至比野生類型有更多刺，除了葉片邊緣之外，就連葉片表面也有刺。

歐洲枸骨有着悠久的民俗傳統，而且一直是花園裏廣受歡迎的植物，早已擴展到其自然分佈範圍之外。在北美洲的西北太平洋地區，歐洲枸骨是入侵物種，而且它的幾個特徵令其容易從栽培地延伸至野外。每棵樹每年產數千顆種子，而且其紅色漿果對鳥類很有吸引力。當歐洲枸骨被砍至地面高度時，它會從樹樁上重新萌發。此外，任何接觸到地面的枝條都可以生根併發育成新樹。在 20 世紀 20 年代的華盛頓州，為了獲得「冬青之州」的稱號，歐洲枸骨被廣泛種植在西雅圖各地。具有入侵性的歐洲枸骨排擠本土物種，所以近些年來人們採取了一些措施以控制它的蔓延。如今，在華盛頓州 39 個縣中，仍然有 18 個縣的歐洲枸骨不受控制地生長。

其他物種

美國冬青
Ilex opaca
原產北美洲東部；常綠冬青植物，和它在歐洲的近親一樣被用於編織花環。葉片無光澤。

具柄冬青
Ilex pedunculosa
來自日本和中國的常綠冬青植物，沒有歐洲物種的葉刺。漿果大，掛在長果柄上。

阿爾塔冬青
Ilex × altaclerensis
由歐洲枸骨和馬德拉群島本土物種馬德拉冬青（*Ilex perado*）雜交而來；葉片和果實比親本大。

獨特的漿果

鮮紅色漿果是歐洲枸骨最顯著的特徵，而且這種顏色對鳥類尤其有吸引力。鳥類的色覺和人類相似，不過它們能看到光譜紅端的更多波長，所以植物利用紅色吸引鳥類吃掉自己的果實並傳播種子。歐洲枸骨的漿果不是真正的漿果，而是一種名為核果的果實。就像在櫻桃或海棗等其他核果中一樣，每一粒歐洲枸骨的種子都被一層堅硬的外殼（即內果皮）包裹。不是所有歐洲枸骨樹都結果實。歐洲枸骨雌雄異株，雄株和雌株是分離的，只有雌株才能有核果。然而，必須要有一棵開花的雄樹提供花粉，雌花才能發育出果實。

簡單的顏色

花有很多種顏色，但是果實、漿果（如歐洲枸骨的漿果）常常是紅色或黑色的。花必須被擾動多次才能實現授粉，而擁有獨特的顏色可以確保授粉者找到正確的花。果實常常被鳥類吃掉，並且長成可被普遍識別的常見顏色。

歐洲枸骨漿果和歐金翅雀（GREENFINCH）

樹枝被大風錘鍊得更加堅挺

◀ 被風摧殘

歐洲枸骨雖然大部分時候常見於有遮蔽的林地中，但可以生存在無遮擋的地方，此時姿態常常變得扭曲，就像被風修剪過一樣。

> 「但是當我們看到冬天的樹林光禿禿時，冬青樹卻為何如此歡樂？」
>
> 羅伯特・騷塞（Robert Southey），《冬青樹》（*The Holly Tree*），1798 年

◄ 乳香樹脂

有香味的樹脂從樹幹上的切口滲出並硬化成淚珠狀液滴，可以在 10 天後採集。

類群：真雙子葉植物

科：橄欖科

株高：1.5–8 米

冠幅：1–4 米

樹葉：落葉；淺黃綠色；橢圓形，有 6–9 對裂片；長約 10–25 厘米

花：黃白色，4–5 片鋪開的花瓣；直徑約 4 厘米

果實：梨形，綠色；乾燥的蒴果中含有 3–5 粒種子；長約 1 厘米

阿拉伯乳香樹

Boswellia sacra

這種沙漠落葉小喬木以其樹液聞名，它是乳香的主要商業來源。乳香是一種廣受歡迎的熏香，也是這種樹的名字的由來。

乳香的貿易史長達約 **6,000 年**。

這個物種生長在索馬里和也門沙漠地區的石灰岩沖溝中，以及阿曼南部沿海的斷崖山上。在風力最強勁的生長地點，它的樹幹基部膨脹，幫助其固定在大石頭或岩壁上。

雖然阿拉伯乳香樹的樹液是熏香樹脂的主要來源，但乳香樹屬（*Boswellia*）的所有 23 個物種都會產生有香味的樹液，起到驅趕蛀木昆蟲的作用。樹液從樹幹上的傷口中滲出，然後逐漸凝固以密封傷口。樹液的抗細菌和抗真菌特性有助於乳香樹的生存，這在乳香樹的嚴酷生長環境中顯得尤其重要。

為了獲取樹脂，人們用刀在樹幹上砍出傷口，然後將分泌物從樹上刮下來，或者收集滴落到地上的分泌物。樹皮上的樹脂顏色泛紅，被認為品質較差，不如在地面上凝固的淺色樹脂。建立種植園的嘗試基本上都失敗了，而且當地人堅持認為最好的乳香來自野生的樹。近幾十年來，這導致樹木被過度利用。在阿曼，阿拉伯乳香樹被綿羊和山羊大量啃食，很少能夠結出種子，限制了新樹木的形成。

除了用作熏香，乳香還在化妝品行業和藥品行業受到重視。初步的醫學研究提出，它可能有助於治療關節炎。

► 阿拉伯乳香樹

阿拉伯乳香樹既可以長成低矮的灌叢狀灌木，也可以長成更高且樹枝伸展的喬木。它的樹幹基部膨脹，樹皮呈紙狀剝落。

圓柱形鉢的表面有朱鷺和蛇的形象，它們是性功能和生育能力的象徵

► 青銅香爐

這個香爐製造於公元前 1000 年中期的阿拉伯地區西南部，它令人聯想起那個遙遠的時代，熏香在當時被視作珍貴之物，其貿易非常重要。

Green Tea
Fig. 1.
Fig. 2
Fig. 3.
Fig. 4.
Fig. 5
Fig. 6.
Fig. 7.
Fig. 8.
Fig. 9
Fig. 10
Fig. 11
Fig. 12
Fig. 13
Fig. 14
Fig. 15.
Fig. 16
Fig. 17.
Painted & Engrav'd by J. Miller.
Publish'd according to Act of Parliament Dec 10th 1771.

類群：真雙子葉植物

科：山茶科

株高：可達 9 米

冠幅：可達 2.5 米

樹葉：常綠；卵形，邊緣有鋸齒；表面有光澤，鮮綠色；輪生；長 5–15 厘米

花：單生或簇生，有香味，6–8 片白色花瓣。直徑達 4 厘米

果實：橢圓形蒴果，長達 3 厘米，有 1–3 個小室，每個小室中有 1 粒種子

◀ **植物學細節**

這張 18 世紀的插圖展示了茶樹的植物學特徵。茶樹的花擁有兩輪花瓣——2–4 片醒目的大花瓣和較小的綠色外層花瓣。

▲ **茶道儀式**

在日本，人們從公元 8 世紀就開始飲茶了，一開始茶作為藥物被飲用，後來飲茶成了一項社交儀式，如這幅 19 世紀的木刻版畫所示。

茶

Camellia sinensis

茶是小型常綠喬木或灌木，與觀賞植物山茶有親緣關係，而且是全世界消耗量第二多的飲品（僅次於水）的來源。這個物種可能起源於緬甸山區。

大約 5,000 年前，人類發現用沸水沖泡當地丘陵上一種低矮常綠樹的苦味葉片可以製成一種可口的提神飲品。這個發現對後人將產生重大影響——不只是飲食方面的影響，還包括文化和經濟方面的影響。

雖然茶的葉片在東南亞部分地區仍被人類生食或者醃製後食用，但中國人早在公元前 2737 年就開始使用它的葉片製作飲品了。茶樹栽培在中國和緬甸各地迅速傳播，如今已經無法識別出真正「野生的」茶樹。茶在 1610 年被首次帶入歐洲，並在從中國大量進口後迅速成為一種流行飲品。為了繼續控制這個急速增長的行業，中國阻斷了茶樹向其他國家的出口。19 世紀初，歐洲的植物探險家走遍中國各地，為英屬東印度

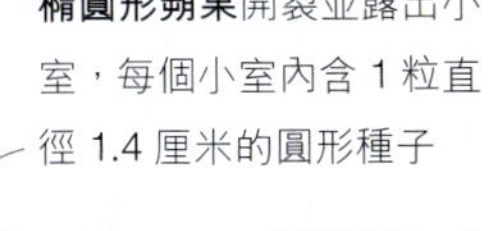

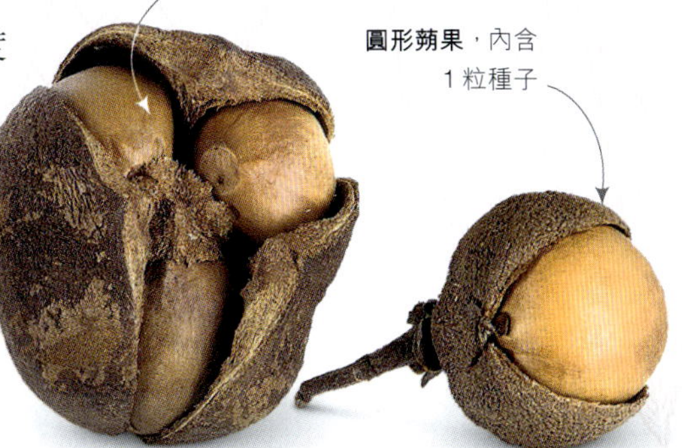

➤ **蒴果**

果實是橢圓形或圓形蒴果，成熟時從綠色變成棕色。它包括 1–3 個小室，每個小室含有 1 粒種子。從種子中提取的油可用於烹飪。

波士頓茶黨

1773 年，今美國馬薩諸塞州境內的殖民者登上東印度公司停泊在波士頓港的貨船，將三船茶葉倒進海裏，以抗議英國政府徵收不公平的茶葉税。英國對這次反抗行動的報復加速了美國革命的進程。

雕版印刷畫，摘自《北美歷史》（*The History of North America*, 1789）

▼ 採茶

優質茶葉主要由工人手工採摘，他們只摘下頂芽和頂芽下方的兩三片葉。每個工人每天可以採摘 35 公斤茶葉。

公司設在錫金和印度阿薩姆邦的茶葉種植園採集茶樹樹苗。

1823 年，有人在阿薩姆邦的雨林裏發現了一種新型的茶樹。它生長在更高樹木的陰影中，被認為過於柔弱，無法用於栽培。人們用來自中國的茶樹和它們雜交，令它們變得更健壯。這些雜種形成了印度東北部茶樹種植園的基礎，並在 20 世紀成為其他熱帶地區種植的主要茶樹株系。和阿薩姆茶（*Camellia sinensis* var. *assamica*）相比，中國茶（*Camellia sinensis* var. *sinensis*）的葉片更小，而且口味更清淡，有更濃的花香味。

栽培和生產

茶可以長成中等尺寸的樹木，但只有極少數茶樹被允許充分長高，這樣做是為了提供未來種植所需的種子。絕大多數茶樹被修剪到大約 1 米高，使枝條生長成舒展、扁平的「採摘平台」，便於手工採摘。人們認為與使用採收機械相比，手工採摘更有選擇性，也更高效。

在製作綠茶時，新鮮採摘的葉片先被蒸熟然後烘乾，以保留它們的綠色和植物風味。在製作紅茶時，首先使用熱空氣「萎凋」葉片以去除水分，接下來使用機械「揉捻」它們，使植物細胞破裂，然後將它們放置在溫暖、乾燥的環境中發酵。這會誘導茶葉中的澀味和苦味發生化學變化，然後茶葉就可以乾燥分級，用於銷售了。紅茶的咖啡因含量約為 2.5%，而綠茶的咖啡因含量約為 4.5%。

茶葉種植

茶在中高降水量、全年濕度高的地區生長得最好。它無法生存在極度寒冷的環境中。2018 年，全球收穫了將近 590 萬噸茶葉，其中僅中國的產量就佔了 44%，主要供國內消費。印度的產量佔 23%，其他主要茶葉出口國包括肯尼亞和斯里蘭卡。

中國茶園

17 世紀，德國耶穌會學者阿塔納斯・珂雪（Athanasius Kircher）在他關於中國的專著中使用了這張插圖。

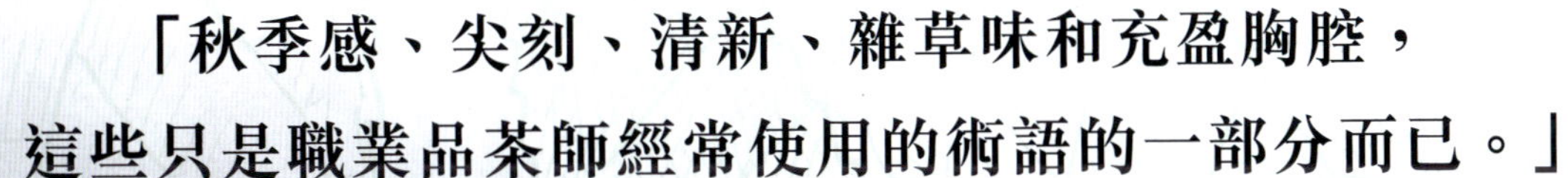

「秋季感、尖刻、清新、雜草味和充盈胸腔，這些只是職業品茶師經常使用的術語的一部分而已。」

安娜・萊溫頓（Anna Lewington），《植物為人類》（*Plants for People*），2003 年

其他物種

「三色」山茶

Camellia japonica 'Tricolor'

種在花園裏的觀賞茶花有 2,000 多個品種，其中大部分來自這個物種。

大苞山茶

Camellia granthamiana

這種花園植物的所有栽培個體都源自 1955 年在香港發現的一棵樹。

Strega Martinazza | Strega Canidia

IL NOCE DI BENEVENTO

Nel' Ballo dello stesso nome. Atto I

Milano presso l'incisore Stucchi | Cost. Giocosi.

類群：真雙子葉植物

科：胡桃科

株高：可達 30 米

冠幅：可達 15 米

樹葉：常綠；羽狀復葉，5–9 對小葉，末端是一枚較大的小葉；互生；長達 15 厘米

柔荑花序：只有雄柔荑花序，由眾多小花組成，每朵小花有許多雄蕊，沒有花瓣

樹皮：光滑，灰色，長出縱向裂紋。嫩枝呈綠色或灰色

◀ 貝內文托的胡桃樹

在意大利民間傳説中，女巫們會聚集在小城貝內文托一棵神聖的胡桃樹下守安息日。這個故事給了維加諾（Viganò）和蘇斯邁爾（Süssmayr）靈感，讓他們創作出 1812 年的芭蕾舞劇《貝內文托的胡桃樹》（*Il Noce di Benevento*）。

▲ 綠色外皮

胡桃果實由小小的綠色雌花發育而來，通常 2–5 顆果實簇生於枝條末端。綠色外皮包裹着木質化的堅果殼。

胡桃

Juglans regia

這種珍貴的大喬木又名「波斯胡桃」、「喀爾巴阡山胡桃」、「馬德拉群島胡桃」或「英格蘭胡桃」。它的故事與人類的歷史有着千絲萬縷的聯繫。

作為一種常見於林地、河岸和田地邊界的落葉樹，胡桃（俗名核桃）擁有令人難忘的樹葉、短短的樹幹和寬闊的樹冠。寶貴的堅果和木材讓它在人類文明中成為重要的商品，而且被人類如此廣泛地運輸，以至於其起源早已模糊不清。遺傳學研究表明，胡桃樹源自兩個野生物種的雜交，這最有可能發生在亞洲。如今，在從中國經中亞至南歐的半天然森林中都能找到它的身影，它在北歐，南、北美洲，澳洲，新西蘭以及其他地方都有栽培。

冰川作用也在胡桃目前的分佈中發揮了重要作用。胡桃樹曾廣泛分佈於歐洲和亞洲，但是在更新世的冰川推進期間，它們的種群逐漸南移到名為冰期避難所（refugia）的無冰地點。可能有一個相對較小的胡桃樹種群最終出現在今天的伊朗，而其他理論提出從中國到西班牙存在多個冰期避難所。無論是哪種情況，胡桃都是在氣溫開始升高之後在人類的幫助下開始從這

胡桃會引起一些人出現**過敏反應**，其中一些可能是致命的。

其他物種

黑胡桃

Juglans nigra

原產於北美洲東部大部分地區；落葉樹，堅果可食，木材具有重要經濟價值。

壯核桃

Juglans cinerea

黑胡桃的近親，同樣原產於北美洲東部。堅果可用於製造一種類似牛油的油。

「文玩核桃」是在**中國**成對收集的胡桃，用於**把玩**。

製造花粉的雄柔荑花序出現在樹枝末端之下，而雌花則開在枝條末端

「有一件事讓我後悔……那就是我這一生從未種下一棵胡桃樹。」

喬治・奧威爾（George Orwell），《給佈雷牧師說句好話》（*A Good Word for the Vicar of Bray*），1946 年

▼ 種子傳播

胡桃依賴嚙齒類等動物傳播種子。有些種子被動物直接吃掉，但大多數種子會被它們囤積起來而後又被遺忘。

些安全地點向外擴散的。在其位於歐亞大陸的分佈範圍內，大體上無法判斷一棵特定的胡桃樹是不是「本土」植物，這個問題基本上被認為是多餘的。

胡桃是一種多用途的樹。可食用的種仁或許是最有名的，它們可以生吃，用作菜餚配料，或者加入蛋糕、餡餅和巴克拉瓦（西亞地區的一種酥皮果仁糕點——譯者注）。它們還可以榨油，或者加工成核桃醬。種仁可以糖漬或醃製，而殼尚未變硬的未成熟堅果可醃製或者用來為烈性甜酒增添風味。胡桃有廣泛的醫藥用途，而且殼（堅果殼）可製成深棕色染料。胡桃木非常寶貴，尤其是深色心材，被用於製造高級家具、槍托、樂器和飾面薄板。

競爭性物種

胡桃樹的樹冠下面難得長草，其他類型的植物更是極為少見。一部分原因是這種樹的樹蔭會扼殺其他植物，而且它的龐大根系令其他植物在

胡桃是**松鼠**喜歡的食物

生死決鬥

1804 年，死對頭美國副總統阿龍・伯爾（Aaron Burr）和前財政部部長亞歷山大・漢密爾頓（Alexander Hamilton）用一場決鬥解決兩人之間的分歧，他們選擇的武器是一對配備胡桃木槍托的手槍。漢密爾頓隨後因槍傷而死。胡桃木用於製造槍托，是因為它堅硬耐用。

伯爾和漢密爾頓的決鬥

雄花生長在細長的柔荑花序上，柔荑花序着生在枝條末端下面一點的位置，在風中搖晃，釋放出大量花粉

▼ 帶芽的樹枝

胡桃的花先於葉片在早春出現。它們依靠風媒授粉，風可以在沒有樹葉阻擋的情況下傳播花粉。

芽鱗保護正在發育的花和葉片，幫助它們抵禦冬季的寒冷，春季芽開始膨脹時會脱落

葉痕的形狀像馬蹄，是樹葉在秋天脱落時留下的

➤ 胡桃堅果的各個部位

將胡桃果實的綠色外皮去除，就會露出裏面的堅果。每個堅果都包括一層可分為兩半的外殼（堅果殼），以及兩顆彼此連接且整體形狀像大腦的種仁。

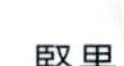

堅果

截面

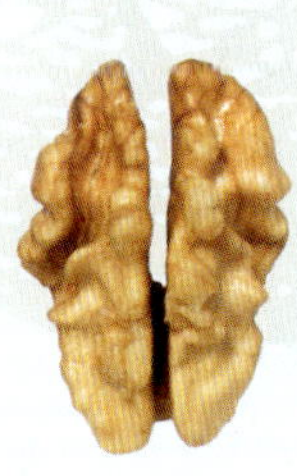

種仁

對水分和營養物質的爭奪中敗下陣來。然而，另一個因素也限制了相鄰植物的生長——植化相剋(allelopathy)。胡桃樹的葉片、果實和根系中會產生一系列化學物質，其中最有名的是胡桃醌。當葉片落到地面上並開始分解時，胡桃醌和其他化學物質進入土壤，起到抑制其他植物生長、減少它們對資源的競爭的作用，這令胡桃樹佔盡優勢。

植化相剋效應在另一個物種——黑胡桃上體現得最明顯，它會產生濃度更高的有害物質，但栽培胡桃樹還曾被發現會抑制某些作物的生長。胡桃醌的毒性已被用於捕魚：將切碎的綠色胡桃殼投入水中後，魚會被這種化學物質毒暈，然後浮到水面上。胡桃醌還被用作殺蟲劑。這種化學物質還有用於製藥的潛力，目前人們正在開展將其用作治療癌症和艾滋病藥物的試驗。

類群：真雙子葉植物

科：杜鵑花科

株高：可達 12 米

冠幅：可達 3 米

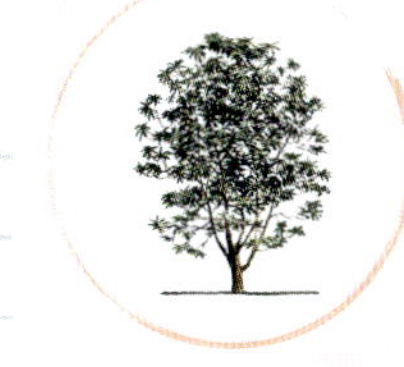

樹葉：常綠；背面通常覆蓋着白色或棕色絨毛；互生；長達 20 厘米

花：顏色不一，包括粉色、紅色和白色；花期為 4–5 月

◀ 尼泊爾「美人」

作為最高的杜鵑，樹形杜鵑花在春季盛開時分外引人注目，使喜馬拉雅山脈形成一幅風景畫。

▲ 樹形杜鵑的葉片

樹形杜鵑的葉片呈有光澤的深綠色，葉脈深，簇生在枝條末端。它們醒目的顏色和簡單的形狀令樹形杜鵑的枝葉看起來很獨特。

樹形杜鵑

Rhododendron arboreum

杜鵑是最大的喬木和灌木類群之一，有的生長在亞洲最高的山坡上，有的被種植在歐洲和美洲的花園裏。樹形杜鵑是最著名的物種之一，以其美麗的花和高度聞名。

樹形杜鵑作為最高的杜鵑，它完全配得上拉丁學名中的種加詞 *arboreum*（意為「樹狀的」），可以長到 12 米高。它原產於喜馬拉雅山脈，在花期會形成壯觀的開花森林，而且它還是尼泊爾的國花。在位於山區的自然分佈範圍內，大部分樹形杜鵑生長在海拔較低的地方，不過有些比較耐寒的亞種出現在海拔更高的地方。

杜鵑的英文名「rhododendron」意為「玫瑰樹」因為它的花呈玫瑰粉色，但不同杜鵑類物種的花可以五顏六色。栽培的樹形杜鵑首次開花發生於 1826 年，在英格蘭南部，而大面積種植杜鵑的潮流發生在 19 世紀，土地所有者們紛紛一擲千金，只為將自己的花園填滿杜鵑。這導致了「植物狩獵」的迅猛發展，尤其是在中國境內展開的活動，令許多著名花園植物和這些受歡迎的灌木一起引入歐洲。這場收集熱潮大大提高了英國和歐洲其他地區的花園植物多樣性，但也導致了入侵物種的

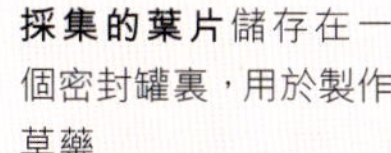

採集的葉片儲存在一個密封罐裏，用於製作草藥

▶ 沼澤茶

灌木物種杜香［*Rhododendron arboreum*，如今認為該物種屬於另一個屬——杜香屬（*Ledum*），其拉丁學名現已修訂為 *Ledum palustre*——譯者注］的葉片被採集並用於多種用途，包括製作草藥。它的別名包括「野迷迭香」、「沼澤茶」和「沼澤迷迭香」等。

Indian Rose bay
Rhododendron
Arboreum

品種

「讓・瑪麗」杜鵑（JEAN MARIE）

Rhododendron 'The Honourable Jean Marie de Montague'

源自 1921 年，它開的花是所有杜鵑品種中最紅的。

「智者」杜鵑（PERCY WISEMAN）

Rhododendron 'Percy Wiseman'

株型緊湊的品種，嬌小的體型是因其起源於屋久島杜鵑（*Rhododendron yakushimanum*）。奶油色花有粉色色暈，會逐漸變成白色。

「詩尼姿」杜鵑（SNEEZY）

Rhododendron 'Sneezy'

屋久島杜鵑的小型品種。新葉萌發時呈銀色，深粉色花上有紅色斑點。

◀ 植物學記錄

當西方人在喜馬拉雅山脈旅行時，他們會記錄自己遇到的任何新物種。回國後，他們畫的彩色插圖很快就吸引了園丁的目光，如左圖中由瑪格麗特・科伯恩（Margaret Cockburn）繪製的樹形杜鵑。

▶ 喜馬拉雅風景

樹形杜鵑在早春開花，它的花有時會被霜凍傷害。花可以是粉色、紅色或白色的，而且花朵基部內壁點綴着深色花蜜囊（蜜腺）。

生長在印度賈普（Japfu）山的一棵杜鵑樹創造了全球最高樹形杜鵑的吉尼斯世界紀錄，株高達 33 米。

迅猛增長，包括另一個杜鵑類物種——黑海杜鵑（*Rhododendron ponticum*）。它對許多自然生境造成了威脅，並在許多耗資巨大的清除項目中成為被清理的對象。

灌木中的喬木

很多杜鵑是灌木或小喬木，而且這些杜鵑在歐洲常常是栽培最廣泛的物種，但是杜鵑類植物包含一系列株型，有許多不同的生長形態。在這個屬內，樹形杜鵑是體型最大的樹之一，它擁有圓柱狀直立株型，可能形狀狹長，只有一根主幹，也可能從基部長出多條分枝。它可能需要 50 年才能長到最大的高度和寬度。它的葉片大、堅硬、革質，呈有光澤的深綠色。

樹形杜鵑是種植在歐洲花園中的一種受歡迎的觀賞樹，因鮮艷的花朵和漂亮的葉片而受到人們喜愛。和很多杜鵑類物種一樣，它的花通常很大，很快就能吸引授粉動物，包括鳥類、蝴蝶和蜂類。樹形杜鵑的艷麗花朵深受園丁喜愛，並且為授粉動物提供了巨大的好處。

對於園丁來說，樹形杜鵑是養護需求相對較低的物種，但是容易被幾種病害感染，包括瓣枯病和蜜環菌。它還可能被害蟲攻擊，如毛毛蟲和蚜蟲。

在杜鵑屬中包括一群名為映山紅（azaleas）的灌木物種。映山紅從前被劃為一個獨立的屬，大部分是落葉物種，這一點在杜鵑花中不常見。

▼ 灰蝶的棲息地

具有入侵性的杜鵑會在生態系統中產生不利影響，但也能提供一些好處：熊蜂以它的花蜜為食，而且它是卡灰蝶（green hairstreak butterflies）喜愛的棲息地之一。

類群：真雙子葉植物

科：桑科

株高：可達 15 米

冠幅：可達 8 米

樹葉：落葉；卵形、心形或者有淺裂；邊緣有鋸齒；互生；長達 30 厘米

果實：桑葚是聚花果，由數量眾多的肉質小果實聚合而成

樹皮：灰棕色，光滑至有溝痕；嫩枝呈淺棕色，有皮孔和葉痕

◄ 花蕾和葉片

在春天，桑樹的花開在短柔荑花序上。雄柔荑花序比雌柔荑花序長，可以長在同一棵樹上，也可以分別長在不同的樹上。

桑

Morus alba

桑是一種扮演多種角色的樹。它是絲綢生產鏈中的重要資源，受到權貴的重視，然而強健的長勢和類似雜草的性質讓它在一些地區成了有害物種。

當**雄花**開放時，雄蕊花絲像彈簧一樣，以大於 **1/2 聲速**的速度將花粉彈射出去。

桑樹的發源地很有可能是中國，但如今它廣泛生長在歐洲和亞洲各地，而且已經被引入美洲、南非和澳洲。桑葉可以製成茶，樹皮用在紙和紡織物中，果實可以生吃、乾製或者用於釀酒。這種樹經常作為觀賞植物種植，尤其是枝條下垂的垂枝桑，桑樹的提取物還有藥用價值。不過它最有名的用途是作為家蠶（*Bombyx mori*）幼蟲喜愛的食物。人們對奢侈絲織品的需求推動了桑樹在全世界的廣泛栽培。

絲綢的來源

製造絲綢是種植桑樹的主要原因。桑和蠶之間的關係非常悠久，可以追溯到 5,000 多年前。家蠶是極少數被人類馴化的昆蟲之一，而且現代家蠶和

► 關於桑葚的傳說

皮拉摩斯（Pyramus）和提斯柏（Thisbe）是一對生活在古巴比倫的愛人，他們命運悲慘，在一棵桑樹下殉情。據說他們的血將桑樹的白色果實染成了黑色。

➤ 果實的生長階段

桑的英文名稱為 white mulberry，意為白桑葚，但大多數桑樹的果實在成熟時呈深紫色或黑色。作為聚花果，桑葚是多個肉質小果實的集合體，每個小果實都來自花序中的一朵單花。

與其親緣關係最近的野蠶（*Bombyx mandarina*）差異極大。家蠶變蛾後不能飛，而且缺乏醒目的色彩，它們在沒有捕食者的環境中生長，學會了忍耐群體生活和人類的擺弄。這個特徵非常重要，因為雖然雄性野蠶蛾會在森林裏飛來飛去，尋找不會飛的雌蛾交配，但如今的家蠶蛾需要人類協助繁殖。它們的幼蟲貪婪地啃食桑葉，最終形成絲質蠶繭。從蠶繭中提取的纖維用於製造絲綢。養蠶業依賴供應穩定的桑葉作為蠶的食物，雖然它們喜愛桑樹，但是也吃其他桑屬物種和一些相關樹木的葉片。

桑樹大概是在公元 **1596 年**之前引入歐洲的。

長得快，死得早

桑樹是有名的雜草。它們的眾多用途確保人類將它們廣泛引入許多地方，但它們的一些生物學特徵令其容易擴散到栽培區域以外。它們小小的肉質果實是受很多鳥類歡迎的食物，而鳥類可以有效地遠距離傳播種子。桑樹生長迅速，壽命通常較短，不過也有可以活 500 年的。對於雜草而言，生長迅速是有用的特徵，因為這讓它們能夠迅速遮蔽毗鄰植物，有效地爭奪光照和土壤養分。在北美洲，具有入侵性的桑樹已經開始和本土物種紅果桑（*Morus rubra*）雜交繁殖，令二者變得難以區分。紅果桑葉片的背面有毛，而桑葉的背面沒有毛。中間類型的葉片背面部分有毛，這說明引進的桑如今正在和本土的紅果桑共享基因。研究表明，桑和它們的雜交後代在競爭中勝過紅果桑，令野生紅果桑的生存處境陷入危險之中。

◀ 清潔蠶繭

絲綢來自蠶產生的蠶繭。人們將蠶繭放在沸水裏煮，殺死裏面的蠶並令纖維更容易解開。每個蠶繭都是用一根長達約 900 米的絲織成的。

遺留的柱頭可見於每個小果表面，並持續存在直至成熟

成熟的聚花果是黑色的，不過一些樹擁有紅色或白色的成熟果實

桑屬物種容易雜交繁殖，因此桑屬物種有時難以區分。令物種鑒定更困難的是，同一物種的葉片形狀差異巨大，從完全不裂到深裂都有。年幼植株的葉片常常看上去完全不同於成年植株的葉片。果實對於區分物種也沒有多大用處：桑、紅果桑和黑桑的成熟果實都是紫黑色的。雖然某些桑樹的確擁有白色的成熟果實，但它們在野外很少見。黑桑和紅果桑的果實都比桑的果實甜。具有入侵性的桑樹雖然對於生產絲綢非常有用，但並不是花園中的最佳選擇。

桑樹叢歌謠

這首以「我們圍着桑樹叢轉」開頭的英國民謠是歐洲的幾首類似民謠之一，桑樹有時被替換成懸鈎子或刺柏。一些歷史學家提出，這首歌和位於英格蘭韋克菲爾德市的一所女子監獄有關，那裏的犯人圍着監獄院子裏的一棵桑樹轉圈鍛鍊。這張圖片來自英國畫家沃爾特・克蘭（Walter Crane）的《兒童歌劇》（*The Baby's Opera*, 1877 年）。

關於這首廣為傳唱的歌謠的插畫

其他物種

黑桑

Morus nigra

與桑相似，但果實更甜，體型較小。生長在歐洲和亞洲；自然分佈範圍不確定。

紅果桑

Morus rubra

零散分佈於北美洲東部；3 種桑樹中最高的；特點是葉背面有毛。

「時間和耐心能使桑葉變成織錦。」

中國諺語

菩提樹

Ficus religiosa

菩提樹以佛祖在樹下開悟而聞名，來自印度北部、尼泊爾和巴基斯坦，並被廣泛種植在熱帶地區。然而，它依賴一個癭蜂物種才能實現結籽和自然傳播。

類群：真雙子葉植物

科：桑科

株高：可達 30 米

冠幅：可達 30 米

樹葉：落葉；寬卵形或近三角形；互生；包括尖端在內，長 10–15 厘米

樹皮：灰色；質感光滑；在成熟過程中長出溝槽和板狀根

在位於喜馬拉雅山脈的原產地森林生境中，歷經滄桑的菩提樹（在當地的名字是「Bodhi」或「Peepul」）是一種令人過目難忘的樹木。它通常是常綠的，但是在乾旱期間葉片會脱落。當一隻鳥落在樹枝上吃菩提樹的果實時，它就開啓了新的生命。當這隻鳥啄食有甜味的果實時，它會撒落一些種子，或者種子穿過它的腸胃並伴隨糞便排出。然後種子萌發，幼苗作為附生植物生長在宿主樹上，開始它的生命旅程。

絞殺榕

菩提樹是一種榕屬植物（菩提樹的英文名是 sacred fig，字面意思是神聖的榕樹——譯者注），幼樹很快萌發出氣生根並下垂到下方的土壤中。隨着菩提樹的發育，下垂的氣生根會包圍宿主樹的樹幹，限制它的生長，同時樹枝和葉片遮住宿主的枝葉，令它無法進行光合作用，最終死亡。然後這些氣生根合生在一起，形成一棵獨立榕樹的巨大樹幹，其直徑在成年時可達 3 米。一些位置低矮的根以一定角度向外伸展，形成在暴風雨期間支撐樹幹的板狀根。

菩提樹也可以像典型的樹木一樣，種子在土壤中萌發生長，但是其他一些榕樹類物種總是以附生植物的方式開始自己的一生。由於榕樹並非穿透或寄生宿主樹木，而是將它悶死，所以它們又被稱為「絞殺榕」或「窗簾榕」。

「在眾多樹木中，我是菩提樹。」

克利須那神（Lord Krishna），《薄伽梵歌》（*Bhagvad Gita*），公元 1 世紀

◀ 榕果採集者
這是一件複製品，原型是一座公元前 19 世紀古埃及墓中的繪畫，它展示了人們採集可食榕果（這裏是無花果）的場景。

宜人的蔭涼

很容易想象的是，為甚麼人類在開始清理森林時會留下這種寬闊伸展的獨特樹木，將它們當作高聳的地標並用來提供宜人的蔭涼。佛教徒相信，在公元前 6 世紀，佛祖在一棵菩提樹下開悟。這棵樹當時生長在印度的比哈爾（Bihar），如今早就已經死了。然而根據傳説，公元前 288 年，一位皈依佛教的斯里蘭卡公主從樹上採下一根插條，回國後將它種在阿奴拉達普勒（Anuradhapura）。那裏仍然生長着一棵龐大的樹，並且據稱是全世界由人類種植且生存至今的最古老的被子植物（開花植物）。菩提樹也受到印度教徒的尊崇，他們相信毗濕奴（負責維護宇宙的存續）是在菩提樹下出生的。

菩提樹被廣泛種植在印度教和佛教廟宇內部和周邊。這個物種伴隨佛教傳統被引入到其他熱帶國家和地區，包括緬甸、泰國、越南和中國南方。在中東、菲律賓和尼加拉瓜，它被種植在公園裏，還用作行道樹。在美國，它被栽培在加利福尼亞州南部、佛羅里達州和夏威夷州（那裏有相當多的佛教徒）。菩提樹在大多數引進

▲ 古榕樹
生長在緬甸昔卜（Hsipaw）的這些菩提樹至少有 200 歲。它們的樹幹帶溝槽，是如今早已死亡的宿主樹木上的菩提樹苗長出的氣生根合併形成的。

燒瓶狀的隱頭花序（果實），其中充滿有甜味的果肉和種子

▲ 栽培無花果
可食用的榕果來自無花果（common fig）的栽培品種，它們在公元前 9400 年在傑利科（Jericho）首次得到栽培。

其他物種

無花果
Ficus carica
這種低矮灌木的栽培品種會結出可食用的榕果，而且可以在沒有榕小蜂授粉的情況下結果。

國家都無法擴展面積，因為它們不能在那些地方結種子。這是因為榕屬物種演化出了非常特別的花，這些花適應於一種獨特的授粉系統。和在所有榕樹中一樣，小小的菩提樹花（包括雄花和雌花）隱藏在一個中空的卵形腔體內，名為隱頭花序。這種未成熟的果實狀結構形成於花序的膨大基部。隱頭花序最終長成榕果，而花在果實內發育成許多聚集在一起的種子。不過在此之前，必須先授粉才行。

伸長的葉尖令水更快地流走，最大限度地減少暴風雨造成的傷害

生長在**斯里蘭卡阿奴拉達普勒**的一棵菩提樹據說已有 **2,300 歲**。

獨特的授粉機制

有 750 種不同的榕屬物種依賴大約 650 個榕小蜂科（Agaonidae）物種為它們授粉，這些物種統稱榕小蜂（fig wasps）。某些榕屬物種可由數個榕小蜂科物種授粉，但大多數榕屬物種只能由一個榕小蜂科物種授粉。只有在被特定的榕小蜂授粉後，它們才能結實，而這些榕小蜂也只在其關聯的榕屬物種中產卵。無花果（*Ficuscarica*）的栽培品種是個例外，經人類培育後，它們可以在未被授粉的情況下結籽。

菩提樹榕小蜂

唯一一種能為菩提樹授粉的榕小蜂科物種名為菩提樹小蜂（*Blastophaga quadraticeps*）。引入菩提樹的大部分國家都沒有這種榕小蜂，所以這種榕屬樹木無法結出成熟的果實。兩個例外是以色列和美國佛羅里達州。榕小蜂不知以甚麼方式伴隨菩提樹抵達以色列，並在那裏穩定地生存下來，讓菩提樹能夠結出含種子的成熟果實，而種子可被當地鳥類傳播。在佛羅里達州，菩提樹偶爾也能結出成熟果實。佛羅里達州從未有過出現菩提樹小蜂的記錄，所以也許為本土物種佛羅里達絞殺榕（*Ficus aurea*）授粉的榕小蜂也能夠為這個引進物種授粉。

一種有用的樹

菩提樹可作為草藥使用。它的樹皮和樹葉被用來治療腹瀉和痢疾，而它的葉片被用在一種治療癬的膏藥中，這種膏藥還有解毒功效，可治療有毒動物的咬傷。來自樹皮的單寧被用來為布匹染色。它的木材儘管通常被認為品質較低，但也會被用來製造各式各樣的物件，如運貨箱、碗和勺子。

獨特的葉片形狀讓菩提樹很容易辨認

樹幹周圍的**方形欄杆**說明這是一棵神聖的樹

◀ 獻給菩提樹的供奉
這件來自印度南方的公元 2 世紀寺廟的石雕展示了拜神者向神聖的菩提樹供奉水的場景。

▲ 菩提樹的葉片

菩提樹的革質卵形葉片一開始泛粉色，先變成紫紅色，再變成深綠色。微小的花生長在名為隱頭花序的綠色燒瓶狀結構中，隱頭花序受粉後成熟，長成可食用的果實。

榕樹和榕小蜂

受精的榕小蜂鑽進未成熟的隱頭花序產卵。在這個過程中，它們用此前採集的花粉為雌花授精。雄性榕小蜂首先孵化，令未孵化的雌蜂受精，然後死去。一旦孵化，受精的雌蜂會從成熟的雄花上採集花粉後離開，尋找另一個隱頭花序並在其中產卵。

榕小蜂授粉

高海拔天堂

作為全世界最高的山脈，坐落在亞洲的喜馬拉雅山是櫟樹、松樹和冷杉等樹木的家園。這些樹木不但在氣候嚴酷的地區茁壯生長，而且還養活了許多當地動物。喜馬拉雅山本土植物如雪松（*Cedrus deodara*）為超過 600 種鳥類提供了食物和庇護所。

類群：真雙子葉植物

科：桑科

株高：可達 30 米

冠幅：可達 100 米

樹葉：常綠；葉柄有毛；深綠色，寬卵形，革質，背面有絨毛；互生；長達 20 厘米

花：微小，且封閉在無花果狀的隱頭花序中

樹皮：有溝槽，灰色，光滑，年幼時有毛

其他物種

佛羅里達絞殺榕

Ficus aurea

這種「絞殺者」生長在從佛羅里達州和加勒比海南至巴拿馬的紅樹林沼澤中。

可用於治療瘀青和牙痛。

公園樹

這棵大型孟加拉榕生長在新加坡的一座公園裏。孟加拉榕常常種植在熱帶地區，主要是為了獲得它們所提供的濃密樹蔭。

孟加拉榕

Ficus benghalensis

這種常綠樹號稱全世界最大的樹。當它的樹枝向四周生長時，會從枝條上垂下氣生根，這些氣生根變成新的樹幹，最終形成龐大的樹叢。

和菩提樹一樣（見第 250–253 頁），孟加拉榕通常以附生植物的形式開始自己的生命，生長在另一棵樹的樹枝中。隨着它的生長，它伸出下垂到土壤中並為樹木供應養分的氣生根。最後，它悶死宿主樹木，然後在沒有競爭者的情況下繼續生長。一些氣生根變成樹幹，而它們伸展的樹枝繼續擴張。據説它是唯一能夠獨木成林的物種。已知的最大的樹生長在印度的安得拉邦（Andhra Pradesh），其樹冠遮蓋着 1.9 公頃的土地。以標準步行速度圍繞它走一圈需要將近 9 分鐘。

印度的標誌

孟加拉榕原產於印度至馬來西亞海拔 500–1,200 米的季雨林和雨林中。它的果實可食，但主要在缺乏其他食物時才被食用。作為印度的國樹，孟加拉榕被印度教徒和佛教徒同時視為神樹，常常種植在寺廟附近。

▼ 郁烏葉猴

孟加拉榕的樹葉和果實為各種動物提供食物來源，包括圖中這種猴子。

彩虹桉

Eucalyptus deglupta

類群：真雙子葉植物

科：桃金娘科

株高：可達 75 米

冠幅：可達 38 米

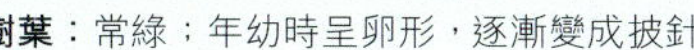

樹葉：常綠；年幼時呈卵形，逐漸變成披針形；對生；長達 15 厘米

花：小，形似粉撲，有很多白色雄蕊，小團簇生

作為物種多樣性豐富的桉屬成員之一，這種高聳的常綠樹以其樹皮剝落時露出的鮮艷色彩而聞名。

桉樹屬擁有 500 多個物種，絕大多數分佈在澳洲和塔斯馬尼亞島。它們通常高而細長、姿態優雅，樹皮常常呈纖維狀，葉片在幼年和成年樹木上的形狀不同。彩虹桉是該屬分佈在其他地區的少數物種之一，它的自然分佈範圍是印度尼西亞、巴布亞新幾內亞和菲律賓棉蘭老島（因此它也被稱作棉蘭老島桉樹）等地的降雨量高的潮濕熱帶雨林。這讓它成為唯一原產於北半球的桉樹。

這種樹生長迅速，名字來自樹皮從樹幹上剝落時呈現出的繽紛色彩，當它生長在熱帶地區以外的地方時，顏色往往不那麼鮮艷。它被廣泛栽培在其他地方，以生產造紙所需的木漿。它還作為城市行道樹或遮陰樹而被種植，但較淺的根系和較脆的樹枝讓它很容易受到暴風雨的傷害。它在美國的佛羅里達州和夏威夷州具有入侵性。

在適宜的環境條件下，彩虹桉可以在一年之內長高 1.8 米。

▲ **五彩繽紛的「巨人」**

樹皮從樹幹上呈條狀剝落，露出內層樹皮，它可能是綠色、藍色、紫色或古銅紅色的，取決於風化程度。

葉片在年幼時呈粉色，在成年後變成深綠色

➤ **桉樹油**

彩虹桉葉片中的芳香油有一種水果氣味，並被用在傳統藥物中。

類群：真雙子葉植物

科：桃金娘科

株高：15–50 米

冠幅：可達 35 米

樹葉：常綠；年幼時呈披針形；灰綠色；互生；長達 30 厘米

花：白色；從葉腋中長出傘狀花序，主要在夏季開花

果實：成熟時，圓形的木質果實開裂，釋放出大量粉塵狀種子

▲ 赤桉的樹皮

樹皮光滑，呈奶油色或白色，有黃色、粉色或棕色斑塊。基部附近的大塊鬆散樹皮被用來建造獨木舟。

赤桉

Eucalyptus camaldulensis

赤桉是澳洲大部分地區的特有物種，而且其自然分佈範圍是所有桉樹中最廣的。它是一種獨特的常綠植物，而且是所有澳洲樹木中最具標誌性的植物之一。

包括赤桉在內的多種桉樹生長在澳洲內陸地區許多河道的附近，它們生長得密集、筆直且伸展，提供宜人的蔭涼。它們生長迅速，很快就會長成大樹，有些桉樹的幹圍長達 5 米。估算任何一棵樹的年齡都很困難，但有些可能已經有 1,000 歲了。

和其他桉屬物種一樣，赤桉的嫩葉和老葉有差異。葉片剛萌發時大致呈卵形、灰綠色，隨着年齡的增長，葉片伸長並變細，通常變成更明顯的綠色。成簇的白色花主要在夏天開放，但是在氣候較溫暖的地區也可以在其他季節盛開。

赤桉的拉丁學名中的種加詞 *camaldulensis* 來自意大利那不勒斯附近的一座私人植物園——那不勒斯卡馬爾多利植物園（Hortus Camaldulensis di Napoli），那裏的主管園丁弗里德里希·德恩哈特（Friedrich Dehnhardt）種植並研究這種樹，並在 1832 年寫下了對它的首次植物學描述（他種的樹在 20 世紀 20 年代被砍倒）。

赤桉的某些生長地點看起來比較乾旱，給人以它更耐乾旱的假象，但它其實只有在有充足的地下

► 洪水中的赤桉

新南威爾士州馬蘭比季（Murrumbidgee）河的河漫灘為這些樹提供了完美的生境，它們的生長需要定期發生的洪水。它們受到人類的管理以生產木材，並為動物提供繁殖地。

水或者洪水足以補充水分供應的地方才能茁壯生長。它偏愛能夠在乾旱、炎熱天氣中保持濕潤的黏質土，而且在毗鄰大型永久水體的多草林地中常常是優勢物種。

在乾旱時期，這些樹可以脫落多達 2/3 的葉片，降低它們對水分的需求以防止萎蔫。在一段潮濕的時期過後，樹冠就會完全恢復。如果受到特別嚴重的脅迫，這些樹可以脫落全部的樹枝。在極端情況下，一整棵樹會在毫無預兆的情況下轟然倒下。

澳洲輸出品

赤桉有時被栽培在氣候與其澳洲原產地相似的地區，既用來提供木材，又起到穩定土壤的作用。它在蘇丹等地用於農林複合經營，保護作物免遭飛沙傷害。在沼澤地，它有助於土壤排水，所以能夠控制蚊子的繁殖。它擁有優雅的形態和漂亮的樹皮，常常種植在林蔭大道和花園中，但是在南非、牙買加、西班牙和美國一些較溫暖的地區，它被歸為入侵物種，因為它有通過種子擴散的傾向。

未打開的花蕾上有一個「帽」，脫落後裏面的花才能夠露出來

花由眾多雄蕊和被圍在中間的一個雌蕊組成

葉片質地粗厚，尤其是熱帶地區植株的葉片，而且其中含有一種寶貴的精油

➤ 開花的赤桉
精緻的白花是蜂類的完美蜜源，即使是很年輕的樹也會開花。在適宜的溫暖氣候下，赤桉可以在一年當中的任何時候開花結籽。

巨大的桉樹
包括赤桉在內，很多桉樹能夠長到相當大的尺寸。正如這幅版畫所示，砍伐成年桉樹是一項需要熟練技術的工作。要想安全地砍倒這棵樹，伐木工必須先在一側砍出一個角，再去另一側砍伐，從而創造出一個中央支點，令這棵樹朝預期的方向倒下。

砍伐一棵桉樹，版畫

赤桉的**拉丁學名**源於一座**意大利修道院**，**19 世紀**有一棵**赤桉**在**那裏被種下**

赤桉這個名字取自這種樹的木頭，它在被切割時總是呈現一種鮮艷得幾乎像血的紅色。這種顏色是樹中含有的化學物質導致的，它們在接觸空氣時會形成一種天然抗生素，於是當地原住民將赤桉用在藥物中。從樹葉中提取的精油是一種強效抗菌劑，還可用作消毒劑。這些化合物保護赤桉免遭病蟲害侵襲，並且令其木材極為耐用。因此，赤桉的木材被用來製作需要承受潮氣的柵欄柱和凸式碼頭。原住民給這種樹起了各種名字，包括「艾珀」(*aper*)、「昆朱馬拉」(*kunjumarra*) 和「恩皮里」(*ngapiri*)，他們利用其木材製造獨木舟、碗、盾牌和其他用具。

▲ **考拉的食物**

包括赤桉在內，桉樹的葉片是考拉的主要食物。桉樹葉有毒，但考拉消化道中的細菌會將毒素代謝掉，所以考拉可以安全地食用它們。

赤桉和生態

赤桉是很多物種生存的家園，而且在其分佈範圍之內的任何區域，它們都在生態系統中發揮重要的作用。有些成年樹的樹幹會形成樹洞，儘管可能需要數百年時間，很多動物都會在其中安家，包括蝙蝠和地氈蟒 (carpet python)。超級鸚鵡 (*Polytelis swainsonii*) 是幾種在它的枝葉中築巢的鳥類之一，而它的花是蜜蜂的重要食物來源。

當赤桉生長在河流和小溪旁邊時，它們樹枝的脱落傾向可以為某些魚類帶來好處，特別是斑鱈鱸 (river blackfish)，這些魚會在掉進水裏的樹枝中尋找庇護所。

> 「……這裏或那裏總是會有一棵巨大的赤桉樹……猛然闖入眼簾……」
>
> 默里・鮑爾 (Murray Bail)，《桉樹》(*Eucalyptus*)， 1998 年

其他物種

藍桉

Eucalyptus globulus

樹皮光滑、生長迅速的物種，已知可以長到 55 米高；幼樹可裝飾花壇。

山桉

Eucalyptus dalrympleana

令人過目難忘的物種，灰棕色或紅棕色樹皮剝落後露出下面新鮮的奶油白色樹皮。

貫葉桉

Eucalyptus perriniana

小型桉樹，擁有白色樹皮和銀色樹葉，被風吹動時看起來就像在旋轉一樣，因此其英文名意為「旋轉桉」。

類群：真雙子葉植物

科：漆樹科

株高：14 米

冠幅：可達 12 米

樹葉：常綠；無毛，厚，革質；橢圓形或倒卵形；旋生；長達 22 厘米

種子：腎形，堅硬的種衣包含 1 枚油脂含量豐富的種子，長約 2 厘米

腰果

Anacardium occidentale

腰果樹是中等大小的常綠樹，原產於巴西東北部和委內瑞拉東南部。16 世紀，腰果被葡萄牙人帶往果阿（Goa），如今它被廣泛種植在全球熱帶地區，科特迪瓦和印度是腰果產量最大的國家。

目前世上**存活的最大的腰果**樹生長在**巴西的納塔爾（Natal）市**，它覆蓋着 0.75 公頃的土地面積。

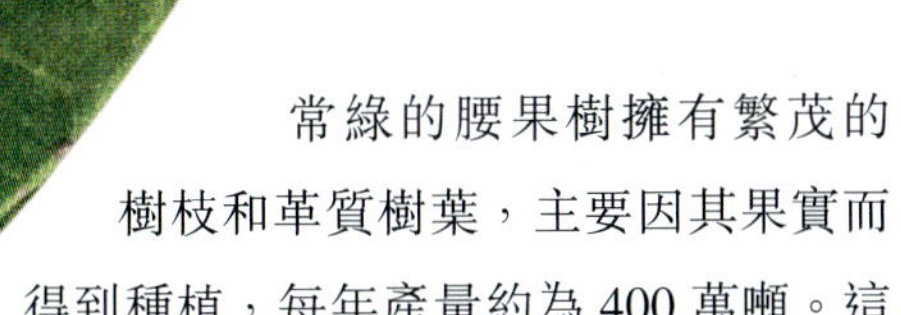

常綠的腰果樹擁有繁茂的樹枝和革質樹葉，主要因其果實而得到種植，每年產量約為 400 萬噸。這種樹的其他部位也有商業用途。腰果樹可以長到 14 米高，只有 6 米高的現代矮化品種更便於採摘果實，和野生品種相比，它們還能更早達到具有經濟意義的產量。

腰果的果實由兩部分組成：由膨大果柄和花萼構成的腰果梨，以及附着在腰果梨下面的堅果（包含種子）。隨着果實的成熟，腰果梨變大並呈現鮮艷的色彩。堅果有堅硬的雙層殼，殼內包裹着成熟的種子。在兩層殼之間的蜂窩狀結構中，充滿一種名為漆樹酸（anacardic acid）的氣味辛辣的油。這種油具有一種自然防禦機制，以防堅果在落到地面並萌發之前就被動物吃掉。要想讓堅果變得可食，必須先通過蒸煮、乾燥和烘烤過程清除這種油。劣質或破碎的堅果用於榨取腰果油，即一種用於烹飪或沙拉調味的深黃色油。

不過，來自堅果兩層殼之間的辛辣油可用於工業。例如，通過使用溶劑或者加熱的方式從堅果中提取出來後可以用來處理滋生白蟻的木材。它還用在清漆中，或者經過改性形成樹脂，而這種樹脂可以作為阻燃劑等用在環氧樹脂材料中。

肉質的腰果梨可以生吃或者用於烹飪，如做成咖喱，還可以用腳踩碎或者壓碎得到果汁，發酵後製成酒精飲料或者為飲品調味。腰果梨很容易碰傷，所以只在當地使用。

腰果樹的木材用於造船、建築材料和製炭。樹皮可生產一種黃色染料。

「腰果樹既漂亮又高大……」

美國農業部，《國外農業：國外農業政策、生產和貿易綜述》（*Foreign Agriculture: A Review of Foreign Farm Policy, Production, and Trade*），1946 年

▲ 植物插圖
這幅植物插圖展示了一根開花的腰果樹枝條，枝條上有互生排列的葉片。若干小插圖展示了花、果實和堅果各部位的細節。

➤ 巨大的腰果樹
根據記錄，這棵生長在巴西皮拉格多諾特（Pirangi do Norte）的腰果樹是全球最大的，其樹枝從主幹上伸出約 50 米，覆蓋的土地面積達數千平方米。

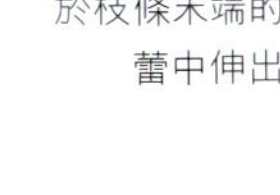

類群：真雙子葉植物

科：漆樹科

株高：30 米

冠幅：15 米

樹葉：常綠；橢圓形或披針形，葉脈拱狀彎曲；互生；長 12–30 厘米

果實：核果，長 5–15 厘米；果皮綠色、紫色或黃色；味甜多汁的果肉包裹着碩大的種子

樹皮：灰棕色；隨年齡增長，表面出現溝槽並裂成灰色小方塊

◀ 在藝術和文化中

杧果樹在世界各地都是藝術、文化和文學中的流行圖案。在這幅約 1850 年的繪畫中，一位王子和一位公主在一棵杧果樹下相遇。

花形成碩大、直立、覆蓋軟毛的圓錐花序，從位於枝條末端的花蕾中伸出來

▶ 葉片和花蕾

這根帶花蕾的杧果樹枝是在美國加利福尼亞州拍攝的。在其自然分佈範圍之內，杧果樹得到廣泛栽培，並有數百個品種。

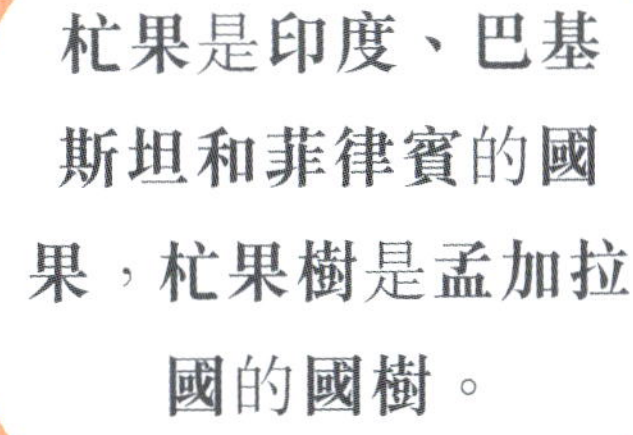

杧果是印度、巴基斯坦和菲律賓的國果，杧果樹是孟加拉國的國樹。

閃閃發亮的深綠色葉片有很多側脈和波浪狀邊緣

葉片互生在枝條上，但在枝條末端常簇生

杧果

Mangifera indica

這種大型常綠樹擁有深綠色葉片和寬闊的樹冠，在世界各溫暖氣候區是一道常見的景致。最令其聞名的是甜美的肉質果實，食用方式多樣。

杧果（也寫作芒果）的吃法多樣，而且在發育過程中的各個階段都可食用。完全成熟時，果肉變得非常多汁，而且幾乎能從種子上脱落，只留下一些纖維束。在稍早的成熟階段，果肉更加肉質化，可以從果核上切下或者去皮後切成小塊。而果實在未成熟時不甜，但可以用來製作酸辣醬和醃菜。杧果的果皮富含抗氧化劑和其他有用的化合物，而種子也可食用，且富含維生素 C。種仁或胚（見第 266 頁）呈腎形，外表與腰果的種仁相似，但尺寸大得多。成熟的種仁堅硬、味苦，但未成熟的種仁（可在使用未成熟果實製作酸辣醬時取出）味道更宜人，可用於烹飪。成熟果實的種仁被從種皮中取出、乾製、烘焙後磨成粉。磨成的粉稱為「古

重要的宗教意義

杧果樹及其果實和宗教有着密切的關聯。在印度教中，杧果被視為繁榮和幸福的象徵，並被用在宗教儀式中。在佛教中，據説釋迦牟尼曾在一棵杧果樹下休息。而在耆那教中，它與女神安比卡（Ambika）有關。

緬甸的佛陀畫像

▼ 種子之內

杧果的種子很大，長約 10 厘米，種皮呈淺灰棕色，表面有溝槽。種子大約佔果實重量的 1/6。

種仁或胚含有營養物質，可乾製磨粉，用於烹飪

思利」(*guthli*)，是蛋白質、碳水化合物和礦物質的優質來源。據説它有幾種藥用價值，包括降低膽固醇和治療腹瀉。從「古思利」中可提取一種油，它的熔點接近人的體溫，因此可用於潤膚。這種油含有大致等量的飽和脂肪和不飽和脂肪，其中包含 3%–4% 的 ω-6 脂肪酸。杧果苷是樹葉和樹皮中的一種化合物，可提取並用於製藥。存在於果皮中的刺激性物質漆酚會影響一些人，尤其是那些對毒漆藤（poison ivy）或太平洋毒漆（poison oak）敏感的人，或者曾經對杧果屬（*Mangifera*）所在的漆樹科的其他成員有過不良反應的人。

杧果屬主要分佈在從緬甸至菲律賓的東南亞地區以及巴布亞新幾內亞，其中 30–70 個物種中的大多數都生長在這些地方。杧果有可能原產於印度，但更有可能的情況是印度境內的杧果源自該國東北部和緬甸的邊境沿線。

杧果樹不耐霜凍，尤其是在幼年時，因此它需要在幾乎無霜凍期的亞熱帶氣候中才能生存。它可以長成 30 米高的大樹，但在印度鄉村經常長得十分寬大，常綠樹枝在雨季前的酷熱時期可提供蔭涼，是鄉村的一道獨特景致。當一棵樹不能繼續結果實時，它的木材仍會被留下。杧果樹的木材較脆弱，因為它沒有阻止真菌或昆蟲的自然防禦機制，因此沒有被廣泛交易。然而，它可以用來製作家具、地板和某些樂器。

開花

杧果樹有碩大的多分枝圓錐花序，花序的梗覆蓋軟毛，呈紅棕色。單花很小，直徑約 4 毫米，但是在樹木處於盛花期時數量繁多，讓人幾乎看不到葉片。杧果花的一個不同尋常的特點是它的 5 枚雄蕊之中只有 1 枚能夠成熟並提供花粉，另外 4 枚不育且很小。

杧果樹的花期和果期取決於氣候，在印度南部，它在 12 月開始開花，果實在 3–4 個月後成熟。然而，在印度北部的旁遮普邦等地區，它的花期是 3 月或 4 月，而果實要等到 7–8 月才成熟。在條件適宜的南方地區，一年內可以收穫兩次秋杧（Neelum）果實。

其他物種

碩杧果

Mangifera altissima

來自東南亞的物種，果實很甜，但是比杧果的果實小，而且含有更多纖維。

如香杧果

Mangifera odorata

杧果和異味杧果的雜交種；野外未見。東南亞有種植；黃綠色果實成熟時變成綠色。

異味杧果

Mangifera foetida

原產於東南亞。又名馬芒。成熟果實可食，但有臭味；未成熟果實的汁液可引發皮膚起水皰。

「杧果之於水果，就像恆河之於河流。」

孟加拉諺語，摘自《孟加拉諺語文化史》
（*Cultural History of Bengali Proverbs*），2010 年

▲ 杧果樹下

如上圖所示，在印度鄉村開闊地生長的杧果樹通常擁有寬闊的樹冠，在白天炎熱時為人和牲畜提供舒適的蔭涼。

桃花心木

Swietenia mahagoni

在木材貿易中，有數個物種都被稱為桃花心木，但這個物種首次得到廣泛利用是因其經久耐用的美麗木材。

類群：真雙子葉植物

科：楝科

株高：可達 25 米

冠幅：12–18 米

樹葉：半常綠；復葉由 2–6 對有光澤的綠色卵形小葉組成；對生；長 10–16 厘米

果實：棕色木質蒴果，長達 12 厘米，直立生長在粗柄上

桃花心木原產自巴哈馬群島、開曼群島、古巴、多米尼加共和國、海地、牙買加，以及美國佛羅里達州南部。它的木材被人類利用的歷史超過 500 年。因此，它倖存至今的種群都曾遭到嚴重的消耗，而且它在大多數地方被認為已經「商業滅絕」，因為值得利用的大樹已經消失殆盡。如今，印度尼西亞、印度和孟加拉國的種植園是「真」桃花心木最後的來源。在佛羅里達州和許多加勒比海島嶼，這個物種則作為遮陰樹種植在街道旁以及公園和花園裏。

西班牙無敵艦隊

西班牙人用桃花心木建造了一支可怕的艦隊，艦隊的船隻既結實，速度又快。1588 年，這支艦隊入侵了英格蘭。

備受追捧的木材

這個物種是大約 500 年前最先引入歐洲的桃花心木類物種。造船業對它評價很高，因為它的木材非常結實，而且不易腐爛。這種木材不易變形，在 16 世紀被加勒比海地區的西班牙征服者們用來修理船隻。這種有光澤且顏色濃郁的木材還被英格蘭的著名工匠齊本德爾（Chippendale）和赫波懷特（Hepplewhite）等用來製作高品質的家具和櫥櫃。

「桃花心木曾經是世界上最受追捧的櫥櫃木材。」

約翰・弗朗西斯（John K. Francis），美國農業部林業局，1991 年

這種樹是半常綠植物，葉片在長期乾旱或寒冷時脫落。它是雌雄同株，意味着在同一棵植株上開彼此分離的雄花和雌花。這些花在春天盛開，尺寸很小，有 5 枚綠白色蠟質花瓣。在經蜂類或蛾類授粉後，果實緩慢地發育，通常一根長滿樹葉的枝條上只成熟一個果實。它們是碩大的卵形木質蒴果，大小和形狀都像一個大馬鈴薯。它們用一年的時間發育成熟，然後從基部裂成 5 個厚瓣，釋放出大量帶翅的種子隨風傳播。當加勒比海地區的桃花心木種群被消耗殆盡時，它們在木材貿易中被大葉桃花心木（又名洪都拉斯桃花心木或巴西桃花心木）取而代之，這種樹一度常見於亞馬遜雨林，然而如今也遭到了過度開發。很多大樹被砍倒，倖存至今的是矮小的年輕樹木。

桃花心木製成的**琴身**

➤ 1972 年吉布森萊・保羅定製的吉他

這把吉他的琴身是用大葉桃花心木製作的。桃花心木偶爾也用於製作樂器。

◄ 桃花心木林

桃花心木主要生長在潮濕的低地森林，如左圖所示的佛羅里達州境內。但是在牙買加，它出現在海拔高達 1,500 米的地方。

其他物種

大葉桃花心木

Swietenia macrophylla

提供南美洲最寶貴的木材；分佈範圍從墨西哥南部跨越中美洲至亞馬遜雨林。

墨西哥桃花心木

Swietenia humilis

被家具製造業過度開發。如今偶見於偏遠森林中，但常見於中美洲城市街道的兩側。

◀ 印楝樹上的斑頭綠擬啄木鳥
這種鳥分佈在印度大部分地區的鄉村開闊地或稀疏林區。它以果實和昆蟲為食，在樹洞裏做巢。

➤ 蒙兀兒時期的插畫
這張 17 世紀的畫描繪了坐在露台上的一位王子和他的妻子，背景有一棵印楝樹。在印度次大陸的很多地方，這種樹是一道常見的景致。

「你用舒緩身心的蔭涼，
驅散流浪者的愁苦。」

艾爾莎・卡茲（Elsa Kazi），詩歌《印楝樹》（'The Neem Tree'），20 世紀初

印楝

Azadirachta indica

這種優雅的大樹是常綠植物，生長在氣候乾旱地區的除外，因為在這些地方，樹葉會在冬季掉落，新的葉片伴隨降雨萌發。

其他物種

高大印楝
Azadirachta excelsa
分佈在馬來西亞至越南和巴布亞新幾內亞；高大喬木，花泛白，樹皮呈淺粉色。

印楝的原始分佈狀況無法確定，因為它已經被人類種植並歸化了很長時間。它的分佈範圍從尼泊爾南部至斯里蘭卡，從巴基斯坦東部橫跨印度大部分地區並遠至緬甸。人們認為它的原產地是其分佈範圍之中的某個地方。然而，伴隨人類的遷徙，它被更廣泛地種植在熱帶和亞熱帶地區，並在某些地區成為雜草，如撒哈拉以南的非洲和澳洲北領地的部分地方。

從生態學的角度看，它可以適應多種土壤，包括鹽鹼土，而且還可忍耐乾旱。這讓它可用於改善乾旱貧瘠的土壤。包括種子在內，這種樹含有許多天然化合物，而且曬乾的葉片可以放在抽屜內發揮驅蟲功效。可將種子壓碎後浸泡，製成一種殺蟲劑，將它噴灑在葉面上不會直接殺死昆蟲，而是驅趕它們並阻止它們產卵。這種樹被用在印度的傳統醫學中，而且其嫩葉、嫩枝和花在印度還用作烹飪食材，可油炸或製成湯羹。

➤ 油、果實和樹葉
印楝樹的各個部位可用於美髮和護膚品，還被用在天然驅蟲劑中。

種子是小小的棕色種仁

小粒咖啡

Coffea arabica

作為全球性消費品，咖啡是產值最大的貿易商品之一。它的原材料產自一種樹的種子，這種樹原產自埃塞俄比亞，株型低矮緊湊，擁有茂盛的深綠色葉片。

葉片有光澤，革質，非常堅韌，但不耐霜凍

有很多傳說講述了人們是如何首次在埃塞俄比亞發現這種樹的種子具有令人興奮的作用。如今可以確定的是，飲用咖啡的習慣很早就傳播到了阿拉伯半島［阿拉比卡咖啡（arabica coffee）之名由此而來］，到 15 世紀時，這種飲品已經風靡整個伊斯蘭世界。17 世紀初，咖啡抵達歐洲，商業咖啡館迅速湧現。一些咖啡種子被人帶到印度，又先後抵達斯里蘭卡和印度尼西亞。以印度尼西亞為起點，一些植株被帶往加勒比海地區和中南美洲。

咖啡植株可以在不與另一株咖啡雜交受粉的情況下結果實，因此即使只有少數原始植株，它們也很容易擴散到世界各地。小粒咖啡主要種植在熱帶和亞熱帶地區較涼爽的高海拔地區，通常是在海拔 1,000–2,000 米的範圍。巴西是最大的咖啡生產國，緊隨其後的是哥倫比亞和埃塞俄比亞。在大部分國家，咖啡種植在小型家庭農場中，常常與其他作物一起組成混合種植系統。這種樹通常被修剪到肩膀高度，以便採摘成熟的果實，這項工作常常需要長時間勞動，但報酬微薄。傳統品種在半陰條件下生長得最好，所以它們以相對較低的密度種在更高的遮陰樹（常常是果樹）下面。新品種可以在無遮擋環境下生長，因此這種「陽光咖啡」能夠以更高的密度種在大型種植園裏。它們可以用機械收穫，這種收穫方式會將未成熟的果實與成熟果實一起採摘，因此生產出的咖啡品質較低。

小粒咖啡起源於埃塞俄比亞西南部，至今**仍野生**於當地倖存的森林中。

咖啡的生產

2020–2021 年，小粒咖啡的全球產量是 1.02 億包（每包 60 公斤），即 612 萬噸，其中巴西的產

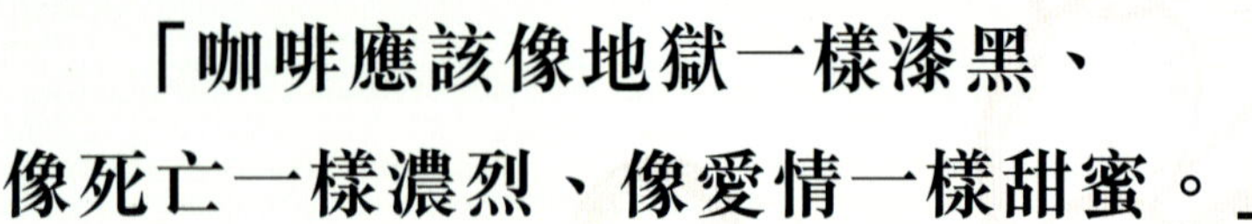

「咖啡應該像地獄一樣漆黑、像死亡一樣濃烈、像愛情一樣甜蜜。」

土耳其諺語

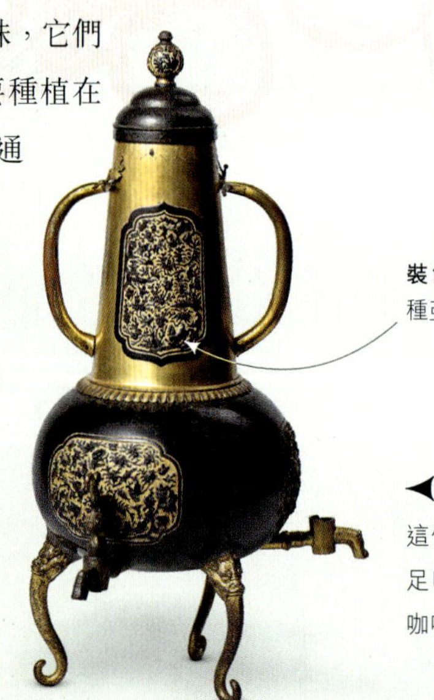

裝飾部分使用了一種亞洲銅金合金

◀ 咖啡鼎

這件帶裝飾的 18 世紀越南三足咖啡鼎配有多個用於流出咖啡的水龍頭。

類群：真雙子葉植物

科：茜草科

株高：可達 8 米

冠幅：可達 5 米

樹葉：常綠；有柄，橢圓形，帶尖；對生；長達 15 厘米

花：白色；星形，基部呈管狀；花藥長，花冠有 5 枚向外伸展的裂片；有香味

果實：由綠色先後變為橙色和紅色；肉質；每個果實含有 2 粒種子（咖啡豆）

樹皮：樹幹上的樹皮呈淺灰色；綠色嫩枝的樹皮隨年齡增長而變成棕色並長出裂紋

◀ 人工栽培的咖啡灌叢

栽培咖啡灌叢會被修剪到約 1.5 米高，以便採摘。側枝被去除，確保得到一根多產的主幹。

肉質果實（核果）擁有 1 粒或更多粒種子

其他物種

中粒咖啡（羅布斯塔咖啡）

Coffea canephora

於 19 世紀末在剛果民主共和國的森林被發現；這種樹更高大，生產出的咖啡味道更苦、價格更便宜。

咖啡館

這幅創作於 16 世紀的畫描繪了一家熱鬧的奧斯曼時代的咖啡館。這些咖啡館吸引學者前來，並成為大受歡迎的文學和社交活動中心。到 17 世紀時，類似的咖啡館在歐洲出現，吸引人們聚集在一起討論政治和商貿話題。

僅美國的咖啡零售業年產值就高達 180 億美元。

量佔 49%，不過在巴西本土就消耗了該國產量的將近一半。荷蘭的人均咖啡消費量是全世界最高的，緊隨其後的是芬蘭、加拿大和瑞典。

羅布斯塔咖啡（robusta coffee）產自另一個物種——中粒咖啡，與小粒咖啡相比，該物種能夠更好地適應潮濕的赤道氣候，通常種植在更溫暖的地區和更低的海拔範圍，用它生產的咖啡品質較低，有一種更強烈的類似木頭的風味。它主要被用於生產速溶咖啡，以及與小粒咖啡搭配以增加醇厚度。它還被選中製作意式濃縮咖啡，因為它能夠產生更多泡沫。2020–2021 年，羅布斯塔咖啡的全球貿易量為 7,400 萬包，越南、巴西、印度尼西亞和烏干達是其主要生產國。全世界有超過 1 億人的生計依賴這些咖啡作物。

提取咖啡豆

在咖啡的果實內，肉質果肉包裹着一層革質膜，革質膜中含有 2 粒種子（綠色的咖啡豆），每粒種子都有一層銀色外皮。收穫果實後，可能會進行兩種加工過程。在乾式生產過程中，果實先被曬乾，然後倒入脫殼機中，除去果肉、革質膜和種皮。利用濕式生產過程生產的咖啡比較溫和，並且

▲ 經過烘焙的咖啡豆

咖啡豆是經過烘焙的咖啡樹種子，之所以被大眾稱作「豆」，是因為它們的外表像豆子。

帶一種甜味。該過程首先以機械方式將果肉從果實上去除，然後清洗咖啡豆，並留在水中發酵 12–24 小時，在此期間它們會產生獨特的芳香和味道。接下來將咖啡豆放在太陽下曬一周左右，再倒入拋光機中處理，去除革質膜和種皮。

速溶咖啡的生產方式是先高壓煮咖啡豆，得到濃縮液，然後進行噴霧乾燥或者凍乾處理，令濃縮液變成可溶顆粒。對於無咖啡因咖啡，則使用水、蒸汽或溶劑（二氯甲烷或乙酸乙酯）去除青咖啡豆中的咖啡因。煮好的咖啡通常含有約 0.3% 的咖啡因，它是一種短期興奮劑，但也會增加心臟負擔、刺激消化液分泌，而且還是一種強效利尿劑。

▲ **咖啡貿易**
在 2 個世紀的時間裏，咖啡一直以 60 公斤的規格裝袋出口，如這張 1900 年拍攝的照片所示。如今，咖啡貿易使用規格為 1 噸的聚丙烯「超級袋」。

消費者的選擇

如果你想成為合乎道德標準的咖啡消費者，那麼你有幾種選擇。「樹蔭種植」咖啡為採摘工人提供更好的工作條件，而且遮陰樹有益於當地昆蟲和鳥類。有機咖啡常常種在林地農場的樹蔭下，但有機認證需要認真核查。公平貿易咖啡繞過傳統經銷商，直接從農場合作社收購，價格更優惠。雨林聯盟認證還致力於在確保環境可持續性的同時改善咖啡種植者的生活處境。

烘焙大大增加了進口咖啡豆的價值

「要是沒喝晨間咖啡，我就像是一塊乾癟無汁的烤羊排。」

皮坎德（Picander），約翰・塞巴斯蒂安・巴赫（Johann Sebastian Bach），
《咖啡大合唱》（*Coffee Cantata*），約 1735 年

烘焙咖啡豆

出口的咖啡豆是綠色的。當它們抵達目的地後，批發商會將它們放入熱空氣中烘焙。烘焙決定了咖啡的風味和芳香。更高的溫度產生顏色更深、味道更強烈的咖啡豆。烘焙類型多種多樣，從淺肉桂烘焙豆到味苦、色深的意式和法式烘焙豆。

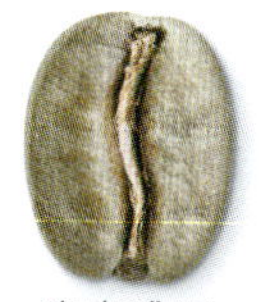

青咖啡豆

肉桂豆

輕度烘焙豆

中度烘焙豆

深度烘焙豆

1
2
3
4
5
6

金雞納樹

Cinchona calisaya

類群：真雙子葉植物

科：苦草科

株高：可達 15 米

冠幅：可達 8 米

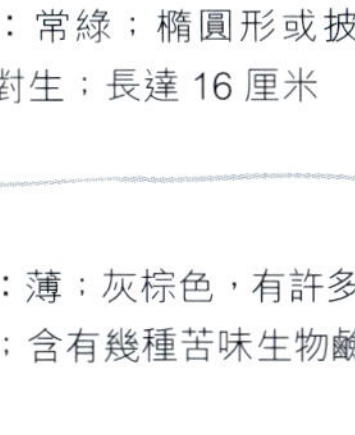

樹葉：常綠；橢圓形或披針形；對生；長達 16 厘米

樹皮：薄；灰棕色，有許多淺裂紋；含有幾種苦味生物鹼

金雞納樹來自安第斯山脈的熱帶雨林，很久以前，南美洲原住民就使用它的苦味樹皮治療發燒。歐洲殖民者發現其主要活性成分之一 —— 奎寧（quinine）是治療瘧疾的強效藥。它至今仍廣泛用於為奎寧水調味。

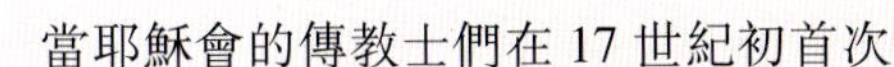

◀ **奎寧片劑**

奎寧是一種化學物質，人們開發了許多藥物製劑以增加其功效。

鹽酸鹽常與奎寧一起用在抗瘧疾藥物中

當耶穌會的傳教士們在 17 世紀初首次抵達祕魯時，很多人染上了瘧疾。原住民部落裏的醫生用磨成粉的金雞納樹皮治療他們。金雞納樹是原產自安第斯山脈的小型常綠喬木或灌木，開管狀花。到 1639 年時，金雞納樹皮已經出口到歐洲。又過了 50 年，人們發現它能夠殺死傳播瘧疾的寄生生物 —— 瘧原蟲（Plasmodium），並緩解瘧原蟲導致的發燒，於是將它正式用作治療瘧疾的藥物。

1820 年，法國化學家約瑟夫・卡文圖（Joseph Caventou）和皮埃爾 - 約瑟夫・佩爾蒂埃（Pierre-Joseph Pelletier）首次從乾燥的金雞納樹皮中提取出一種活性生物鹼，並將其命名為奎寧。當時，瘧疾在英國位於印度、斯里蘭卡和爪哇的殖民地是個大問題，於是植物學家們被派往南美洲收集金雞納樹的種子，不過由此種出的金雞納樹的奎寧產量很低。

在中美洲和安第斯山脈西部的高山熱帶林中，一共有大約 23 個金雞納屬物種。它們全都含有奎寧，但含量不一，這導致了栽培中的問題。這些樹與咖啡（見第 272–275 頁）有親緣關係，而樹皮中的生物鹼很可能是為了抵禦食草動物，就像咖啡豆中味苦的咖啡因一樣。

如今，金雞納屬物種的分類學關係因栽培和雜交歷史而沒有定論，不過金雞納樹是主要的商用物種。自 20 世紀 50 年代以來，奎寧在治療瘧疾中所發揮的作用已經基本被合成藥物（如氯喹）取代。

奎寧這個詞來自美洲印第安語單詞 *quinaquina*，意為**「樹皮中的樹皮」**。

➤ **獲取金雞納樹皮**

金雞納樹皮過去是從野生樹木上獲取的。人們小心地將其內層樹皮剝下並放在太陽下曬乾。如今，醫用奎寧主要來自印度尼西亞和扎伊爾的種植園。

◀ **金雞納樹**

這幅 19 世紀的插圖展示了一棵金雞納樹的特徵，包括可剝下的樹皮，它在被曬乾磨粉後供人們使用。

青翠森林

作為美國國家森林系統中唯一的熱帶雨林，埃爾芸缺（El Yunque）是一片青翠的植物天堂，坐落在加勒比海島嶼波多黎各的東北角。這座茂盛的森林覆蓋着連綿的群山，全年都有降雨，擁有 240 多種樹和 150 多種蕨類。

雨林巨人

巴西栗是一種巨大的雨林樹木，株高可達 50 米。它可以活 1,000 年，但記錄表明有些樹已經活了 1,600 年之久。

樹冠高且圓

樹葉在旱季脫落

類群：真雙子葉植物

科：玉蕊科

株高：可達 50 米

冠幅：可達 20 米

樹葉：旱季時落葉；橢圓形，古銅色或鮮綠色；互生；長 17–45 厘米

果實：碩大的球形深棕色木質化蒴果，直徑 8–15 厘米

樹皮：厚，灰棕色，富含樹脂，有深而細的豎直裂縫

刺豚鼠

這些大型嚙齒類動物與老鼠及松鼠有親緣關係，體重達 6 公斤，體長達 76 厘米。它們生活在地面上，而且是唯一一種牙齒足以堅硬到可以咬開巴西栗果實的哺乳動物。它們對巴西栗種子的傳播十分重要（見第 283 頁）。

巴西栗

Bertholletia excelsa

以「巴西堅果」之名出售的可食堅果並不是真正的堅果，甚至不是果實。它們是一種高大樹木的種子，這種樹高聳在巴西及其鄰國境內的亞馬遜河流域的雨林中。

除了巴西之外，這種樹在亞馬遜雨林中的分佈範圍還包括玻利維亞、祕魯、哥倫比亞、圭亞那和委內瑞拉的部分地區。它的生長密度低，主要生長在無洪水泛濫、營養貧瘠的森林土壤中。

巴西栗的果實是碩大的球形棕色蒴果，大小像一顆葡萄柚，但擁有堅硬的木質外殼，長得有點像椰子。它的重量可達 0.5–2.5 公斤。它不會開裂以釋放種子，而是完整地落在地面上。人類從地面上採集掉落的果實，因為其他的採集方法都要冒着被落下的沉重果實砸中的風險。果實外殼需要用鋒利的大砍刀才能劈開。每個蒴果最多容納 25 粒種子。種子有 3 個面，像柑橘瓣一樣排列得整整齊齊。正是這些種子以「巴西堅果」的名稱銷售。每粒種子都有堅硬的木質化外皮，裏面是可食用的

「極具説服力……對於保護具有全球性重要意義的亞馬遜生態系統而言。」

斯莫（E. Small）和卡特林（P. M. Catling）評論巴西栗，《綻放的生物多樣性寶藏》（'Blossoming Treasures of Biodiversity'），《生物多樣性》（*Biodiversity*），2005 年

「被落下的果實砸傷的工人並不罕見。」

《洞察之旅：亞馬遜的野生動植物》
（*Insight Guides: Amazon Wildlife*），1990 年

▼ **亞馬遜本土物種**
巴西栗的未來和雨林的命運緊緊相連，因為它們的繁衍依賴雨林的生態系統，通過刺豚鼠傳播自己的種子，並由當地蜂類授粉。

白色種仁。巴西堅果可以去皮銷售，也可以留着種皮，由消費者使用堅果鉗把皮去掉。

打開堅果的刺豚鼠

巴西栗演化出了難以穿透的硬殼果實，以阻止動物取食其中富含油脂的碩大種子。不過，卷尾猴（capuchin monkeys）、亞馬遜大松鼠（giantAmazonian squirrels）和金剛鸚鵡（macaws）可以打開其硬殼，吃到裏面的種子，但是也只能打開少量果實，因為這樣做非常耗力。然而，巴西栗種子的傳播依賴這種樹與一種嚙齒類動物——刺豚鼠之間非同凡響的協同演化。

絕大多數果實會完整地落在森林地面上。生活在那裏的刺豚鼠演化出了享用果實內「盛宴」的獨特方式。它擁有像鑿子一樣鋒利的門牙，這兩顆牙齒非常結實，可以依靠強大下顎肌肉的力量鑿穿果實的外殼，然後插進裂縫並將果實撬開，露出裏面的種子。種子富含油脂和蛋白質，兩三粒就足以維持刺豚鼠的生命。它們將剩餘的種子作為食物儲備，單粒或小批次埋在附近的森林裏。它們常常找不到自己埋藏的大部分食物，於是未被找到的種子會在 12–18 個月後萌發。種子含有充足的能量，確保幼苗迅速長大，在競爭中勝過周圍的其他物種。當森林裏的一棵樹倒下時會露出一道透過陽光的縫隙，縫隙中的幼苗可以迅速生長，變成完全長高的大樹。

和蜂類的合作

巴西栗的花擁有複雜的結構，這種結構對另一種動物間的非凡關係至關重要。這種花的花瓣緊緊保護着它的內部，而一個捲曲的兜狀結構圍住了花藥和蜜腺。只有一個物種——一種名為蘭花蜂（Euglossine bee）的昆蟲——擁有打開花朵所需的足夠重的身體，以及夠到甜味花蜜的足夠長的舌頭。在這個過程中，來自花藥的花粉灑在這種蜂的背上，然後隨它去到下一朵巴西栗花，從而實現授粉。巴西栗的花期很短，在其他時候，這些蜂主要在蘭花中覓食。因此，在種植園中種植巴西栗的嘗試基本上都失敗了，因為那裏沒有蘭花可以讓這些蜂在巴西栗不開花時覓食。

果實可容納多達 25 粒種子

硬殼保護種子抵禦大多數動物

▲ 炮彈般的果實
巴西栗的果實和炮彈差不多大，而且幾乎同樣堅硬。需要使用鋒利的大砍刀才能劈開果實，找出裏面的種子（堅果）。

由巴西堅果組合而成的吉祥物

巴西堅果廣告

巴西堅果產業
巴西堅果自 17 世紀開始出口到歐洲，可生食、烘烤、鹽醃或者用在糕點糖果中。它們是國際貿易中唯一一種至今仍然幾乎完全從野外採集的堅果，並且是亞馬遜地區成千上萬的土著居民的主要收入來源。2019 年，據估計巴西堅果種仁（帶殼的和不帶殼的）的貿易量為 3.85 萬噸，總產值 3.43 億美元。

橢圓形小羽片每 14–24 對組成一枚羽狀復葉（羽片），羽狀復葉繼續組成二回羽狀復葉，小羽片長達 12 毫米
葉片對生於枝條上，擁有大約 16 對羽片，每枚羽片又裂成小羽片

類群：真雙子葉植物

科：紫葳科

株高：10–20 米

冠幅：10–20 米

樹葉：落葉；二回羽狀復葉；對生；長 30–45 厘米，有數量眾多的小羽片（小葉）

樹皮：幼樹樹皮薄，呈灰棕色，逐漸變成棕色，並長出裂縫或小鱗片

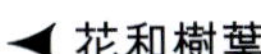

◀ **花和樹葉**

藍花楹的藍紫色花讓它聞名於世，它在城市裏是廣受歡迎的觀賞樹木。它的每片樹葉擁有 200–400 枚微小的小葉，即小羽片。這種結構讓藍花楹的樹葉呈現出明顯形似蕨類的外觀。

▲ **林蔭大道**

津巴布韋首都哈拉雷的一條道路，藍花楹在路邊排列成行。它們的藍紫色花已開始凋落，將被一團團朦朧的綠色葉片取代。

藍花楹

Jacaranda mimosifolia

藍花楹是原產自南美洲的落葉樹，當它被花期漫長的藍紫色花覆蓋時就會呈現出一派絢爛的景象。形似蕨葉的巨大葉片也很引人注目。

▲ **果實和樹葉**

藍花楹通常在夏末結實，果實像乾燥的棕色豆莢。

藍花楹屬（*Jacaranda*）擁有大約 50 個物種，藍花楹是其中之一，並以在盛花期令人過目難忘而著稱。中至大型寬闊樹冠綴滿淺紫色或紫藍色花，呈現濃烈的色彩。花先於葉出現在裸露的枝條上，圓錐花序由多達 50 朵花組成。這些花最多可以持續開放 2 個月，而新葉在這段時間即將結束時才開始舒展。這種壯觀的景象出現在暖溫帶至亞熱帶氣候，而這些氣候區正是這種樹種植最廣泛的地方。它的主要種植區域包括美國南部、加勒比海地區、歐洲地中海沿岸、澳洲和非洲南部。

氣候需求

成年藍花楹樹可以忍耐約 –7 ℃ 的低溫，不過幼年樹木往往更容易受到霜凍的影響，如果真的受到霜凍損害，可以切割至地面高度，令其重新萌發。在氣候較冷涼的地區，花會很稀疏，而且在這些地方，種植藍花楹更多是為了觀賞其獨特

▲ **約翰內斯堡的街道**
在約翰內斯堡的郊區，藍花楹盛開在縱橫交錯的街道兩側。雖然它並不是南非的原產物種，但它在這座城市已經成為備受歡迎的本地特色景觀。

新葉在漫長的花期將要結束時萌發，此時第一批花的花冠開始凋落

► **新開的花**
花芽生長在上一年枝條的末端，開出有香味的喇叭狀花朵。當它們從城市裏的樹上大量掉落時，往往會在人行道和街道上分解成一攤「爛泥」，給當地居民造成不便。

的蕨狀羽葉，每一片樹葉都由數百枚非常小的小葉組成。即使在開花狀況良好的氣候區，花期過後也可以觀賞它的葉片。

果實、種子和木頭

藍花楹的果實是堅硬的木質化扁平蒴果，從末端開裂以釋放出種子。種子本身很小，環繞着一圈非常薄的翅，有助於隨風傳播。這種樹的木材泛白或呈淺灰色，擁有筆直的木紋。它通常沒有節瘤，而且相對柔軟，因此很適合車削加工。這種木材的乾燥性能良好，不過也可以在「綠色」狀態下使用。

在作為花園樹木種植時，藍花楹需要充足的空間和全日照環境，而且在酥鬆的沙質土中生長良好。雖然它們需要每周或每兩周定期澆水，但是如果土壤在澆水間隙乾透，它們會長得最好。它們常常嫁接種植，因為按照這種方式種植的藍花楹往往開花更早，而且有更濃烈的花色。在可以人為調控其栽培的比較冷的地區，它們可以作為盆栽植物種植。在氣候比較冷涼的地方，藍花楹還可以僅憑其樹葉用作夏季花壇植物。到秋天時，它們會脫落長約 60 厘米的葉片。

藍花楹野生於**玻利維亞和阿根廷**的部分地區，而且在這些地方是**易危物種**。

「輕盈的藍花楹二回羽狀復葉非常引人注目……」

馮・斯皮克斯（J. B. Von Spix）和馮・馬蒂烏斯（C. F. P. Von Martius），
《巴西之旅》（*Travels in Brazil*），1824 年

延伸的圓錐花序長到 30 厘米長，擁有大約 50 朵單花

「考試樹」

在南半球部分地區，藍花楹的花期有時恰逢學生們期末考試的時間，於是在校園裏有藍花楹的大學出現了一些與這種樹有關的民間傳説。在澳洲和南非的某些地區，「紫色恐慌」指的是當校園裏的藍花楹盛開時，學生們開始考試前的最後衝刺；另一個傳説是，如果一朵花落到某個學生的頭上，那麼他或她一定能考出好成績。悉尼大學的校園裏就有這樣一棵深受學生喜愛的藍花楹大樹，當它在 2016 年倒下時，還上過世界各地的新聞。

花柱上擁有多條裂片的柱頭

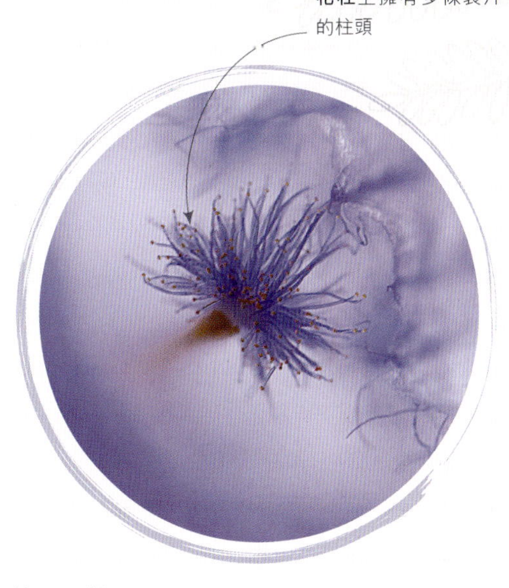

▲ 花朵內部

藍花楹的花在花柱末端生有多條裂片狀的有趣柱頭，而花朵的整體外輪廓有點類似管狀。它們由各種蜂類物種授粉。

其他物種

鈍葉藍花楹

Jacaranda obtusifolia

灌木狀喬木，來自委內瑞拉和哥倫比亞熱帶地區；以其大且鈍的小葉聞名。

塞拉多藍花楹

Jacaranda crystallana

灌木或小喬木，原產自巴西，主要以其有褶邊的紫色花聞名。

尖葉藍花楹

Jacaranda cuspidifolia

來自阿根廷、巴西、玻利維亞和巴拉圭的小喬木；株高通常不到 8 米，開紫藍色花。

類群：真雙子葉植物

科：大戟科

株高：可達 40 米

冠幅：可達 22 米

樹葉：落葉；三小葉復葉，小葉呈船形；互生；長 30–60 厘米

種子：卵形，灰色種皮有光澤，帶有棕色大理石紋；長 2–4 厘米

橡膠樹

Hevea brasiliensis

橡膠樹原產自亞馬遜地區，它促進了工業革命，為一些人帶來了財富，但為採集樹液的原住民帶來的則是極為殘酷的生活境遇。

▲ 植物學細節

這幅 19 世紀的插圖展示了這種樹的各種特徵，包括三裂果實，它在成熟時裂開，撒落出其中的種子。

很多大戟科（Euphorbiaceae）物種的莖和葉中含有具腐蝕性或有毒的乳汁，起到驅蟲的作用。包括橡膠樹在內，橡膠樹屬（*Hevea*）的 3 個物種進一步強化了這種機制。當它們的乳汁與空氣接觸時會變成一種黏稠的樹膠，可以完全堵塞覓食昆蟲的口器。這種樹液還可以癒合樹幹上的任何天然傷口。這種乳汁產量最高的樹正是原產自巴西的橡膠樹。

有用的樹液

古代的瑪雅人和阿茲特克人知道這種樹液的性質，並用它製作橡膠球和鞋子。在歐洲，它一開始被視為新奇玩物，直到美國人查爾斯・古德伊爾（Charles Goodyear）在 1839 年發現將硫黃混入樹液並加熱（這個過程稱為硫化）後會得到耐用得多的材料。硫化橡膠助推了工業革命，並促使巴西亞馬遜地區出現了 1879–1912 年的「橡膠繁榮」。

歐洲橡膠大亨們創造了巨大的財富，他們建造華麗的豪宅，甚至出資修建了巴西瑪瑙斯市 1896 歌劇院。為了攫取收入，他們強迫原住民採集橡膠樹液，這樣的殘酷行為和奴隸勞工製造成某些地區 90% 的原住民人口消失。1873 年，英國林務官亨利・威克姆（Henry Wickham）從巴西獲得 70,000 粒橡膠樹種子，並將它們帶回英國倫敦的邱園。雖然邱園的園丁在播種這些種子後

來自**橡膠樹樹幹的**乳汁含有**大約 30%** 的**橡膠**。

▲ 從橡膠樹的樹幹採集樹液

清晨，當樹液上升的速度最快時，這座柬埔寨種植園裏的工人開始在橡膠樹的樹幹上切割出傾斜的傷口。

發現它們的萌發率相對較低，但他們仍然得到了足夠多的幼苗並將它們運往新加坡，失敗的咖啡種植者被説服在那裏種植這種新作物。亞洲種植園的產量極高，導致巴西的橡膠產業就此衰落。如今，全世界的大部分天然橡膠產自亞洲。

橡膠的生產

巴西的橡膠產業被亞洲種植園徹底擊敗，後者的優勢在於那裏不存在流行於南美洲的一種真菌葉枯病。2020 年，印度尼西亞和泰國的種植園生產了全球天然橡膠總產量（1,300 萬噸）的一半以上。另外還有 1,440 萬噸橡膠由石油人工合成，所用的技術是二戰期間在美國發明的。

掛在竹竿上的橡膠薄片

類群：真雙子葉植物

科：唇形科

株高：可達 45 米

冠幅：可達 18 米

樹葉：落葉；長柄，不裂，無鋸齒，卵圓形；對生；長達 30 厘米

果實：球形；包裹在膨大的鐘形萼片中，內部肉質，中央有一個硬質果核

◀ 樹幹和林冠

筆直的樹幹（通常基部較寬）伸向季雨林的林冠層。灰色樹皮包裹着一層白色邊材以及深金黃色心材。

典型緬甸頭飾，由柚木精心雕刻而成

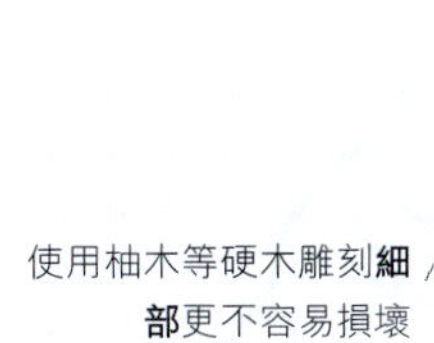

使用柚木等硬木雕刻**細部**更不容易損壞

柚木

Tectona grandis

柚木是全世界最受青睞的木材之一，野生柚木的日益稀有令其價格高漲。柚木的木材因其強度和耐用著稱，而對於這個物種而言，這也是它在亞洲季風林中得以生存的部分原因。

熱帶森林養活了多種多樣的物種，這些地區為柚木提供了理想的生長地，它周圍環繞着有助於自身生長的其他物種。然而，並非所有物種都是有益的。在熱帶氣候區，像柚木這樣的樹常常在自身組織中產生大量有毒化學物質，以抵禦病原體和蛀木昆蟲。當這種樹被砍倒後，這些毒素繼續保護着木材，令木頭極為耐用。因此，在擁有 1,000 多年歷史的印度和波斯廟宇中，使用柚木建造的雕塑、木梁、門和棺材仍然保持着非常好的狀態。

如果保存在室內，柚木基本上不會腐壞。即使在嚴酷的咸水環境中，它也很耐腐蝕，因此，它也是頗受偏愛的用於建造船隻的船體、甲板和駕駛室的木材，另一種常用木材是桃花心木（見第 268–269 頁）。木材中的毒素還能驅趕船蛆（*Teredo navalis*），這種海洋蛤蜊以在水下碼頭和木樁中鑽洞聞名，是木質船體受損的重要原因。

▲ 傳統木雕

柚木的機械強度讓它很適合用於複雜雕刻，如位於緬甸一座寺廟的門板上的這些帶翅人像。

位於**印度喀拉拉邦的一棵柚木**長到了**47.5米**高，它的壽命據估計有**450–500年**。

柚木原產自印度次大陸、緬甸、泰國、老撾、柬埔寨和越南。它生長在季雨林中，季雨林與全年降雨的雨林不同，每年只有一段（有時是兩段）降雨量大的時期，稱為雨季。在這種氣候條件下，柚木是一種落葉樹，它在從11月開始的旱季脱落樹葉，然後在高降水量時重新長出葉片（通常是在5月）。

森林之寶

柚木是兩種季雨林的標誌性樹種。濕潤柚木林的年降水量是2,000–2,400毫米，乾旱柚木林的年降水量為1,000–2,000毫米。在這兩種類型的森林中，柚木都只佔所有樹木的1/10，但擁有一系列完全不同的伴生物種。這個物種依賴其他樹木提供保護，幫助它抵禦大風。雖然它長得很高，但它的根系很淺，這讓它很容易被暴風雨摧毀。柚木的根在土壤中通常不會扎到超過50厘米的深度，但它們可以向外輻射到距離樹幹15米遠。

商業柚木種植園既建立在其自然分佈範圍內，也建立在其他國家，包括印度尼西亞（尤其是爪哇島）、斯里蘭卡、巴西、哥斯達黎加，以及從科特迪瓦至坦桑尼亞的西非各國。它還作為觀賞樹木被廣泛種植在熱帶公園和花園中。

在柚木種植園中，這些樹通常在種植大約30年後才能收穫，而且木材厚度較小。因此，大部分柚木仍然以不可持續的破壞性方式從已成材的天然森林中獲取。由於每公頃森林中的柚木不超過10棵，所以通常砍伐數十棵樹木才能得到一棵價值高的柚木，但會留下一片被破壞的森林，而新的柚木難以在這種環境中生長。

受保護的物種

與柚木產業相關的大規模伐木和毀林不斷引發山體滑坡和破壞性洪水，泰國在1988年通過了有效禁止砍伐柚木的法律。這促進了柚木砍伐在鄰國緬甸的迅速增長，大部分砍伐發生在泰緬邊境沿線，並穿越邊境進行非法運輸。

成簇的花在6月開放在多分支花序的末端

> 「柚木家具能夠保持顏色……暴露在戶外環境中會讓這種木頭變成一種賞心悦目的灰色。」
>
> 《美國木工》（*American Woodworker*）雜誌，1997年

花粉在柱頭成熟前從雄蕊脱落，確保雜交受精

◀ **柚木開花**

柚木的花小而白，鬆散簇生於葉片上方。它們的香味吸引蜂類前來授粉，儘管它們也可以風媒授粉。

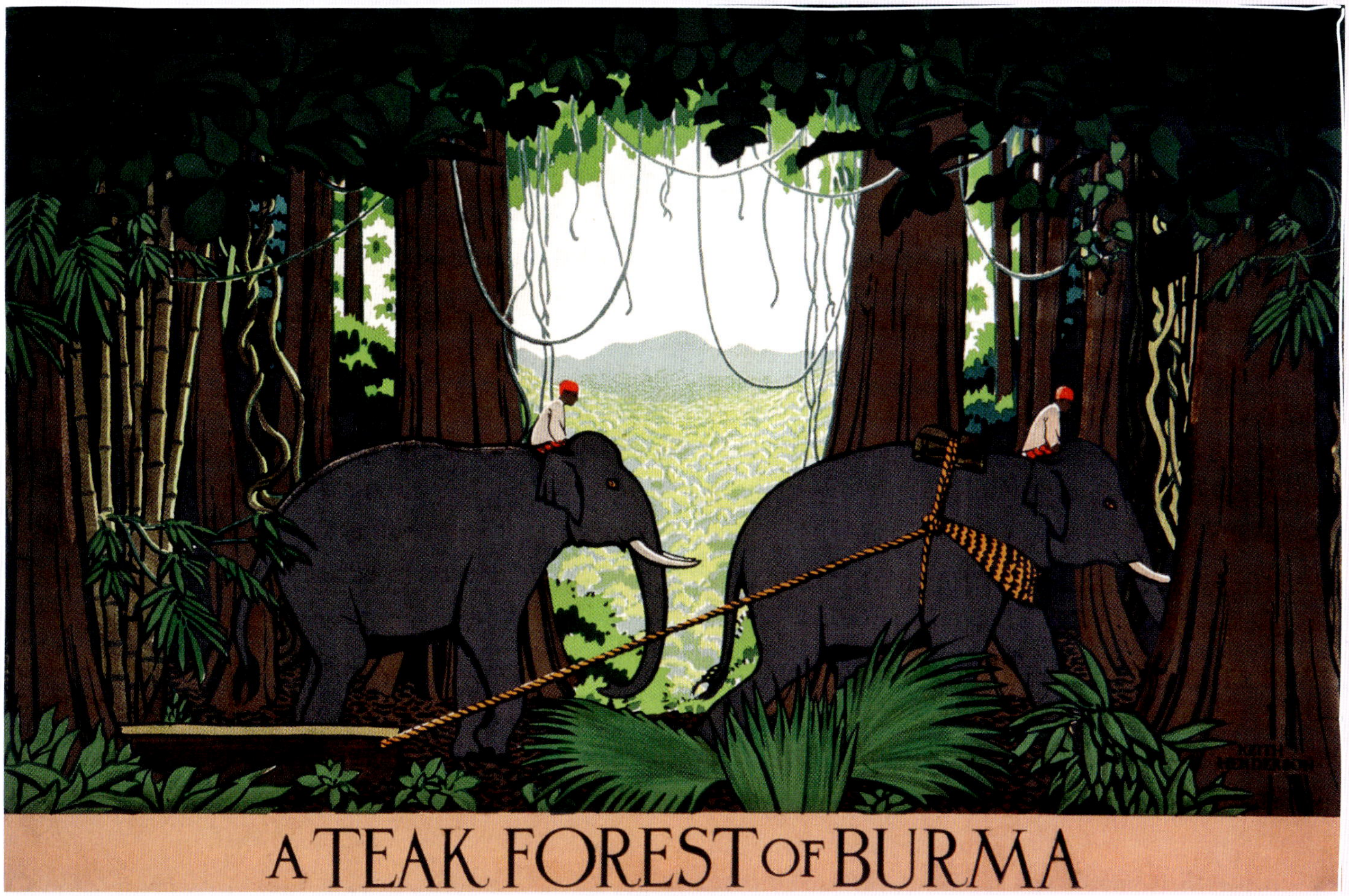
A TEAK FOREST OF BURMA

▲ 殖民時期的海報
在這張海報問世的大英帝國時代，緬甸擁有大片的森林，散佈其中的柚木可以利用大象進行開採。

如今，全球約 1/4 的柚木產量由緬甸供應。1990 年，該國的森林覆蓋率約為 57%，大部分是柚木林。由於過度砍伐，到 2005 年，近 1/6 的森林面積已消失。雖然緬甸在 2014 年頒布了柚木開採禁令，但它至今仍是重要的柚木出口國。

稀缺性價值

柚木的未來因其商業價值而變得不確定。儘管稀缺性導致價格高昂，但是在生產高檔家具、門、窗框、樓梯和戶外木板時，柚木仍然很受青睞。在理想情況下，生產這些產品的公司應該提供所用柚木產地的相關信息，並確保它來自可持續管理的種植園。然而在現實中，常常是由消費者來核查情況是否如此。

柚木的啓發
未風乾的金棕色柚木心材在成熟並風乾後呈更深的栗棕色。它的牢固和穩定性一直鼓舞藝術家使用這種木頭。這把體現曲線美的休閒椅是丹麥家具設計師格雷特・加爾克（Grete Jalk）的作品，它由兩塊形狀彎曲的木頭用螺栓連接在一起。

光滑、簡潔的形狀，由複雜的層壓工序實現

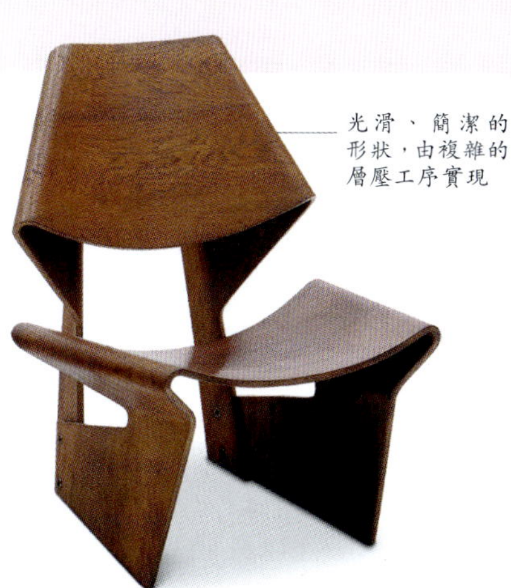

柚木休閒椅，1963年

➤ 四葉澳洲堅果的花

四葉澳洲堅果的花簇生成細長的花序，稱為總狀花序。每個總狀花序含 100–300 朵花，並結出數個小堅果。

類群：真雙子葉植物

科：山龍眼科

株高：可達 12 米

冠幅：可達 10 米

樹葉：常綠；革質；邊緣有鋸齒；輪生；長 8–24 厘米

樹皮：粗糙，棕色；內部質地粗糙的心材呈粉色至紅棕色

樹葉長且窄，有光澤，4–5 片輪生

花成熟後從綠色變成奶油白色或粉色

四葉澳洲堅果

Macadamia tetraphylla

這種中型常綠樹原產自澳洲，又稱昆士蘭澳洲堅果（Queensland macadamia）或粗殼澳洲堅果（rough-shelled macadamia），後者是為了將它和果殼光滑的近親區分開。

四葉澳洲堅果種子的**含油量是堅果中最高的**，高達種子總重量的 **75%**。

這個澳洲堅果屬物種擁有細長的粉白色花序，種子的殼厚且堅硬，佈滿凸起，因此又名粗殼澳洲堅果。它的同屬物種澳洲堅果（*Macadamia integrifolia*）的英文名為 smooth-shelled macadamia，意為「光殼澳洲堅果」，兩者的親緣關係非常近，曾被認為是同一個物種。然而，後者的花是白色的，種皮光滑，更常種植在種植園裏。這兩個物種的自然分佈範圍都很小，而且都位於澳洲昆士蘭州南部和新南威爾士州北部沿海的亞熱帶雨林中。種植商發現這兩個澳洲堅果物種的雜種比任一親

蜜蜂授粉

澳洲堅果的花常常吸引來蜜蜂，它們是這些樹的重要授粉者。有些澳洲堅果農場主將蜂箱放置在他們的澳洲堅果樹之間以確保授粉成功。

本都更高產。該雜種目前很可能是最常見的栽培類型。

或許澳洲原住民在首次抵達澳洲時就已經食用這種堅果了，但是直到這種樹被帶到美國夏威夷時，人們才充分認識到它作為一種作物的潛力。澳洲堅果在 1882 年被引入夏威夷群島，最終成為那裏第三重要的作物，僅次於甘蔗和菠蘿。以夏威夷為跳板，這種樹又被引入美國加利福尼亞州，以及墨西哥、津巴布韋、馬拉維和南非等國（這也解釋了澳洲堅果在堅果市場上更常用的中文名「夏威夷果」的由來 —— 譯者注）。

半個世紀前，澳洲人終於開始建設他們自己的種植園。20 世紀 90 年代末，澳洲的澳洲堅果產量超過了夏威夷，但南非仍然是其主要出產國，2018 年的產量是 56,500 噸，而澳洲在這一年的產量只有 15,000 噸。

富含油脂的種子

澳洲堅果的種子油脂豐富，可生食、鹽醃或烘烤，還可以添加到冰激凌、烘焙產品和糕點糖果中。這種油脂還被用來滋養皮膚。與光殼物種相比，粗殼堅果通常含油量較低，含糖量較高，所以它們的味道更甜，但是在烘焙時容易烤焦。因此，烹熟食用的大部分商用澳洲堅果來自澳洲堅果（*Macadamia integrifolia*），而四葉澳洲堅果的堅果出售時通常是生的。

➤ 堅果和樹葉
這兩個物種難以區分，尤其難以和它們的雜種區分。葉片形狀和帶凹痕的種皮説明這是四葉澳洲堅果。

其他物種

澳洲堅果
Macadamia integrifolia
這個物種的特徵是種子更光滑、更圓，葉片更寬，且為 3 片輪生。

三葉澳洲堅果
Macadamia ternifolia
原產昆士蘭州；小型常綠樹，可以長到 6 米高；堅果味道很苦，不可食。

酸橙

Citrus × aurantium

與結可食用果實的近親如甜橙、葡萄柚、檸檬和來檬相比，酸橙也許不如它們有名，但它仍然是柑橘家族中有價值的成員。這種株型緊湊的常綠樹擁有圓形樹冠，種植在公園和花園中時是一道令人賞心悅目的景致。

➤ **塞維利亞的行道樹**

酸橙在很多國家有商業種植，而它在西班牙城市塞維利亞是一種使用廣泛的行道樹。它的果實擁有厚厚的果皮，被很多人稱為塞維利亞橙或柑橘醬橙。

植物學術語常常和通俗說法相互衝突，而酸橙和其他柑橘屬（*Citrus*）的果實就在其列。在植物學家看來，真正的漿果是由單一子房發育而來且不開裂的肉質果實，其中的種子未被包裹在革質（如蘋果）或硬質（如桃）果核中。按照這個定義，很多常見的漿果（如覆盆子和草莓）其實根本不是漿果，而香蕉和黃瓜則是真正的漿果。

柑橘類植物的果實也是漿果，雖然很難將橙子或檸檬視為漿果。這些漿果自成一派，名為柑果（hesperidium），這種漿果擁有可剝去的革質外皮和分隔成若干瓣的果肉，每瓣果肉包含許多汁水充盈的泡囊。柑果是柑橘屬物種特有的。它們的外皮稱為橙皮（flavedo），富含精油，刮下來時稱為橙皮碎（zest）。白色的髓［軟皮（falbedo）］通常被丟棄，儘管其中含有抗氧化劑。在果皮內，每個瓣代

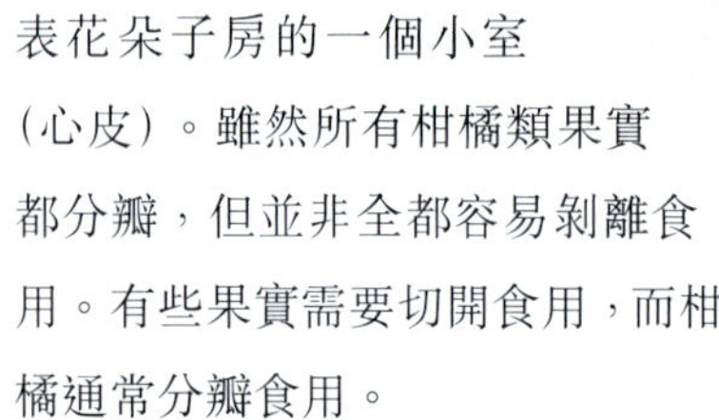
表花朵子房的一個小室（心皮）。雖然所有柑橘類果實都分瓣，但並非全都容易剝離食用。有些果實需要切開食用，而柑橘通常分瓣食用。

西班牙和其他地方

酸橙樹的果實對人類而言味道不好，但有各種用途，並栽培於世界的溫暖地區。來自果實的精油用作溶劑和調味品，還用在香水和草藥中。然而，最著名的用途來自以眾多酸橙樹聞名的西班牙城市塞維利亞。塞維利亞橙的果皮含有大量果膠（一種天然凝膠劑），這讓它們很適合用來製作柑橘醬。

最早的商業化柑橘醬據說是 18 世紀末在蘇格蘭的鄧迪市生產的。蘇格蘭商人約翰·凱勒（John

◀ **平克牌柑橘醬**

在這幅 1890 年的廣告畫上，酸橙從塞維利亞飛向英格蘭，以示消費者買到的是貨真價實的優質柑橘醬。

1797 年，最早的商業化柑橘醬誕生於蘇格蘭鄧迪市。

類群：真雙子葉植物

科：芸香科

株高：可達 8 米

冠幅：可達 4 米

樹葉：常綠；披針形，葉柄有翅；互生；長 7–10 厘米

果實：大致呈球形；橙色果皮；軟皮層厚；瓣小；種子大

包裝待出口

酸橙是歐洲栽培的第一種橙子。如今它們基本上被甜橙取代，但在西班牙城市塞維利亞仍然常見，那裏生產的大部分果實都出口到英國。在這幅 1889 年的繪畫中，西班牙安達盧西亞地區的工人正在包裝即將運往英格蘭的橙子。

塞維利亞的街道兩側種植着超過 14,000 棵酸橙樹。

Keiller）從一個西班牙船主那裏買來一船便宜的酸橙，打算在它們變質之前賣掉。約翰的妻子珍妮特（Janet）用這些酸橙製作了一種柑橘醬，製作方法和她此前使用其他橙子時一樣，只有一點不同 —— 她加入了切碎的果皮。這種新型凝膠狀柑橘醬在凱勒家的商店出售時大受歡迎，於 1797 年開始大規模生產。

酸橙富含維生素 C（抗壞血酸），大部分哺乳動物體內都可以產生這種必需物質，但人類、猿類、猴類以及一些蝙蝠和嚙齒類動物除外。如果缺乏維生素 C，人類會患上維生素 C 缺乏病，令人體變得虛弱甚至導致死亡。柑橘類水果長期以來被用於預防維生素 C 缺乏病，檸檬和來檬是最常使用的，儘管它們的維生素 C 含量低於橙子。

雜交家族

作為柚（*Citrus maxima*）和柑橘（*Citrus reticulata*）的雜交後代，酸橙很可能起源於亞洲。野生柑橘屬植物只存在於亞洲和澳洲，但是很多種植在世界各地的栽培類型擁有複雜的起源。野生柑橘屬植物很容易彼此雜交。在大多數植物中，這些雜種是不育的，無法產生可生長發育的種子。然而，某些柑橘類雜種可以通過無融合生殖的過程產生可育種子。按照這種方式得到的幼苗在遺傳特徵上與母株完全相同，因此這些樹可以在人類的幫助下存續和擴散。

甜橙也源自柚和柑橘的雜交。當甜橙與柚（其親本之一）雜交時，得到的後代是葡萄柚。檸檬由

有香味的白色花直徑 2 厘米，可單生或簇生

▲ 酸橙的花

酸橙的果皮可提取精油，樹葉可提取香橙油。香花酸橙（*Citrus* × *aurantium* var. *amara*）等變種的花可提取出用在香水和化妝品中的橙花油。

其他物種

香櫞

Citrus medica

眾多柑橘類水果的親本；原產自喜馬拉雅山山麓地區；黃色果實，有很厚的軟皮層。

金柑

Citrus japonica

原產自中國，不過在日本的栽培歷史很長；耐寒；連皮在內的整個果實可食用。

箭葉橙

Citrus hystrix

灌木，葉柄上的翅幾乎和真正的葉片一樣大；葉片和橙皮碎可用於烹飪。

酸橙和香櫞（*Citrus medica*）雜交而來，而甜來檬（sweet lime）擁有香櫞和甜橙或苦橙的基因。柑橘類水果對消費者而言意義非凡：柚及其雜交後代葡萄柚會增加藥物效力，即它們會抑制在血液中分解藥物的酶，導致藥物劑量大大超過預期，可能造成藥物過量。對於辛伐他汀這種藥物，用葡萄柚汁送服 1 片藥相當於用水送服 12 片藥。如今，醫生會建議此類藥物的服用者不吃葡萄柚和其他相關柑橘類水果。

> **「一頭明智的熊總是會在自己的帽子裏藏一個柑橘醬三明治，以備不時之需。」**
>
> 邁克爾・邦德（Michael Bond），《帕丁頓熊》（*A Bear Called Paddington*），1958 年

➤ 廣場上的植物

塞維利亞大教堂的原址是一座清真寺，它包括一個供信徒在進入清真寺前進行儀式性清潔的庭院。這裏如今種上了酸橙樹，並被稱為橙樹庭院。

美洲紅樹

Rhizophora mangle

美洲紅樹形成的茂密沿海樹叢扎根在熱帶海域潮間帶的淤泥中，抵禦着暴風雨、洪水，甚至上升的海平面。它們的名字來自樹皮下面的鮮紅色木頭。

類群：真雙子葉植物

科：紅樹科

株高：可達 12 米

冠幅：6-9 米

樹葉：常綠，革質，卵形，正面深綠色，背面顏色較淺；對生；長 6-12 厘米

花：鐘形，4 片奶油色花瓣脫落後留下 4 枚綠色萼片

果實：綠色漿果；還連接在樹上時就開始發芽，伸出長長的下胚軸

▼ **潮汐林**

美洲紅樹是 55 個紅樹類物種中分佈最廣泛和最耐鹽的。氣生根支撐它的樹幹，幫助它抵禦暴風雨，並提供漲潮時的「呼吸管」。

紅樹非常適應潮間帶這樣的生境。它們生長在淤泥積聚、相對背風的海岸。細長的樹幹和形似高蹺的氣生根從淤泥中長出，將樹木錨定，並幫助分散海浪帶來的衝擊力。它們還能阻止淤泥被暴風雨沖走。

浸沒在淤泥裏的根系無法從紅樹林沼澤的澇漬土壤中吸收氧氣。不過，紅樹的氣生根上佈滿了伴隨潮汐打開和閉合的皮孔。落潮時，皮孔暴露在空氣中，它們就會打開，讓紅樹能夠吸收氧氣並補充氧氣儲備。漲潮時，皮孔閉合，植物可以使用儲存的氧氣。

咸水還會導致其他問題。植物細胞被一層滲透膜包裹，意味着水可以透過它雙向流動。當兩種不同濃度的溶液在一張膜的兩側相遇時，二者的濃度會變得均衡。鹽進入根組織中，根組織中的水則向外流進海裏。鹽對植物細胞具有破壞性，所以紅樹要麼將鹽隔絕在體外，要麼排出多餘的鹽，要麼適應含鹽環境，或者以某種均衡的方式同時施行這3種策略。美洲紅樹將鹽泵入老葉，然後老葉脫落，從而排出多餘的鹽。美洲紅樹是所有紅樹類物種中最耐鹽的，

革質果實長達3厘米，可以漂浮在水上

▲ 長出根的果實

美洲紅樹的果實在樹上萌發。如果果實在落潮時從樹上掉下來，尖樁形狀的根會扎進淤泥裏「種植」幼苗。

其他物種

紅海蘭

Rhizophora stylosa

適應性強的耐寒紅樹物種，生長在亞洲、澳大拉西亞和太平洋的部分地區。和美洲紅樹相比，它能夠生長在更冷的氣候條件下。

紅茄苳

Rhizophora mucronata

生長在東非和印太地區的熱帶和亞熱帶沿海地區；富含化合物，在傳統醫學中有多種用途。

◀ 生機勃勃的庇護所
紅樹根系周圍受到庇護的海水為多種多樣的海洋生物提供了家園，包括以浮游生物為食的動物，如長有觸手的珊瑚蟲和瓶子形狀的被囊動物。

▼ 精緻的花
在赤道地區，散發甜香氣味的小花主要在雨季開放，而在亞熱帶地區，它們主要出現在春季至初夏。

生長在距離海岸線最遠的地方，在那裏這些樹被海水淹沒得更深、更久。它分佈在西非地區以及美洲熱帶和亞熱帶，並被引入夏威夷以保護海岸。

自我種植的果實

美洲紅樹以兩種方式繁殖。它的果實還長在樹上時就開始萌發，向下長出長根狀結構，名為下胚軸。果實成熟時從樹上落下。如果遇到落潮，下胚軸起到尖樁的作用，它會扎進淤泥，然後幼苗在母株附近生長。如果遇到漲潮，果實可以漂浮在海面上，準備在落潮時把自己種下去。如果洋流將它帶到鹽度更高的海域，浮力會增大。海水可防止果實被太陽曬傷，而綠色的下胚軸開始進行光合作用，為果實提供持續生存長達一年所需的能量，直到它最終抵達海岸。

紅樹林的樹葉凋落物支撐着規模巨大的海洋生物群落。儘管如此，為了給水產養殖和開發建設騰出空間，全世界有超過一半的紅樹林在近幾十年裏被毀，導致海岸失去保護。

每朵鐘形花擁有 4 枚長約 2 厘米的奶油黃色花瓣

「如果沒有紅樹林，
那麼海洋將毫無意義。」

馬德 - 哈・蘭威西（Mad-Ha Ranwasii），泰國漁民、村長，1992 年

潮汐支撐
美洲紅樹的細長樹幹依靠氣生支撐根抵禦潮汐和暴風雨。這些根從樹幹上 2 米高的地方長出來，大約是潮汐能夠達到的最高點。它們表面的氣孔有助於吸收氧氣，氧氣儲存在它們內部的海綿狀組織中。

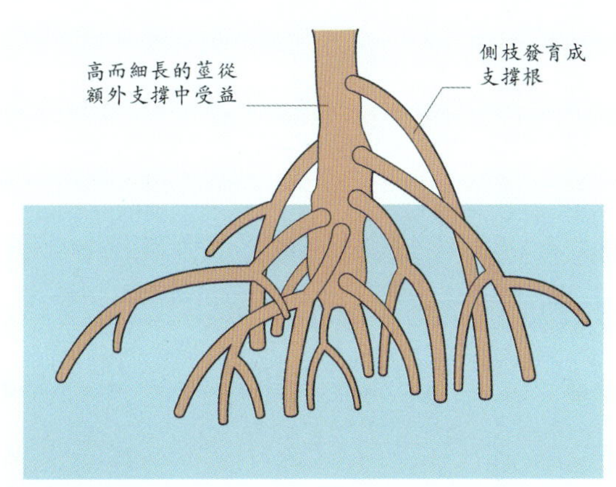

氣生支撐根

壯觀的沼澤居民

原產自美國東南部地區，並在那裏的潮濕土壤中茁壯生長，落羽杉（*Taxodium distichum*）可以形成壯觀的景致。根系常常淹沒在沼澤和淺水支流中，這種雕塑般的針葉樹擁有沉重且向上彎曲的樹枝，樹枝上長着鮮綠色的樹葉，樹葉在秋天變成令人矚目的紫紅色或橙棕色。

術語表

互生 Alternate
對葉片生長方式的描述。葉片形成上升的螺旋，莖上的每個節長有一片葉子，下個莖節上的葉片生長在對側。

被子植物 Angiosperm
一類開花並結種子的植物，種子封閉在心皮中。包括草本植物、禾草和大多數樹木。

花藥 Anther
花的雄性部分，生長在雄蕊上並含有花粉。通常着生在柄上。

假種皮 Aril
某些種子的額外包被結構。這一層結構通常多毛或肉質，顏色鮮艷。

腋 Axil
葉片（或分枝）和支撐它的莖（或樹幹）形成的上夾角。

樹皮 Bark
樹幹、樹枝和樹根的保護性外層或「皮膚」。這層結構覆蓋木材並保護植物免遭水分流失、寒冷和其他損害。樹皮隨着植物的生長而伸展。

苞片 Bract
變態的葉狀結構，通常較小，一般生長在花或花序基部，或者長在針葉樹的毬果中。它可以長得類似正常樹葉。

芽 Bud
植物莖上的小型膨脹結構，可發育成花、葉或芽。這個突起由未成熟的葉片或花瓣組成，被一層厚厚的鱗片保護着。

刺果 Burr
帶鈎或帶齒的果實、種穗或花序。刺果（Burr）還指從某些樹的樹幹上長出的木質結構。

板狀根 Buttress
圍繞淺根樹木基部的大而寬的根。它們有助於樹木在淺土條件下保持穩定性。

花萼 Calyx（複數 Calyces）
位於外輪且通常呈綠色的萼片的統稱。

林冠層 Canopy
森林中由喬木樹冠組成的連續或不連續的高處枝葉層。

柔荑花序 Catkin
一種花序類型，通常下垂，鱗狀苞片和小小的、無柄且常無花瓣的花排列在不分枝的軸上。

葉綠素 Chlorophyll
賦予植物綠色的色素。葉綠素利用陽光作為能量，並通過光合作用生產糖類。

克隆 Clone
遺傳基因與另一株植物完全相同的植物。這可以通過從母株上取插條並種下來實現。

柱狀 Columnar
一種樹形，高大於寬，細長，兩側輪廓平行。

複合的 Compound
用於描述由兩片或更多小葉組成的葉片。復葉的小葉都是從同一個芽中長出的。

毬果 Cone
針葉樹的結果實構造。雄毬果小而柔軟，帶有花粉。雌毬果較大，木質，被花粉授精後結出種子。

針葉樹 Conifer
一類結毬果的種子植物。通常是常綠植物，葉片小，呈針狀或鱗狀。

平茬 Coppicing
將樹木修剪至地面高度，以刺激它們從樹樁萌發新枝。

子葉 Cotyledon
位於種子胚胎內的含養料的葉片。子葉幫助供應植物胚胎發芽所需的營養。

樹冠 Crown
樹木頂端的圓形部分，由從主幹長出的分枝構成。

品種 Cultivar
它是指栽培變種。最初是為了目標性狀培育且該性狀在後續栽培中能夠保持。

落葉的 Deciduous
描述在一年當中的幾個月沒有葉片的樹。這通常發生在冬季（溫帶地區）或旱季（赤道地區）。

雌雄異株 Dioecious
分別在不同的植株上攜帶雄性和雌性生殖器官的植物。在雌雄異株的物種中，只有雌性植株結種子。

傳播 Dispersal
種子從產生它們的親本植物上離開的方式。傳播主要依靠風、水、動物和機械力（如種子囊爆裂）。

重瓣花 Double Flower
花瓣不止一層的花。通常不育，雄蕊常常很少或缺失。

橢圓形 Elliptic
描述葉片形狀，其形狀為卵形，中間最寬，兩端逐漸變窄。

胚胎 Embryo
處於初級發育階段的幼體植株。包括結種子的樹木在內，在種子植物中，胚胎被包裹在種子中，直到它在萌發期間長成幼苗。

附生植物 Epiphyte
依靠其他植物提供支撐並生活在地表之上的植物，在土壤中沒有根。

常綠的 Evergreen
描述全年都有葉片的樹。

束 Fascicle
一束緊密的葉子或者帶柄的花，分叉很少。例如，很多松樹的樹葉都長成束狀。

屬 Genus
描述一組密切相關物種的術語，由拉丁學名的第一部分表示。例如，在意大利松的拉丁學名 *Pinus Pinea* 中，屬名是 *Pinus*（松屬）。

萌發 Germination
種子、孢子或其他生殖結構的萌芽，通常發生在一段休眠期之後。

嫁接 Grafting
將一棵樹的枝條固定到另一棵樹被切開的莖上的過程。

裸子植物 Gymnosperm
一類結種子的植物，其種子不受封閉的子房或果實的保護。裸子植物包括針葉樹、蘇鐵類植物和銀杏。

株型 Habit
植物的大小、形狀和朝向。植物的特徵形態。

耐寒 Hardy
能夠在不利的生長條件下生存的植物。這通常與氣候條件有關，尤其是在冬季。

心材 Heartwood
樹木死去的內部中心木材，其強度大，耐腐蝕。隨着時間的推移，有生命的邊材細胞層會逐漸轉變為心材。

雌雄同體 Hermaphrodite
同時具有雄性和雌性生殖器官的生命體。對於樹木而言，這意味着雄性和雌性生殖器官都生長在同一朵花上。

雜種 Hybrid
兩種不同植物雜交授粉形成的新植物。雜種的拉丁學名由 3 部分組成，先是屬名，然後是雜交符號「×」，最後是該雜種的種加詞。例如，多刺冬青的拉丁學名是 *Ilex* × *Koehneana*。

花序 Inflorescence
圍繞一根軸（莖）排列的一簇花。根據花的排列方式，存在許多不同的花序類型。

披針形 Lanceolate
形容葉片的形狀像長矛頭，即在中央以下最寬，兩端收窄漸尖。

小葉 Leaflet
構成復葉一部分的小葉片，又稱羽片。

葉痕 Leaf Scar
葉片從小枝或莖上脱落後留下的痕跡。每個樹種都有獨特的葉痕。

皮孔 Lenticel
樹皮或者某些果實表面的凸起孔，令空氣得以進入植物的內部組織。

木質素 Lignin
一種有機聚合物，是大多數植物支持組織的核心。木質素存在於木質組織的細胞壁中，令樹木變得堅硬而不易彎曲。

裂片 Lobe
葉片或花的突出部分。裂片通常是圓形或尖的。

葉緣 Margin
葉片的邊緣。葉緣有很多種類型，包括光滑（全緣）、裂片或鋸齒狀。

中脈 Midrib
葉片或小葉的主脈。通常位於中央，從葉柄延伸到葉片或小葉末端。

雌雄同株 Monoecious
在同一株植物上開彼此分離的雄花和雌花。

突變 Mutation
生命體遺傳組成的永久改變。突變可以代代相傳。

歸化 Naturalized
由人類引入其他地區並成功適應的非本土物種，如今已在該地區形成了自我維持的種群。

子房 Ovary
花的雌性部分中位於下部且較寬的容器狀部分，包含一枚或更多胚珠。在受精後，胚珠變成種子，子房發育成果實。

胚珠 Ovule
花中含有卵細胞的部分。在開花植物中，胚珠被包裹在子房中，但在裸子植物中，它們是裸露的。受精後，胚珠發育成種子。

掌狀 Palmate
用於描述一種復葉的形狀，它裂成5片，如同張開的手掌。小葉從位於基部的一點長出。

圓錐花序 Panicle
一種細長的花簇，其中的每朵花都以自己的柄（花梗）連接在花枝上。

宿存 Persistent
形容正常枯萎後不掉落，仍然附着在植物上的葉片。

光合作用 Photosynthesis
植物利用陽光將二氧化碳和水轉化為養料和氧氣，為植物生長提供動力的過程。

羽狀 Pinnate
一種復葉排列方式，其中小葉（羽片）排列成類似羽毛的形狀。小葉在中軸上交替或成對排列。羽狀裂葉的裂片也以這種方式排列。

雌蕊 Pistil
花的雌性生殖器官。

截頂 Pollarding
一種修剪方式，將樹木的上部樹枝去除。這樣做可以縮小大樹的體型，同時促進樹葉和樹枝的濃密生長。

花粉 Pollen
由花藥產生的黏性或粉狀小孢子團。花粉含有植物的雄性配子（性細胞），用於令雌性卵子受精。

授粉 Pollinate
花粉令植物受精。這常常由昆蟲完成，它們會將花粉從花的雄性花藥轉移到雌性柱頭上。

花托 Receptacle
莖或軸上長有單花器官或花序小花的部分。授粉後，花托可以膨脹並形成果實。

根 Root
通常位於地下的植物部位，將植物錨定在土壤中，吸收水分和礦物質，並儲存養料。

汁液 Sap
植物體內的水狀液體。在樹木中，樹液含有溶解在其中的礦物質，並通過邊材（軟木的內層）中細小的管道從樹根輸送到樹葉。

樹苗 Sapling
幼年樹木。具體來説，是指胸徑不超過10厘米的幼樹。

半常綠 Semi-Evergreen
形容一年之中只短暫落葉的樹。這個術語也可以指週期性脱落一部分葉片（通常發生在秋季和冬季），但從不會完全沒有葉片。

種子 Seed
植物成熟的受精胚珠。種子包裹着胚胎和一些儲備養料。果實、漿果、堅果、莢果和毬果都有不同類型的種子。如果給予適當的生長條件，一粒種子就會長成一株植物。

實生苗 Seedling
從種子中的植物胚胎發育而成的幼樹。任其生長的話，它將成為一棵樹苗。

萼片 Sepal
通常呈綠色的非生殖葉狀部位之一，形成花的花萼。這些部位保護發育中的花蕾。

物種 Species（縮寫 Sp.）
一個分類類別，將可互相雜交並繁殖的相似植物歸為同一個物種。

孢子 Spore
一種生殖細胞，與性細胞不同，單個孢子能夠在不與另一個生殖細胞融合的情況下發育。因此，孢子不需要受精。唯一通過孢子繁殖的樹木是樹蕨。

雄蕊 Stamen
花的雄性生殖部位，由花絲和長在花絲上的花藥組成。在絕大多數被子植物中，雄蕊包括一根細長的花絲和一枚長在花絲頂端的二裂花藥。

柱頭 Stigma
花的雌性部位，位於雌蕊頂端，負責接受花粉。柱頭通常在花柱上，高於子房。

托葉 Stipule
一種較小的葉狀或苞片狀結構，出現在葉柄從莖上長出的部位，分佈在葉柄一側或兩側。

氣孔 Stoma（複數 Stomata）
植物葉片表面的小孔，被一對調節其開合的保衛細胞圍合。氣孔令光合作用和呼吸作用所需的氣體交換過程得以進行。

花柱 Style
子房上細長、不育的部分，負責承載柱頭，將其呈現在有效的受粉位置。

亞種 Subspecies（縮寫 Subsp.）
物種的下一級分類類別，定義同一個物種內的不同變體，通常由於地理位置不同而彼此隔離。亞種可以與同一物種的其他亞種成功雜交。

根蘗 Suckers
通常從植物根系（有時從莖的下部）生長出來的枝條。根蘗從距離植物主莖或樹幹一定距離的土壤中鑽出，並吸收植物的營養。

頂部的 Terminal
通常用於形容生長在枝條、莖、分枝或其他器官末端的芽或花序。

樹幹 Trunk
樹的主幹和主要器官。由樹皮、內層樹皮、形成層、邊材和硬木組成。在大多數針葉樹中，樹幹直接長到樹頂。在大多數闊葉樹中，樹幹不會抵達頂部，而是分成若干分枝。

有彩斑的 Variegated
通常用於形容葉片。部分葉細胞中缺乏葉綠素，所以彩斑葉片擁有不止一種顏色。彩斑部分可以顯示為條紋、圓形等形狀。彩斑是一種罕見的自然現象。

葉脈 Vein
位於或接近葉片表面並貫穿葉片的維管束（成束的輸送管道）。葉脈為葉片提供支撐，並用於運輸水分和養料。

輪 Whorl
3個或更多相同結構部件圍繞莖的放射狀縱向排列，如花瓣、雄蕊和葉片。例如，花瓣構成了花冠輪。

索引

加粗頁碼表示信息最豐富的頁面，*斜體頁碼*表示照片和插圖所在頁面。

一劃

二劃

三劃

四劃

五劃

六劃

七劃

八劃

九劃

十劃

十一劃

十二劃

十三劃

十四劃

十五劃

十六劃

十七劃

十八劃

十九劃

二十劃

二十一劃

二十二劃

致謝

DK出版社向下列人士致謝：

附加文本：Richard Gilbert, Sarah MacLeod

編輯協助：Shari Black, Polly Boyd, Michael Clark, Richard Gilbert, Janet Mohun, Priyanjali Narain

設計協助：Nobina Chakravorty, Clarisse Hassan, Mahua Mandal

技術協助：Vijay Kandwal, Ashok Kumar, Mrinmoy Mazumdar, Mohd Rizwan, Jagtar Singh, Anita Yadav

插圖：Dan Crisp, Dominic Clifford, Mike Garland

校對：Joy Evatt, Katie John

索引編製：Elizabeth Wise

原始攝影：Gary Ombler

高級封面設計師：Suhita Dharamjit

DK出版社感謝下列各單位允許使用其圖片：

（縮略字母説明：a-上；b-底；c-中；f-遠；l-左；r-右；t-頂）

1 Getty Images / iStock: Tiler84. 2-3 © Mary Jo Hoffman. 4-5 Martin Sanchez: unsplash.com. 7 Alamy Stock Photo: Marcus Harrison - botanicals. 8-9 Neil Burnell. 12,123RF.com: dink101 (br). Alamy Stock Photo: Blickwinkel / F. Hecker (tc). Dorling Kindersley: Alan Buckingham (cra); Debbie Patterson / Ian Cuppleditch (fcra). Shutterstock.com: Elvan (tr). 13 Alamy Stock Photo: Brian Hird (Natural World) (cla). Dorling Kindersley: Neil Fletcher (fclb, clb). Dreamstime.com: Gorodok495 (fcla); Ievgenii Tryfonov (cra); Kevin Wells (cb). 14 Alamy Stock Photo: De Luan (tr). 16 Dorling Kindersley: Swedish Museum of Natural History, Stockholm (cb, cr, crb, fcrb); Natural History Museum (ca); Natural History Museum, London (bc). Dreamstime.com: George Burba (bl). 17 Dorling Kindersley: Natural History Museum, London (c, cl, cla). Science Photo Library: John Sibbick (br). 18 Getty Images: Steve Gschmeissner / Science Photo Library. 21 Alamy Stock Photo: Bob Gibbons (tr); Minden Pictures / Ch'ien Lee (cb); Minden Pictures / Mark Moffett (fclb). Getty Images / iStock: Asiafoto (clb). 22 Alamy Stock Photo: All Canada Photos / Stan Navratil (tc); Marco Pompeo Photography (l); Flowerphotos (tr); Piter Lenk (cr). Dreamstime.com: Hotshotsworldwide (br); Swee Ming Young (c). 23 Alamy Stock Photo: Deborah Vernon (b). Science Photo Library: James King-Holmes (cla). 24 Alamy Stock Photo: Rachel Husband (fcrb). Dorling Kindersley: Natural History Museum, London (ftr). Dreamstime.com: Lena Andersson (br); Lubos Chlubny (bl); Dave Massey / Dmass (cra); Eng101 (cl). Getty Images / iStock: Volodymyr Kucherenko (fbr). 25 Alamy Stock Photo: Arterra Picture Library / Arndt Sven-Erik (cra); Sabena Jane Blackbird (bl). Dorling Kindersley: Neil Fletcher (ftl). Dreamstime.com: Ornitolog (fbl); Slowmotiongli (c); Rudmer Zwerver (clb). 26 Getty Images: Tim Graham / Contributor / Hulton Archive. 27 Alamy Stock Photo: Ionescu Bogdan Cristian (b). Getty Images / iStock: Jamievanbuskirk (tc). 28 Alamy Stock Photo: Biosphoto / Jean-Philippe Delobelle (tl); Emmanuel Lattes (c). 29 Alamy Stock Photo: Nature Photographers Ltd / Paul R. Sterry (cra); Gillian Pullinger (tc). Getty Images: Manoj Shah (b). 30 Alamy Stock Photo: All Canada Photos / Bob Gurr (clb). Dreamstime.com: Natalya Erofeeva (b). 31 Dreamstime.com: Whiskybottle (cra). Getty Images / iStock: Bkamprath / E+ (tl). Shutterstock.com: Javarman (br). 32 Dreamstime.com: Apisit Rapeepanpianpen (crb). Getty Images: Irina Gundareva / 500px (tr). 33 Alamy Stock Photo: Auscape International Pty Ltd / Jean-Paul Ferrero (tr); Olga Tarasyuk (cl); Robertharding / Jochen Schlenker (br). 34 Alamy Stock Photo: Imagebroker / Erich Schmidt. 35 Alamy Stock Photo: Ingo Oeland (bc). Dreamstime.com: Picstudio (br). Getty Images: DEA / V. Giannella / Contributor / De Agostini (t). 36 Alamy Stock Photo: Minden Pictures / Cyril Ruoso. 37 Dreamstime.com: Hotshotsworldwide (br). Getty Images: Javier Fernández Sánchez / Moment (tr). 38 Alamy Stock Photo: Philip Bishop (ca); Science History Images (cb). Bridgeman Images: The Stapleton Collection (bc). Dorling Kindersley: The Royal Academy of Music (bl). Getty Images: Science & Society Picture Library (cl). 39,123RF. com: Sergii Kolesnyk / givaga (cb). Alamy Stock Photo: Antonella Bozzini (br); www. pqpictures.co.uk (ca). Dreamstime. com: Shijianying (clb). Getty Images / iStock: whitemay (cr). Science Photo Library: David Parker (c). Smithsonian Design Museum: Cooper Hewitt (bl). 40-41 Getty Images: Florian Plaucheur / Contributor / AFP. 41 Getty Images / iStock: Claudiad / E+. 42-43 Dreamstime. com: Kateryna Danylyuk (background). 44 Alamy Stock Photo: Cliff Hunt. 44-45 Getty Images / iStock: ilbusca (background). 45 Dreamstime.com: Darrin Aldridge (tr); Paul Looyen (cra); Tracy Immordino (bl). Getty Images / iStock: heibaihui (cb). Shutterstock.com: Casper1774 Studio (clb). 46-47 Dreamstime.com: Kateryna Danylyuk (background). 47 Alamy Stock Photo: David Hansche (tr). 48 Alamy Stock Photo: View Stock (tl). Dreamstime.com: Hamsterman (br). 48-49 Dreamstime. com: Kateryna Danylyuk (background). 49 Alamy Stock Photo: Imaginechina Limited (c). Dorling Kindersley: Colin Keates / Natural History Museum (cb). 50-51 Dreamstime.com: Jeneses Imre (background). 51 Alamy Stock Photo: Ian Watt (c). 52 Alamy Stock Photo: Les Archives Digitales (ca). Dreamstime. com: Pstedrak (1/cra); Gary Webber (2/ cra). Getty Images / iStock: Nastasic (background). 53 Alamy Stock Photo: Danni Thompson. 54-55 Alexander Turnbull Library, National Library Of New Zealand, Te Puna Matauranga o Aotearoa: Earle, Augustus, 1793-1838: War speech. London, R. Martin & Co. 1838.. Earle, Augustus 1793-1838:Sketches illustrative of the Native Inhabitants and Islands of New Zealand from original drawings by Augustus Earle Esq, Draughtsman of H. M. S. "Beagle". London, Lithographed and Published under the auspices of the New Zealand Association by Robert Martin & Co, 1838. Ref: PUBL-0015-09. Alexander Turnbull Library, Wellington, New Zealand. / records / 22338186 (b). 55 Getty Images / iStock: Nastasic. 56 Alamy Stock Photo: Everett Collection Inc. 56-57 Dreamstime.com: Geraria (background). 57 Alamy Stock Photo: Blickwinkel (cla/b). Dorling Kindersley: Gary Ombler / Batsford Garden Centre and Arboretum (cla). © The Metropolitan Museum of Art: Bequest of Phyllis Massar, 2011 (cr). 58 Daniel Mosquin. 59 Dreamstime.com: Patrick Guenette (background); Alfio Scisetti (cla). 60-61,123RF.com: Channarongsds (background). Shutterstock.com: NinaM. 60 Alamy Stock Photo: Natural History Archive (cra). 61 Dreamstime.com: Valery Prokhozhy (br). 62 Getty Images: Hulton Archive / Stringer. 63 Alamy Stock Photo: David Forster (b); Hans Stuessi (cra). 64 Victoria Palacios. 65 Alamy Stock Photo: Patrick Guenette (background). Anderson Design Group, Inc: Redwood National Park: Chandelier Tree, Illustrated by Aaron Johnson & Joel Anderson in 2020 © Anderson Design Group, Inc. All rights reserved. Licensed by ADGstore.com. (crb). Dreamstime. com: Aleksandar Varbenov (cla/bark). 66 Alamy Stock Photo: Album (cla). 66-67 Alamy Stock Photo: Patrick Guenette (background). 67 Ericson Collection, Humboldt State University Library: (c). 68-69 Alamy Stock Photo: EyeEm / Rán An. 70-71 Getty Images / iStock: ilbusca (background). 70 Bancroft Library, University of California Berkeley: UC Berkeley, Bancroft Library / Honeyman (Robert B., Jr.) - Collection of Early Californian and Western American Pictorial Material / BANC PIC 1963.002:0381--B (crb). 71 Anagha Varrier. 72 Alamy Stock Photo: Nature Picture Library (bl). Dreamstime.com: Peterll (2/cra); VinceZen (1/cra). 72-73 Dreamstime.com: Foxyliam (background). 73 Getty Images / iStock: Gerald Corsi (tc, cra). 74 Dreamstime. com: Foxyliam (background). Shutterstock.com: NatalieJean (bl). 75 Bob Coorsen. 76-77 Shutterstock.com: Nazarii M (background). 76 Dreamstime. com: Russieseo (bl). 77 Alamy Stock Photo: The Artchives. 78-79 Georges Samaha. 79 Alamy Stock Photo: Granger Historical Picture Archive (t); Stephen Dorey - Bygone Images (cb). 80 Getty Images: MIXA (c). Getty Images / iStock: ZU_09 (background). 81 Dorling Kindersley: Gary Ombler / Batsford Arboretum and Garden Centre (1/cla, c). Dreamstime.com: Hellmann1 (3/cla); Wiertn (2/cla). 82 Alamy Stock Photo: Keith J Smith (c). Bridgeman Images: Florilegius (tl). Getty Images: ZU_09 (background). 83 Dreamstime.com: Cristographic (tr). Getty Images / iStock: Ilbusca / Digitalvision Vectors (background). Getty Images: Kean Collection / Staff / Archive Photos (br). 84 Alamy Stock Photo: Juniors Bildarchiv GmbH (ca). 84-85 Dreamstime.com: Patrick Guenette (background). 85 Alamy Stock Photo: Mauritius Images Gmbh (cr). Dorling Kindersley: Gary Ombler / Batsford Arboretum and Garden Centre (c). 86 Bridgeman Images: Museum of Fine Arts, Boston / Museum purchase with funds donated anonymously / Bridgeman Images (cr). Getty Images: Hulton Archive (tl). 86-87 Dreamstime.com: Patrick Guenette. 87 Alamy Stock Photo: Classic Paintings. 88 Dreamstime.com: Steffen Foerster. 88-89 Getty Images: mikroman6 (background). 89 Alamy Stock Photo: Yogi Black (ca). Jacob Spendelow: (crb). 90-91 Alamy Stock Photo: Design Pics Inc. 92 Greg Thatcher (https://www. gregthatchergallery.com). 92-93

Dreamstime.com: Patrick Guenette (background). 93 Alamy Stock Photo: blickwinkel (cla). 94-95 Alamy Stock Photo: Quagga Media (background). 94 Alamy Stock Photo: Niday Picture Library (c). Mike Parsons: (br). 95 Getty Images: Culture Club (br). 96-97 Jono Manning, Christchurch, New Zealand. / jonomanning-luminisphotography.nz. 96 Alamy Stock Photo: Nature Photographers Ltd / Paul R. Sterry (cra). Dreamstime.com: Brackishnewzealand (cra/Bark). 97 © The Trustees of the British Museum. All rights reserved: (ca). 98-99 Getty Images / iStock: Ilbusca (background). 100 Dreamstime.com: Simona Pavan (bl); Visa Sergeiev (2/clb). 100-101 Shutterstock.com: Olga Korneeva (background). 101 Alamy Stock Photo: Vladyslav Yushynov (br). Getty Images: Heritage Images (ca). 102-103 Dreamstime.com: Patrick Guenette (background). 102 Getty Images / iStock: Whiteway (clb). 103 © The Metropolitan Museum of Art: Girolamo dai Libri (Italian, Verona 1474–1555 Verona). 104 Alamy Stock Photo: Noel Bennett (br). Dreamstime.com: Patrick Guenette (background). Getty Images / iStock: w1d (tl). 105 Alamy Stock Photo: The Print Collector / © CM Dixon / Heritage Images (br). Getty Images / iStock: Gilmanshin (clb); Natali22206 (tr). 106 Alamy Stock Photo: Album. 106-107 Getty Images / iStock: Nastasic (background). 107 Alamy Stock Photo: Jose Mathew (c). Dreamstime.com: Dinesh Gamage (1/cra, 2/cra). 108 Getty Images / iStock: MahirAtes (crb). Getty Images: Universal Images Group / Hulton Fine Art / Contributor (tl). 108-109 Getty Images / iStock: Nastasic (background). 109 Alamy Stock Photo: Robertharding (br). Dreamstime.com: Anat Chantrakool (cr). © The Metropolitan Museum of Art: Gift of Irwin Untermyer, 1968 (ca). Shutterstock.com: Av Tukaram.Karve (tr). 110 Alamy Stock Photo: flowerphotos (2/crb). Dreamstime.com: Vladimir Melnik (1/crb, 3/crb). 110-111 Dreamstime.com: Aisha Nuraini (background). Kristina @ hobopeeba Makeeva: (t). 111 Alamy Stock Photo: Jurate Buiviene (crb); World History Archive (tc). 112-113 Dreamstime.com: Aisha Nuraini (background). 112 Dreamstime.com: Alex7370 (tc). 113,123RF.com: Natalie Ruffing (r). Shutterstock.com: Av Bennekom (cb). 114 Alamy Stock Photo: Robertharding (c). Dreamstime.com: David Steele (2/cra). Shutterstock.com: FLPA / Shutterstock (1/cra). 115 Alamy Stock Photo: GFC Collection (bl); Anette Mossbacher (tr). 116 Dreamstime.com: Ogonkova (crb). Getty Images / iStock: Catshila (l). Shutterstock.com: pixbox77 (2/crb). 116-17 Getty Images / iStock: ilbusca (background). 117 Alamy Stock Photo: Nature Picture Library (cb). © The Metropolitan Museum of Art: Gift of The Salgo Trust for Education, New York, in memory of Nicolas M. Salgo, 2010 (cra). 118-119 Science Photo Library: Alex Hyde. 120 Bridgeman Images: Bridgeman Images (tl). Dreamstime.com: Chernetskaya (1/cra); Rinchumrus2528 (2/cra); Lars Ove Jonsson (cr); Sisyphus Zirix (crb). 121 Alamy Stock Photo: Dennis Frates. 122-123 Dreamstime.com: Foxyliam (background). 122 Getty Images: Eric Lafforgue / Art in All of Us / Contributor (c). 123 Alamy Stock Photo: Artokoloro (br). Getty Images / iStock: Antonel (r). 124 Dorling Kindersley: Gary Ombler / Westonbirt, The National Arboretum (2/cla, 3/cla). 125 Alamy Stock Photo: agefotostock (br). Getty Images / iStock: Duncan1890 (background). Getty Images: Heritage Images (tr). 126-127 Lorraine Devon Wilke: (t). 126 Alamy Stock Photo: Sandra Standbridge (cl). Getty Images / iStock: Duncan1890 (background). 127 Look and Learn: Valerie Jackson Harris Collection (bc). 128 Shutterstock.com: Martina Birnbaum. 129 Alamy Stock Photo: Marcus Harrison - botanicals (background). Dreamstime.com: Bat09mar (2/cla). Science Photo Library: Gustoimages (ca). 130 Alamy Stock Photo: Marcus Harrison - botanicals (background); Anna Poltoratskaya (ca). Dreamstime.com: Karayuschij (2/cra); Alfio Scisetti (1/cra); Pancaketom (3/cra). 131 Jack Brauer (www. MountainPhotography.com). 132 Alamy Stock Photo: Peter Horree (tl). 132-133 Alamy Stock Photo: Marcus Harrison botanicals (background). 133 Alamy Stock Photo: Minden Pictures (br). Dreamstime.com: Amelia Martin (cl). 134 Alamy Stock Photo: Duncan Usher. 135 Alamy Stock Photo: Richard Tadman (r). Dreamstime.com: Foxyliam (background). 137 Alamy Stock Photo: Album (bc); Uber Bilder (tc). Dreamstime.com: Foxyliam (background). 138 Alamy Stock Photo: Agefotostock / Terrance Klassen. 139,123RF.com: Morphart (background). Alamy Stock Photo: Artokoloro (bc). Getty Images: Sepia Times / Contributor / Universal Images Group (tc). 140 Dreamstime.com: Vvoevale (cl). 140-141 Getty Images / iStock: Ilbusca (background). 141 Alamy Stock Photo: Nature Picture Library / Sandra Bartocha (tr); Nature Picture Library (br). 142 Alamy Stock Photo: Arterra Picture Library / Clement Philippe (bc); Painting (tl). Getty Images / iStock: Ilbusca (background). naturepl.com: Philippe Clement (br). 143 Alamy Stock Photo: Arterra Picture Library / Clement Philippe (bl); Minden Pictures / Wil Meinderts / Buiten-beeld (br). 144-145 Steven Palmer. 146-147 Image courtesy Rick Worrell. 146 Alamy Stock Photo: Marcus Harrison - botanicals (background). Dorling Kindersley: Royal Botanic Gardens, Kew (bl). 148 Alamy Stock Photo: Chronicle (tl); George Reszeter (bc). 148-149 Alamy Stock Photo: Marcus Harrison - botanicals (background). 149 Shutterstock.com: iPostnikov (cr). 150-151 Alamy Stock Photo: Jacky Parker (t). 151 Alamy Stock Photo: Artokoloro (tr). Dreamstime.com: Patrick Guenette (background). 152 Getty Images: Popperfoto (tr). © The Metropolitan Museum of Art: Mary Griggs Burke Collection, Gift of the Mary and Jackson Burke Foundation, 2015 (cr). 153 Dreamstime.com: Patrick Guenette (background). Image courtesy mokuhankan.com. 154 Getty Images: swim ink 2 llc / Contributor / Corbis Historical (tl). 154-155 Alamy Stock Photo: Crystite RF. 156 Alamy Stock Photo: The History Collection (tl). naturepl.com: Klein & Hubert (crb). 157 Getty Images / iStock: U. J. Alexander (cra); Ilbusca (background). Science Photo Library: Cordelia Molloy (c). 158 Alamy Stock Photo: Carolyn Jenkins (bl). Getty Images / iStock: Ilbusca (background). Library of Congress, Washington, D.C.: LC-USZC4-11920 (tl). 159 Bridgeman Images: Photo © Christie's Images (tr). Dreamstime.com: Stephan Bock (br). Getty Images / iStock: Ilbusca (background). 160 Dreamstime.com: Hellmann1 (cla). Wellcome Collection: (bc). 160-161 Alamy Stock Photo: Jacky Parker (c). Getty Images / iStock: Ilbusca (background). 161 Alamy Stock Photo: Hamza Khan (tr). 162-163 Dreamstime. com: Patrick Guenette (background). 162 Alamy Stock Photo: Tom Joslyn (br). Dreamstime.com: Volodymyr Kucherenko (l). 163 Getty Images: Hulton Archive (br). 164 Dreamstime.com: Hellmann1 (3/cla). 164-165 Alamy Stock Photo: Marcus Harrison - botanicals (background). 165 Bridgeman Images: Lebrecht History / Bridgeman Images (tr). 166-167 Alamy Stock Photo: Patrick Guenette (background). Getty Images: Matt Anderson Photography (t). 166 Dorling Kindersley: Gary Ombler / Batsford Garden Centre and Arboretum (1/crb, 3/crb). Getty Images / iStock: Andrea_Hill (2/crb). 168-169 Alamy Stock Photo: Patrick Guenette (background). 169 Bridgeman Images: Kallir Research Institute / © Grandma Moses Properties Co / Bridgeman Images (crb). Getty Images: Transcendental Graphics / Contributor (tr). 170-171 Dreamstime. com: Patrick Guenette (background). 170 Alamy Stock Photo: Album (crb). Dreamstime.com: Alessandrozocc (2/cla); Fotokon (3/cla). 171 Brent Mooers: (cb). 172-173 Courtesy Longwood Gardens. 174-75 Dreamstime.com: Info718087 (background). 175 Alamy Stock Photo: Peter Horree (tr). Dreamstime.com: John Biglin (br). 176-177 Dreamstime.com: Info718087 (background). 177 Alamy Stock Photo: Nigel Cattlin (cb). Rebecca Allen: (tr). 178 Alamy Stock Photo: Nature Picture Library. 179 Bridgeman Images: Purix Verlag Volker Christen / Bridgeman Images (crb). Dorling Kindersley: Gary Ombler: Centre for Wildlife Gardening / London (2/cla). Dreamstime.com: Tetiana Kovalenko (3/cla). Getty Images / iStock: Nastasic (background). 180-181 Getty Images / iStock: Nastasic (background). 180 Alamy Stock Photo: Robertharding (bl). 181 Science Photo Library: Bildagentur-Online / Mcphoto-Rolfes (tc). 182 Alamy Stock Photo: Lamax (c). 182-183 Getty Images / iStock: ilbusca (background). 183 Christianne Muusers: RIJKMuseum / adapted by Christianne Muusers (tc). 184,123RF.com: Denis Barbulat (background). Bridgeman Images: Alinari (tl); Photo © Heini Schneebeli (crb). Dreamstime.com: Simona Pavan (cra). 185 Alamy Stock Photo: Mauritius Images GmbH / Andreas Vitting. 186-187,123RF.com: Denis Barbulat (background). 186 Alamy Stock Photo: The Picture Art Collection (br). 187 Bridgeman Images: © Holburne Museum (tc). Dennis Greenwood: (c). 188-189,123RF.com: Denis Barbulat (background). 189 Getty Images: Print Collector / Contributor / Hulton Archive (bl). 190 Dreamstime.com: Metacynth (crb); Sdbower (crb/Bark). Lana Gramlich: (t). 190-191 Shutterstock.com: Foxyliam. 191 Shutterstock.com: Kent Weakley (tr). 192 Alamy Stock Photo: The Natural History Museum (ca). 192-193 Dreamstime.com: Patrick Guenette (background). 193 Alamy Stock Photo: Jürgen Feuerer (r); World History Archive (tr). 194-195 Dreamstime.com: Patrick Guenette (background). Getty Images / iStock: PeskyMonkey (t). 194 Alamy Stock Photo: Album (br); Zoonar GmbH (crb). Dreamstime.com: Iva Villi (2/cla); Simona Pavan (3/cla). 196 Alamy Stock Photo: Heritage Image Partnership Ltd (tl). 196-197 Getty Images / iStock: Mammuth (b). 197 Getty Images: Paul Popper / Popperfoto (c). 198-199 Getty Images: Emil Von Maltitz / Photodisc. 200-201 Alamy Stock Photo: Marcus Harrison - botanicals (background). 200 Alamy Stock Photo: Marcus Harrison - plants (r). Bridgeman Images: Marcus Harrison - botanicals (tl). Dreamstime. com: Vasiliybokov (cra). 202-203 Alamy Stock Photo: Marcus Harrison - botanicals (background). 203 Bridgeman Images: Bridgeman Images (cr). Getty